超精選

簡單手縫可愛的不織布動物玩偶

有131隻喔！

BOUTIQUE-SHA ◎ 授權

要不要試著手縫不織布，來作小玩偶呢？

除了將兩片對合就能輕鬆製作的簡單款之外，

也有些稍微變化作法的各種玩偶。

人氣寵物、動物園的招牌明星、稍微珍稀的動物……

森林的居民、海洋生物，甚至連宇宙生物（？）都有，

請作出許多愉快的同伴們吧！

作家紹介

Chiku Chiku
http://www2.odn.ne.jp/chikuchiku/

チビロビン
http://chibirobin.exblog.jp/

nikomaki*（柏谷真紀）
http://nikomaki123.tumblr.com/

夢人形工場
http://minne.com/oknmsk39/

CONTENTS

02 可愛的和風貓咪們
03 淘氣小狗隊
04 愛說話的鸚鵡要寫信
05 兔子的回信
06 愉快的動物園
07 發呆的環尾狐猴
08 大貓熊好朋友
09 懶洋洋的水豚一家
10 淘氣的小貓熊
11 南國小島的猴子
12 鼴鼠忍者隊
13 刺蝟偵探團
14 引以為傲的蓬蓬毛①
15 引以為傲的蓬蓬毛②
16 愛撒嬌的孩子們
袋鼠篇
17 愛撒嬌的孩子們
無尾熊篇
18 花嘴鴨母子的散步
19 公雞一家的假日
20 企鵝母子
21 白熊&海豹母子
22 森林裡的朋友們
23 海洋裡的朋友們
24 海豚&鯨魚
25 水母的時尚秀
26 小熊糖霜餅乾
27 小兔子蛋白餅乾
28 幸福貓頭鷹
28 小豬三兄弟
29 可愛斑比
29 相戀的天鵝
30 去宇宙！
31 玩偶裝三姊妹
31 最喜歡時尚了！
32 享受不織布玩偶的應用idea！
33 不織布玩偶的基礎作法

可愛的
和風貓咪們

1
2
3
4

三花貓・斑點貓・賓士貓・橘子虎斑貓。

對自己的**花色**十足自信的貓咪們，

等著好吃的飯唷！

作法 P.40

設計・製作 ▶▶▶ チビロビン

淘氣小狗隊

作法 P.42

設計 ▶▶▶ Chiku Chiku

為什麼一起盯著同一個方向呢？

唉呀，有一隻搗亂隊伍的孩子唷……

圍上多彩的領巾就打扮完成囉！

5 迷你臘腸狗
7 貴賓狗
8 巴哥
6 柴犬

愛說話的鸚鵡要寫信

多彩的漂亮鸚鵡集合開會中……

似乎正熱鬧地討論著

信上要寫些什麼呢？

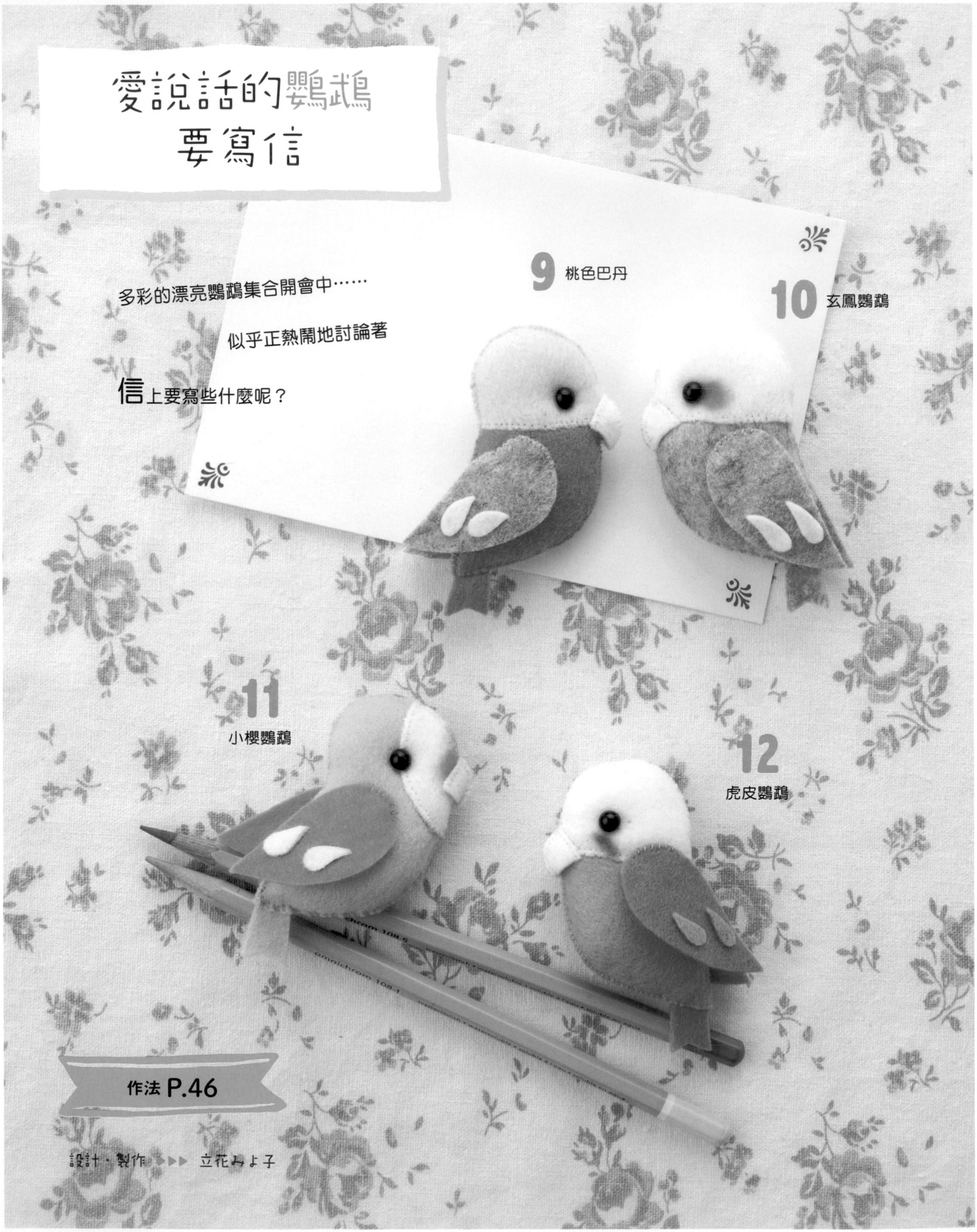

9 桃色巴丹

10 玄鳳鸚鵡

11 小櫻鸚鵡

12 虎皮鸚鵡

作法 P.46

設計・製作 ▶▶▶ 立花みよ子

收到鸚鵡們來信的兔子。

因為太**突然**而覺得有點困擾？

那麼，該怎麼回信呢？

13

14

作法 P.48

ROUDABUSH'S SEED ST
POSTE AERIENNE

15

16

兔子的回信

設計・製作 ▶▶▶ nikomaki*

愉快的動物園

作法 P.35

設計・製作 ▶▶▶ Chiku Chiku

17 大象

18 河馬

動物園的人氣明星都在這裡！

以喜歡的顏色自由製作，

增加愈多同伴，樂趣就愈加倍喔！

19 老虎

20 長頸鹿

發呆的環尾狐猴

21
22
23

作法 P.50

因為發呆的表情＆動作大受歡迎的環尾狐猴。

常常會被說名字和印象讓人連不起來，

不過牠們也不是總在說「WAO」喔！

設計・製作 ▶▶▶ チビロビン

大貓熊好朋友

24
25
26

感情好的三隻大貓熊

正在討論哪一個金平糖最好吃。

似乎不知道其實每個味道都一樣呢！

作法 P.54

設計・製作 ▶▶▶ チビロビン

懶洋洋的水豚一家

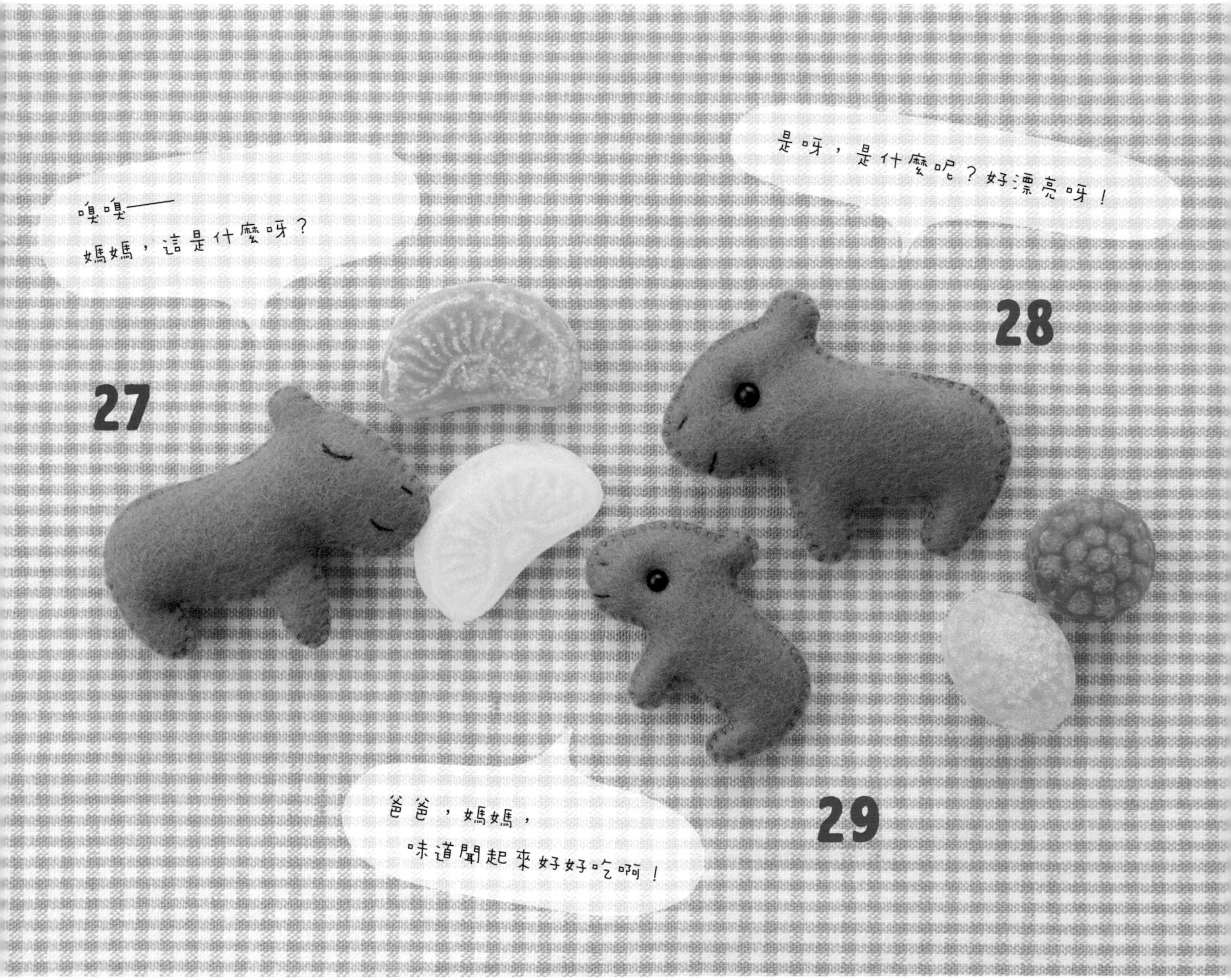
嗅嗅——
媽媽，這是什麼呀？
是呀，是什麼呢？好漂亮呀！
28
27
29
爸爸，媽媽，
味道聞起來好好吃啊！

以舒服泡**溫泉**的模樣留下深刻印象的可愛水豚。

因為只要對合兩片就能輕鬆製作，

作出有許多小水豚的大家族也很有趣唷！

作法 P.49

設計・製作 ▶▶▶ チビロビン

淘氣的小貓熊

作法 P.56

設計・製作 ▶▶▶ 松田惠子

CAFÉ
CARAMELS
CARAMELS
CARAMELS
CHOCOLAT
VANILLA
CARAMELS

30 31 32 33

以淘氣可愛的動作受到歡迎的

小貓熊們。

因為收到最喜歡的糖果心情大好！

各自擺出了招牌的迷人姿勢給大家看呢！

作法 P.58

設計・製作 ▶▶▶ 松田惠子

34

35

36

37

南國小島的猴子

住在南國小島的猴子們每個都充滿個性。

懶惰的猴子，愛時髦的猴子，跳舞的猴子，貪吃的猴子……

不過大家都有一對大眼睛呢！

鼯鼠忍者隊

38 背影也拍得很清楚呢！

作法 P.38

設計・製作 ▶▶▶ 松田恵子

38

39

40

41

在森林中特訓忍術「飛行之術」的鼯鼠們。

但是這麼色彩繽紛的模樣，馬上就會被發現喔！

刺蝟偵探團

42
43
44
45

刺蝟偵探團報到！

問我們在**找**什麼？

當然是最喜歡的水果囉！

作法 P.60

設計・製作 ▶▶▶ 松田惠子

引以為傲的蓬蓬毛①

46

47

48

作法 P.62

設計・製作 ▶▶▶ 立花みよ子

我們是世界第一漂亮

&毛絨絨的羊駝。

長長的脖子很迷人唷！

不過，

最自豪的果然還是這個蓬鬆感吧！

不對，不對。

我們綿羊才是世界第一的毛絨絨。

夥伴遍布全世界，

就連漩渦狀的羊角也很時髦吧！

作法 P.68

設計・製作 ▶▶▶ 立花みよ子

49
50
51

引以為傲的蓬蓬毛 ②

愛撒嬌的孩子們
袋鼠篇

52
53
54

調皮寶寶冒險中！

媽媽的袋子裡有新的小寶寶了！

但哥哥＆姊姊

忘不了舒服的袋子，耍賴中。

作法 P.70

設計・製作 ▶▶▶ 立花みよ子

愛撒嬌的孩子們
無尾熊篇

55
56
57
MASQUETTE
fordls
English
Novels

散步中的無尾熊母子。

一旁的哥哥果然也想在媽媽的背上，

正羨慕地的看著妹妹呢！

看吧，要抓好啊！

設計・製作 ▶▶▶ 立花みよ子

作法 P.72

花嘴鴨母子的散步

第一次跟著**媽媽**外出散步。

第一天就要下池塘囉！

大家有沒有跟好呢？

作法 P.74

設計・製作 ▶▶▶ 松田惠子

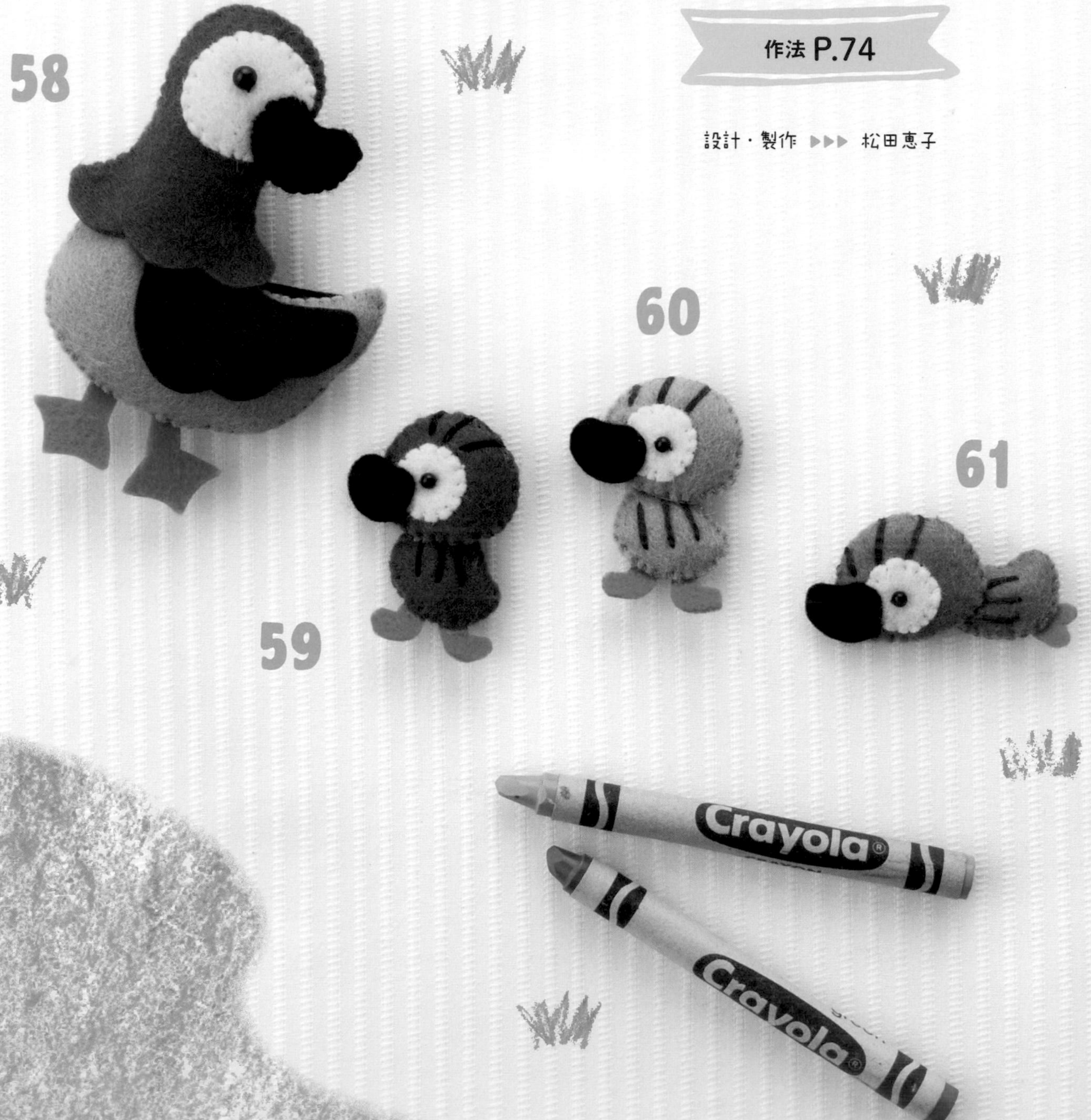
58
59
60
61
Crayola
Crayola

公雞一家的假日

Crayola

62

63

64　65　66

陽光刺眼的某天假日，

小雞一家外出野餐。

調皮的三兄弟看起來也高興。

作法 P.76

設計・製作 ▶▶▶ 松田惠子

企鵝母子

參加企鵝親子大賽的
漢波德企鵝、跳岩企鵝、國王企鵝。
哪對親子長得最像呢？

作法 P.66

67

68

漢波德企鵝

69

70

跳岩企鵝

72

71

國王企鵝

設計・製作 ▶▶▶ Chiku Chiku

白熊＆海豹 母子

73至75（白熊）
作法 P.78

73　74　75

北極圈的夏天
因為可愛的親子而變得熱鬧。
只要對合兩片就能簡單製作，
增加兄弟的數量會更熱鬧喔！

76　77　78

76至78（海豹）
作法 P.78

設計・製作 ▶▶▶ nikomaki*

森林裡的朋友們

等一下小紅帽會經過唷！

因為小鳥帶來的消息，森林的朋友們雀躍不已。

今天的禮物會是什麼呢？

79
松鼠
80
小鳥
81
貓頭鷹
82
菇
83
菇
84
狐狸
85
樹墩

作法 P.80

設計・製作 ▶▶▶ チビロビン

海洋裡的朋友們

作法 P.84

86
魟魚
87
海龜
88
卷貝
90
翻車魚
91
卷貝
89
美人魚
92
帆立貝

在澄淨的**藍色**大海中，

美人魚和好朋友們愉快地生活著。

那麼，今天要玩些什麼呢？

設計・製作 ▶▶▶ Chiku Chiku

說到**大海**的明星，當然就是海豚＆鯨魚。

改變海豚的顏色＆方向，互相面對面就能作出心形！

以印花布的胸鰭為裝飾重點的鯨魚，也嘗試不同顏色來製作吧！

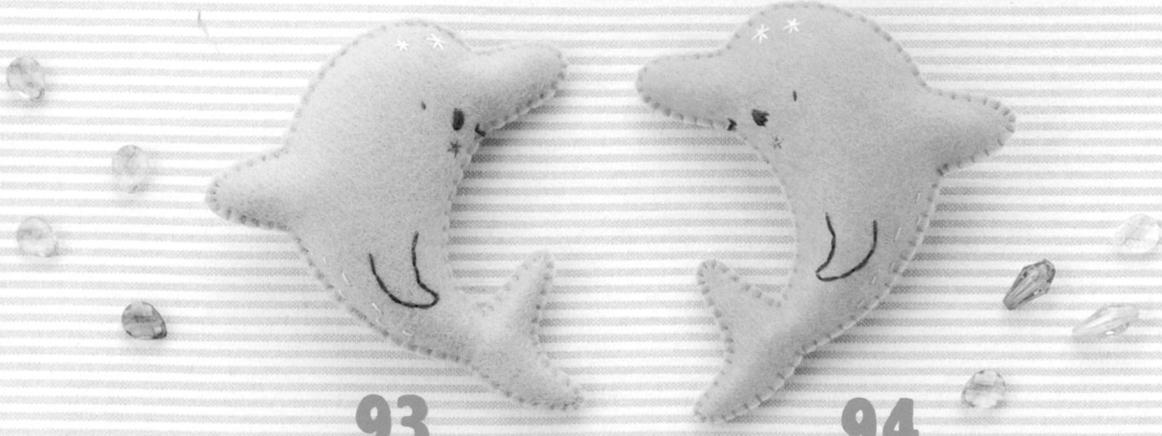

93　94

作法 P.53

95　96

海豚 & 鯨魚

設計・製作 ▶▶▶ nikomaki*

水母的時尚秀

作法 P.88

97

98

海中的時尚明星──水母，

正各自以鍾意的造型暢游伸展台。

99

100

設計・製作 ▶▶▶ わたなべまちこ

小熊
糖霜餅乾

作法 P.90

chocolate
milkshake
hot
late
MAKES 2 MUGS
1 pint/600ml milk

101

102

103

104

應該是**彩色**糖霜餅乾的小熊，可是……

不知道何時動了起來，看來很愉快地跳著舞！

這也是對合兩片就能完成的簡單款作品。

設計・製作 ▶▶▶ わたなべまちこ

小兔子 蛋白餅乾

作法 P.92

105
106
107
108
109

今天的點心是兔子造型的蛋白餅乾，可是……

似乎不小心聽到了可愛的祕密對話！

溫柔的造型令人感到療癒。

設計・製作　わたなべまちこ

幸福貓頭鷹

作法 P.93

設計・製作 ▶▶▶ nikomaki*

110
111
112

心形的臉孔超迷人！
フクロウ的名稱，日文漢字寫作「不苦勞」，
意味著不知道辛苦。
因此作為幸運配件也非常有人氣。

小豬三兄弟

多產的小豬是吉祥物！
總之就是增加＆再增加。
三兄弟……不對，不管是幾兄弟都大歡迎！

113
114
115

作法 P.94

設計・製作 ▶▶▶ わたなべまちこ

可愛斑比

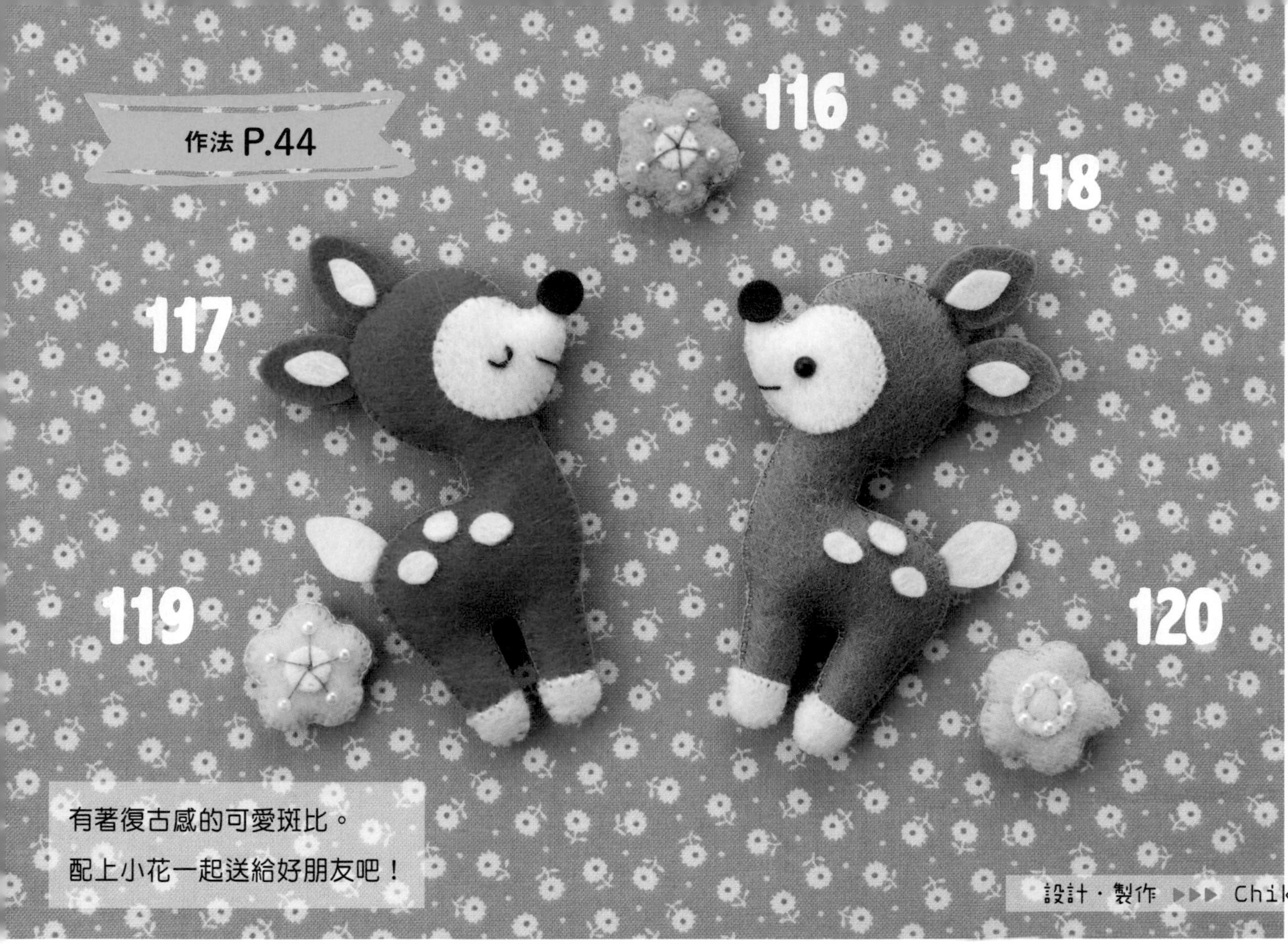
116
118
117
119
120

作法 P.44

有著復古感的可愛斑比。
配上小花一起送給好朋友吧！

設計・製作 ▶▶▶ Chiku Chiku

相戀的天鵝

以面對面的兩隻天鵝，
相接成愛心形狀的浪漫作品。

作法 P.104

121

設計・製作 ▶▶▶ チビロビン

去宇宙！

新聞快報！

派遣日本人宇宙飛行員作為地球和平大使。

本次會談大成功，雙方締結了和平條約，

從此可以安心地去宇宙旅行了！

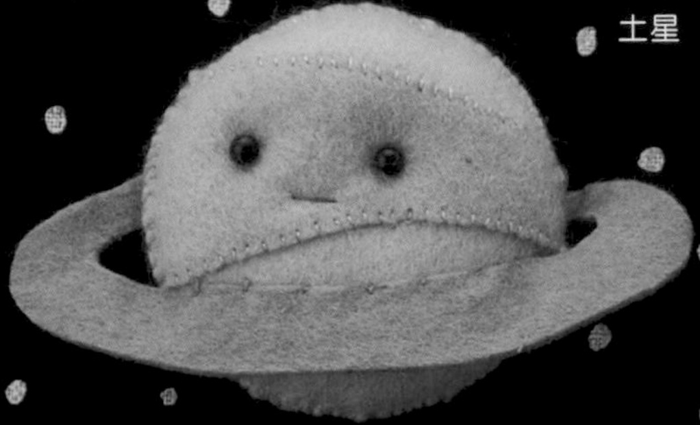

122
土星

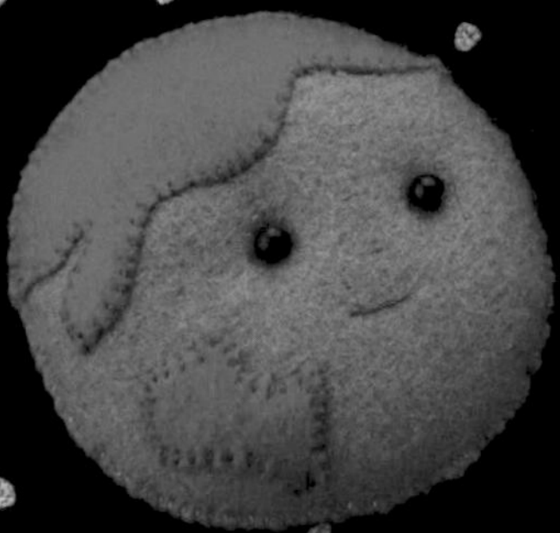

123
地球

作法 P.96

126
外星人

124
外星人

125
宇宙飛行員

設計・製作 ▶▶▶ 立花みよ子

玩偶裝三姊妹

作法 P.102

這不是最**新**款的太空裝，

是我們最喜歡的動物玩偶裝。

如何？很可愛吧！

設計・製作 ▶▶▶ チビロビン

127
熊

128
兔子

129
松鼠

最喜歡時尚了！

女孩兒最喜歡時髦的打扮。

今天也兩個人一起去購物，

一定要確認最新的流行呢！

130

131

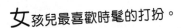

設計・製作 ▶▶▶ 夢人形工場

作法 P.100

享受不織布玩偶的應用idea！

除了能在製作中享受樂趣之外，作成各種變化拿來裝飾，會更加更加地愉快喔！試著作成胸針、包包配件和房間的裝飾吊牌都很不錯呢！

A

B

C

A：在背面縫上胸針，作成可愛的飾品就能一直和喜歡的玩偶在一起。

B：縫上單圈＆接上包包吊飾配件，掛在包包上一起外出吧！

C：縫在緞帶上作成房間的裝飾吊牌。將大量的同系列作品裝飾在一起、僅裝飾上一個，或作成活動式的設計都很棒！

＊＊不織布玩偶的基礎作法＊＊

＊原寸紙型的描法＊

・製作厚紙板紙型

在紙型頁上覆蓋一張描圖紙（透明的薄紙），以鉛筆描寫紙型。或直接影印也OK！

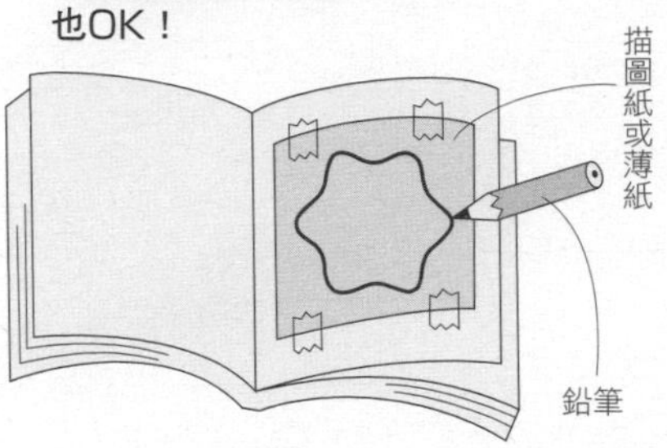
描圖紙或薄紙
鉛筆

由下而上，依序重疊厚紙、複寫紙、已描寫紙型的描圖紙，再以原子筆沿著線條描寫在厚紙上。

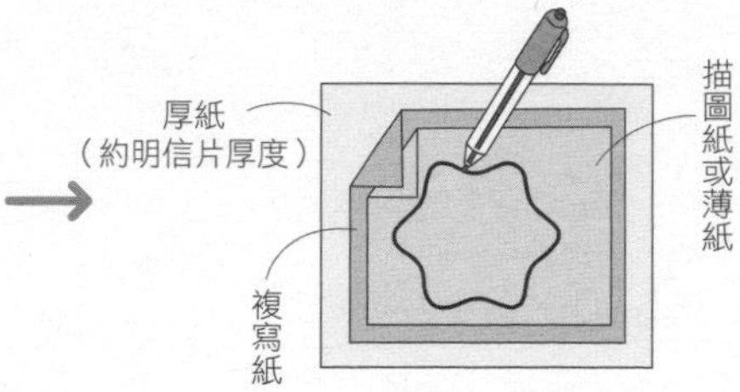
厚紙
（約明信片厚度）
複寫紙
描圖紙或薄紙

・製作普通紙的紙型

以大學筆記本的紙張直接描寫書中的紙型。大學筆記本的紙張厚度適中，且有橫線可作為基準，描畫時較不易偏移。

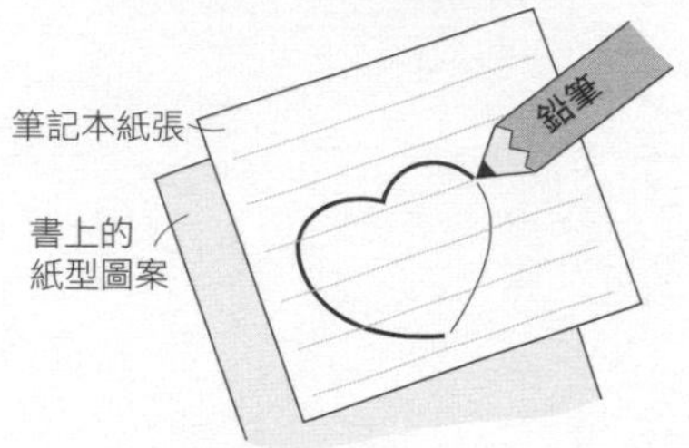
筆記本紙張
書上的
紙型圖案
鉛筆

＊原寸紙型的描法＊

・注意 1

紙型重疊時，位於下方的組件位置以虛線表示，描繪請特別注意。疊合位置也請先標記合印記號。

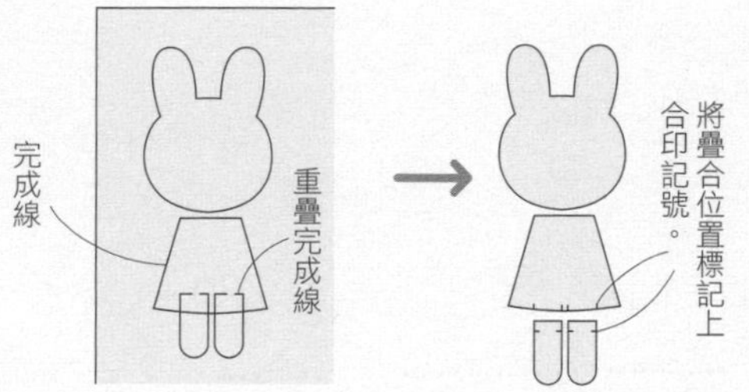
完成線
重疊完成線
將疊合位置標記上合印記號。

・注意 2

需左右對稱裁剪時，將同一張紙型翻面放在不織布上，再描畫紙型。

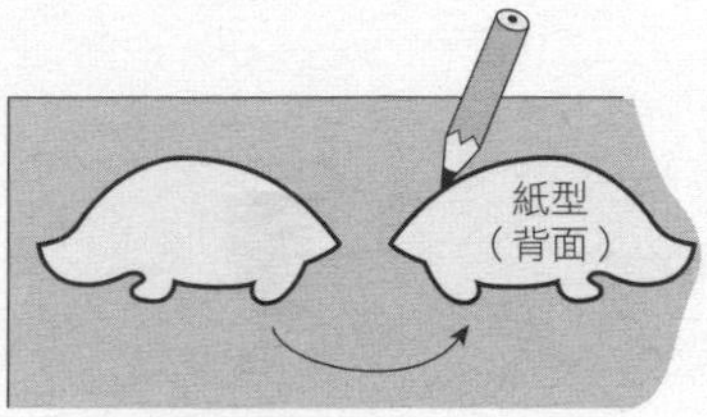
紙型
（背面）

將紙型翻面後，再次描畫紙型。

・注意 3

需在不織布上刺繡時，先描畫上圖案。

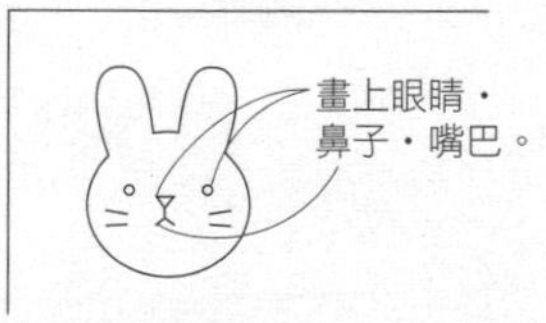
畫上眼睛・
鼻子・嘴巴。

・注意 4

一個圖案上標有①②③的編號時，意指是以三片紙型重疊製作。請分別作出紙型，再依①②③的順序重疊＆接縫。

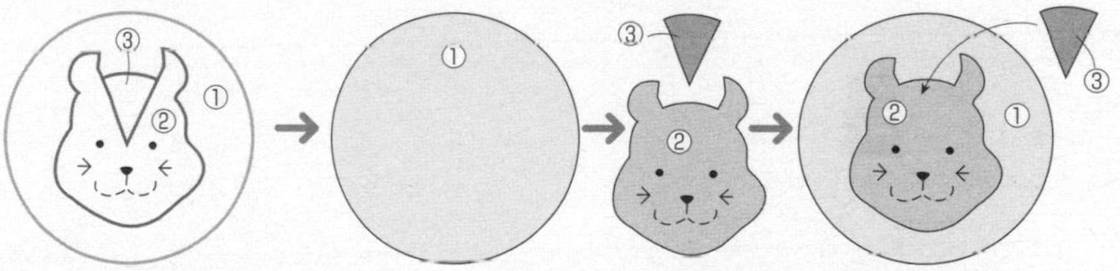
③
②
①
①
③
②
③
②
①

＊不織布的剪法＊

・使用厚紙板紙型時

1.剪下紙型。

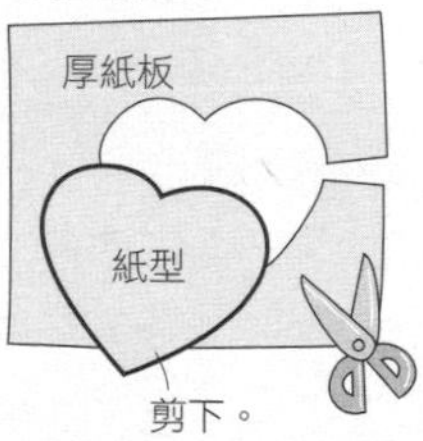
厚紙板
紙型
剪下。

2.在不織布上描繪紙型的線條。

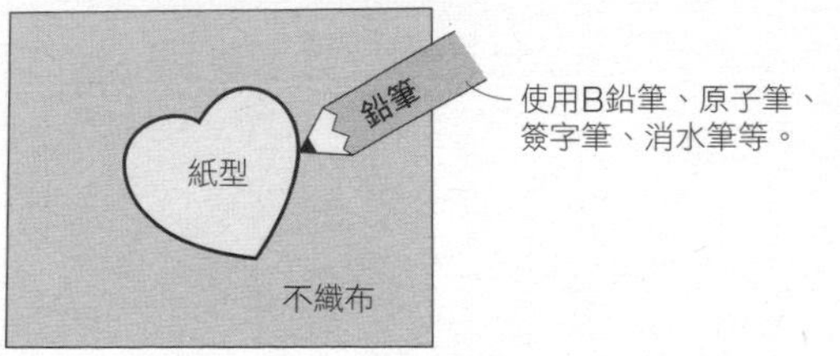
鉛筆
紙型
不織布
使用B鉛筆、原子筆、
簽字筆、消水筆等。

3.剪下不織布。

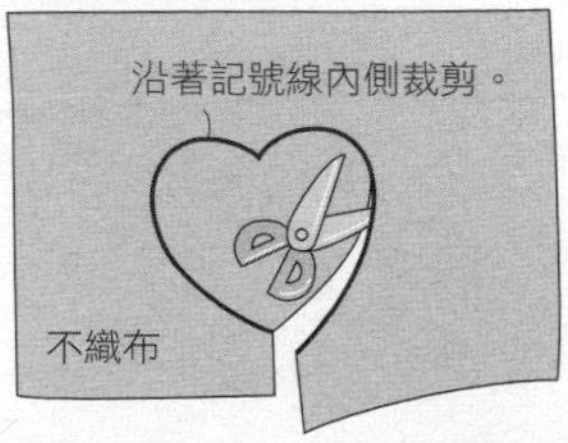
沿著記號線內側裁剪。
不織布

・使用普通紙張的紙型時

1.在輪廓線外圍留白，裁剪紙張。

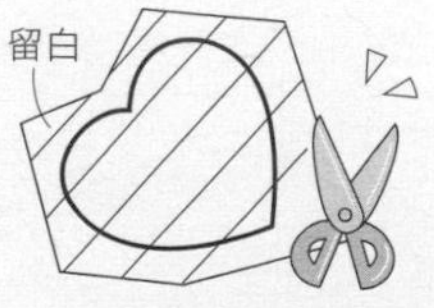
留白

2.放在不織布上，以透明膠帶固定。

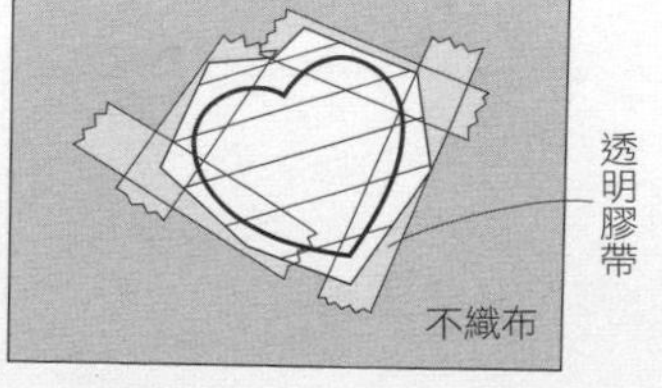
透明膠帶
不織布

3.連同紙型的紙張一起剪下。

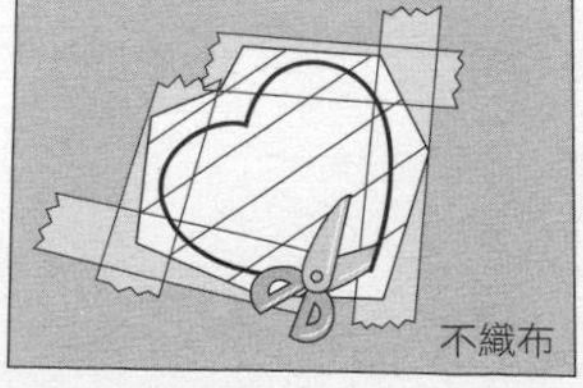
不織布

＊縫合方法＊

・捲針縫

・將2片不織布的邊緣，
以縫線呈螺旋狀地進行捲縫。

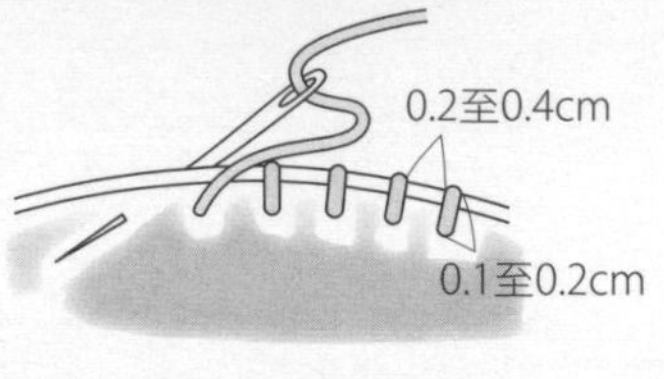
0.2至0.4cm
0.1至0.2cm

・毛邊縫

・以毛邊縫縫合時，可以看見
沿著不織布邊緣的走線。

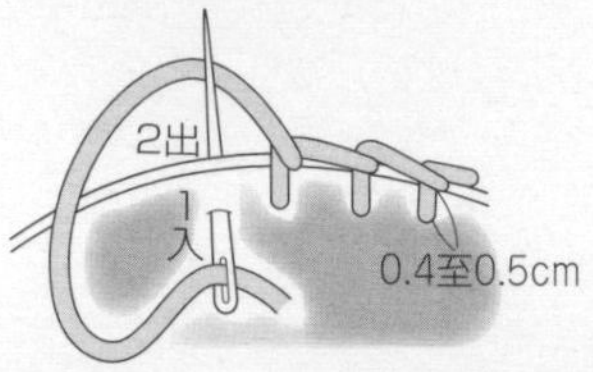
2出
1入
0.4至0.5cm

・立針縫。

・將重疊的不織布進行接縫時的縫法。

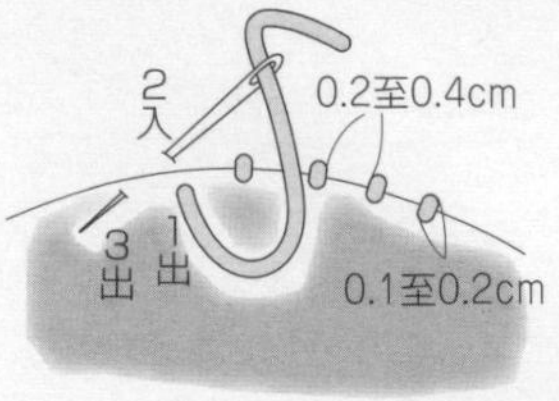
2入
0.2至0.4cm
3出
1出
0.1至0.2cm

＊繡線的處理方法＊

色號
線端

使25號繡線僅露出少許線端，自線端拉出容易使用的長度（約50cm）後剪線。標有色號的標籤則請妥善保留。

→

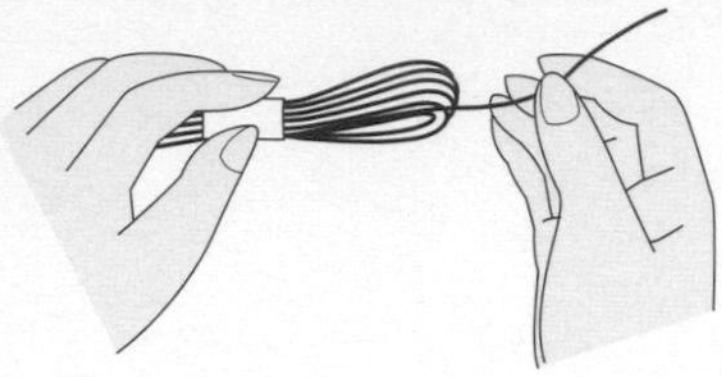

25號繡線是以6股細線捻合而成的線束。請將細線1股股拉出，依指定的股數穿針後使用。

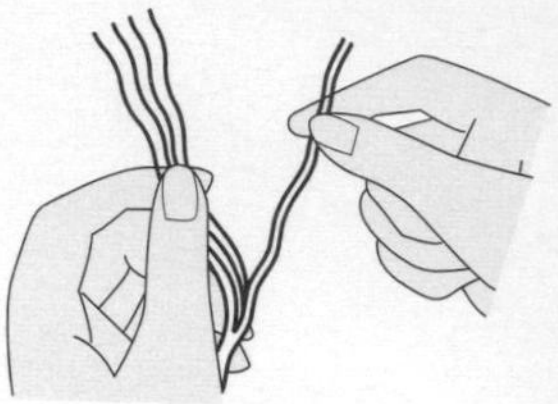

＊繡線的處理方法＊

直線繡

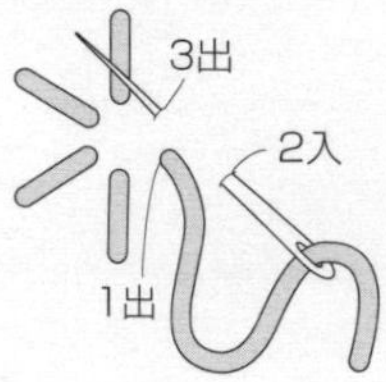
3出
2入
1出

平針繡

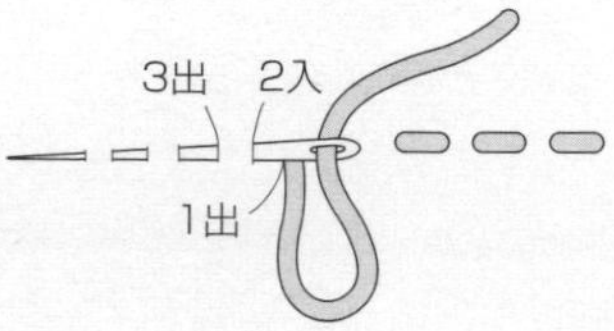
3出
2入
1出

回針繡

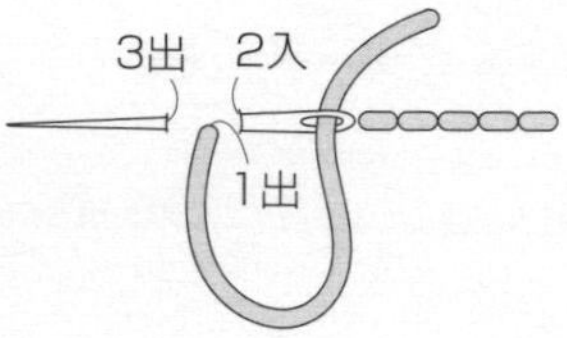
3出
2入
1出

輪廓繡

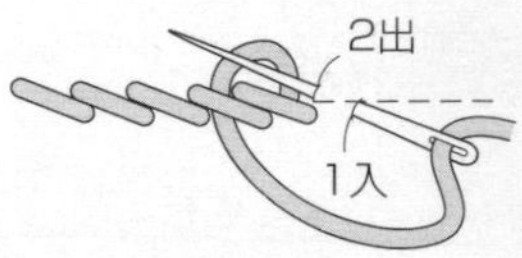
2出
1入

飛羽繡

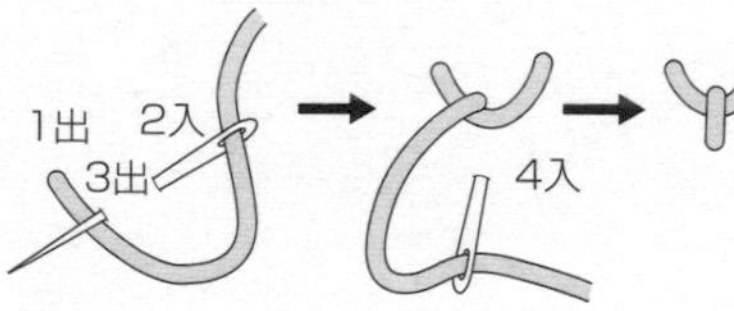
1出
2入
3出
4入

法式結粒繡

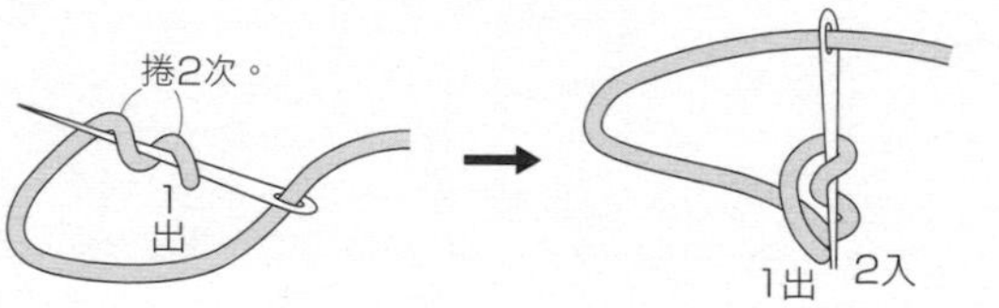
捲2次。
1出
1出
2入

緞面繡

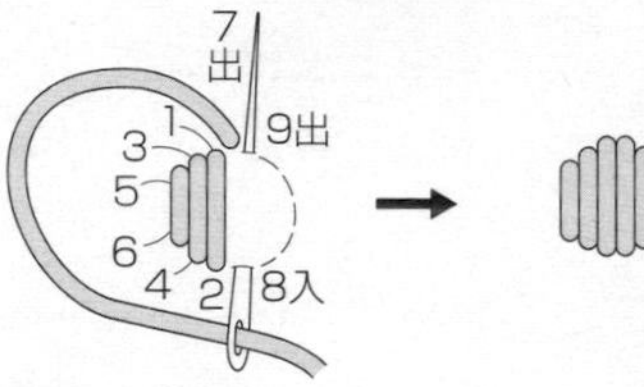
7出
1
9出
3
5
6
4
2
8入

十字繡

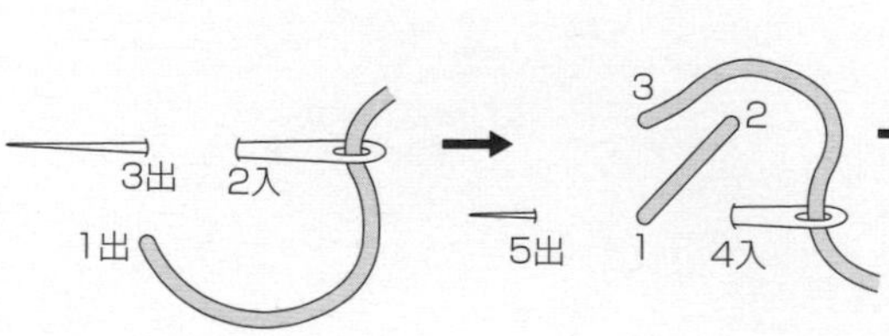
3出
2入
1出
5出
3
2
1
4入

雙重十字繡

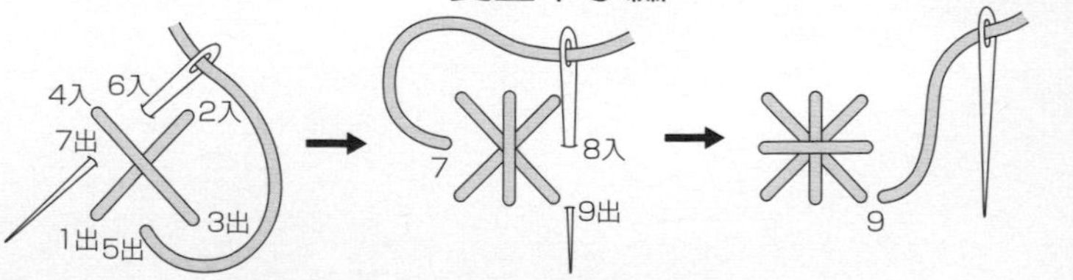
4入
6入
2入
7出
1出
5出
3出
7
8入
9出
9

自由刺繡

※在各個方向進行直線繡。

1出
3出
2入

長短繡

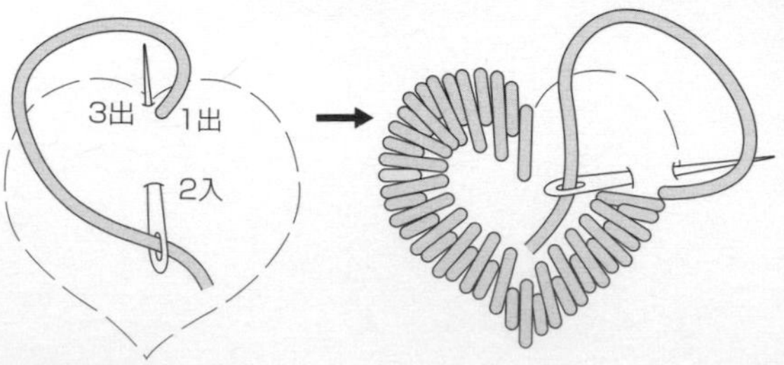
3出
1出
2入

手縫壓釦的方法

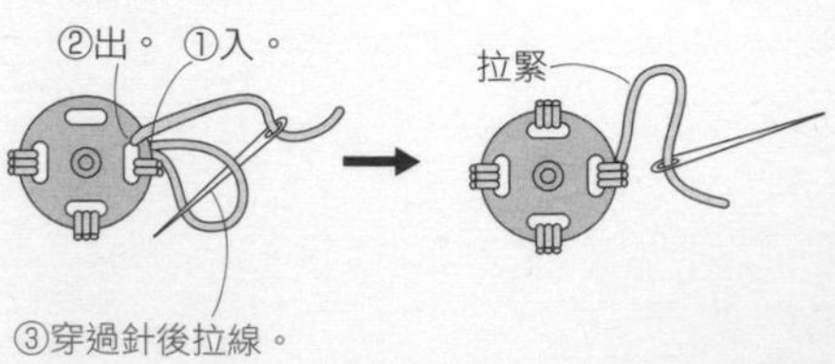
②出。
①入。
拉緊
③穿過針後拉線。

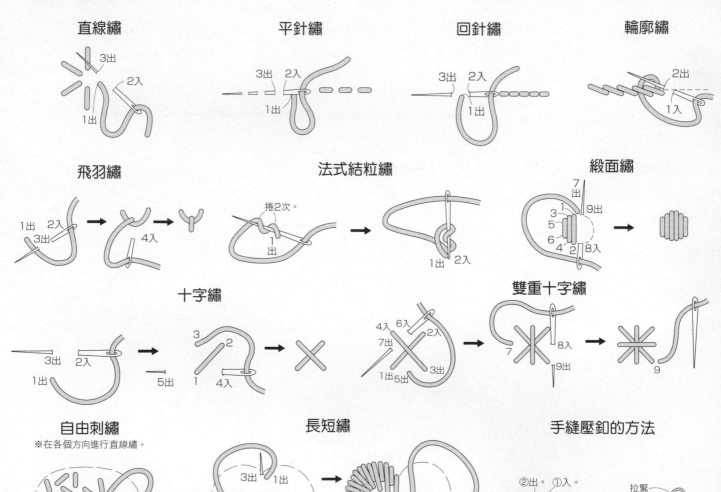

P.6 no.17至20 愉快的動物園 ＊紙型參見P.36・P.37。

※縫線除了特別指定之外，
皆取與不織布同色的1股線。

17材料
- 不織布
  （水藍色）20cm×8cm
  （藍色）5cm×5cm
  （黃色）4cm×4cm
  （橘色）少許
- 插入式豆豆眼（4mm茶色）1個
- 25號繡線（水藍色・茶色・藍色・黃色）
- 手工藝用棉花　適量
- 手工藝用白膠

18材料
- 不織布
  （粉紅色）20cm×7cm
  （綠色）4cm×4cm
  （黃色）少許
- 插入式豆豆眼（3.5mm黑色）1個
- 25號繡線（粉紅色・綠色・茶色）
- 色鉛筆（茶色）
- 手工藝用棉花　適量
- 手工藝用白膠

19材料
- 不織布
  （黃色）15cm×10cm
  （茶色）8cm×5cm
  （白色）少許
- 插入式豆豆眼
  （4mm黑色）2個
  （4mm茶色）1個
- 25號繡線（黃色・茶色・黑色）
- 手工藝用棉花　適量
- 手工藝用白膠

20材料
- 不織布
  （黃色）17cm×7cm
  （白色）5cm×5cm
  （粉紅色）5cm×3cm
- 插入式豆豆眼 大（3.5mm黑色）1個
- 25號繡線（黃色・白色・茶色）
- 手工藝用棉花　適量
- 手工藝用白膠

19 作法

1. 將嘴部繡上嘴巴。
2. 貼上嘴部＆耳朵。

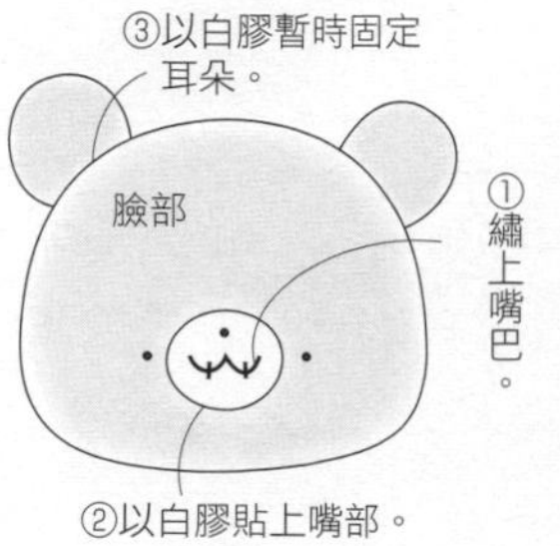

③以白膠暫時固定
耳朵。
臉部
①繡上嘴巴。
②以白膠貼上嘴部。

3. 接縫臉部＆頭部，
填入棉花。

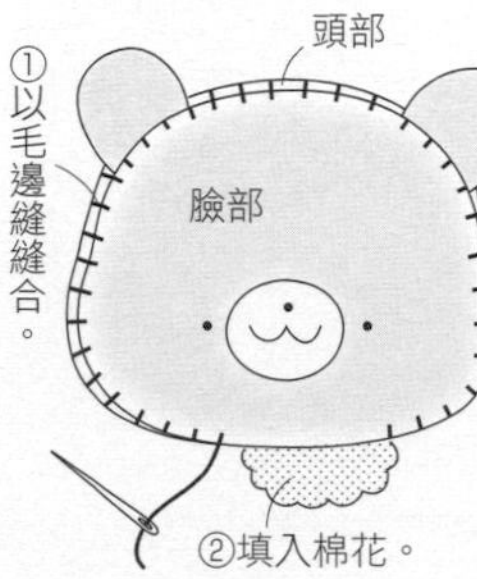

頭部
①以毛邊縫縫合。
臉部
②填入棉花。

4. 將臉部貼上花紋。

將花紋繞貼至
背面頭部。

5. 將尾巴貼上花紋。
6. 夾入尾巴後，
縫合身體前後片＆
填入棉花。

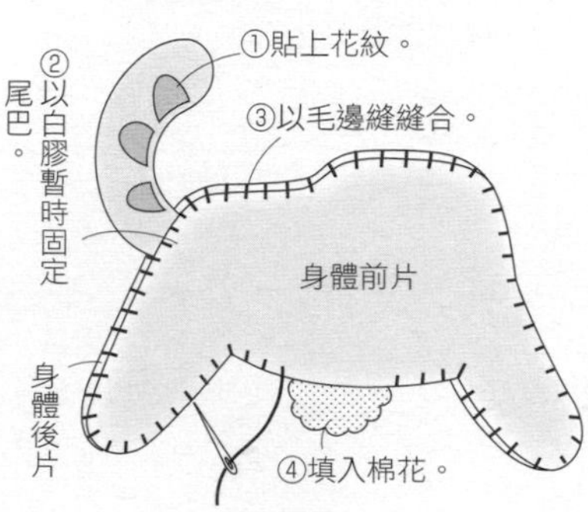

①貼上花紋。
②以白膠暫時固定尾巴。
③以毛邊縫縫合。
身體前片
身體後片
④填入棉花。

7. 將身體前片
貼上花紋。

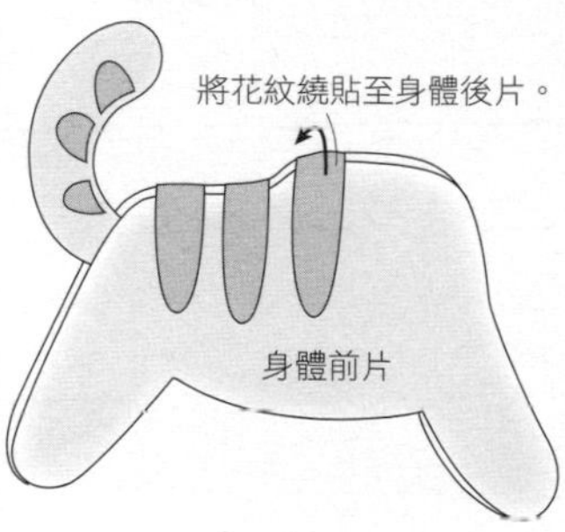

將花紋繞貼至身體後片。
身體前片

8. 接縫頭部＆身體。

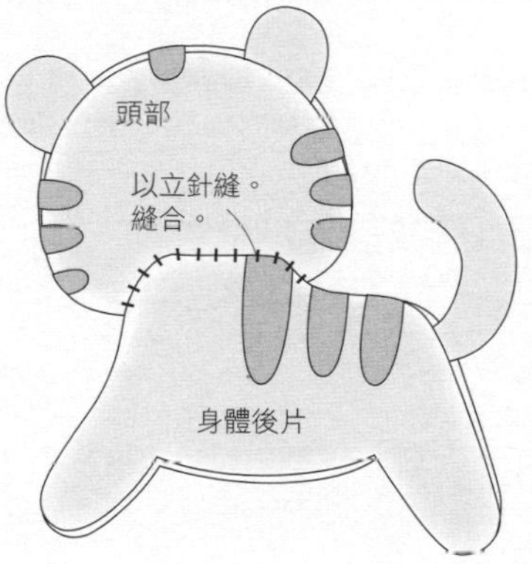

頭部
以立針縫。
縫合。
身體後片

19 完成！

9. 插入豆豆眼。

＊高約7.5cm

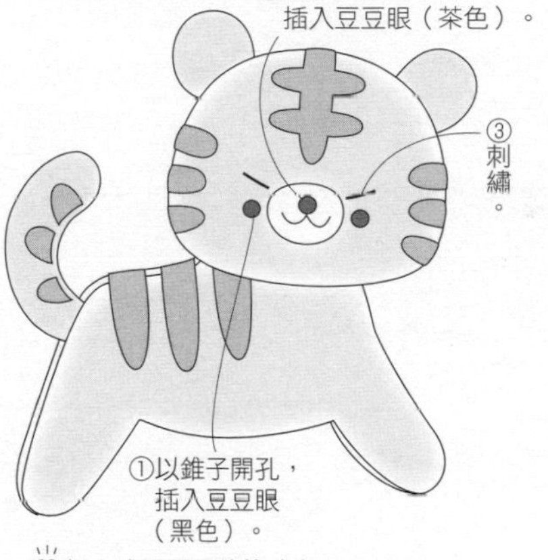

②以錐子開孔，
插入豆豆眼（茶色）。
③刺繡。
①以錐子開孔，
插入豆豆眼
（黑色）。

♥ 插入式豆豆眼的接法參見no.17。

17 作法

1. 縫製小鳥。

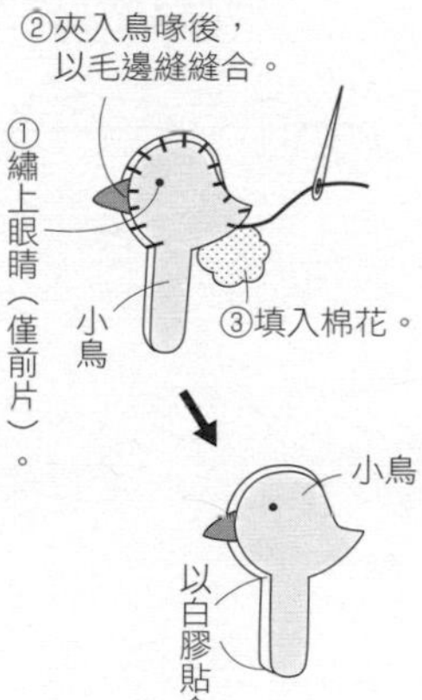

②夾入鳥喙後，
以毛邊縫縫合。
①繡上眼睛（僅前片）。
小鳥
③填入棉花。
小鳥
以白膠貼合。

2. 將前片縫上耳朵，
以白膠暫時固定小鳥＆尾巴。

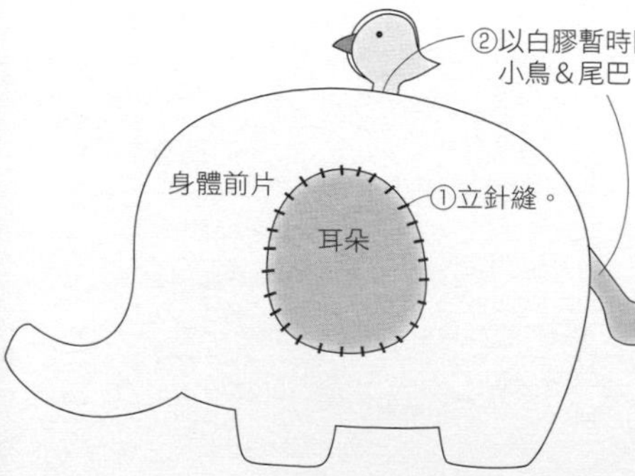

②以白膠暫時固定
小鳥＆尾巴。
身體前片
耳朵
①立針縫。

3. 接縫身體前後片＆填入棉花。
4. 插入豆豆眼。

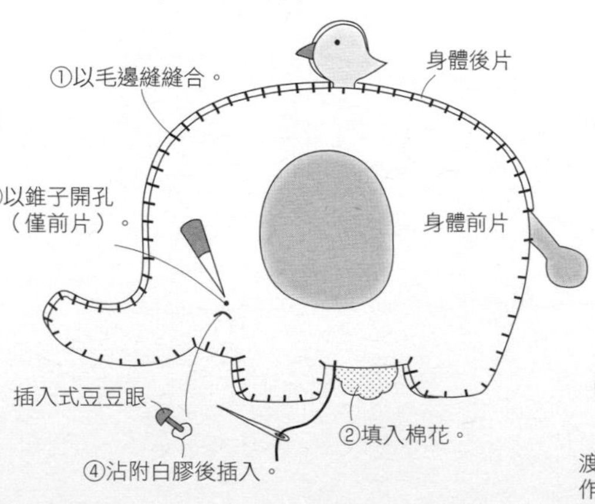

①以毛邊縫縫合。
身體後片
③以錐子開孔
（僅前片）。
身體前片
插入式豆豆眼
②填入棉花。
④沾附白膠後插入。

17 完成！

5. 繡上嘴巴。

＊高約7cm

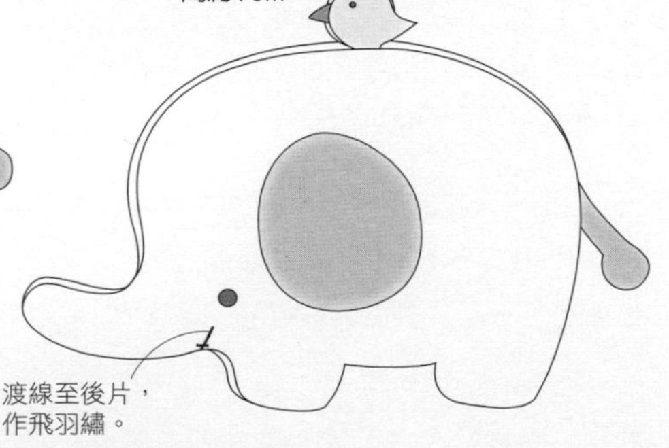

渡線至後片，
作飛羽繡。

18 作法

※小鳥作法參見no.17。

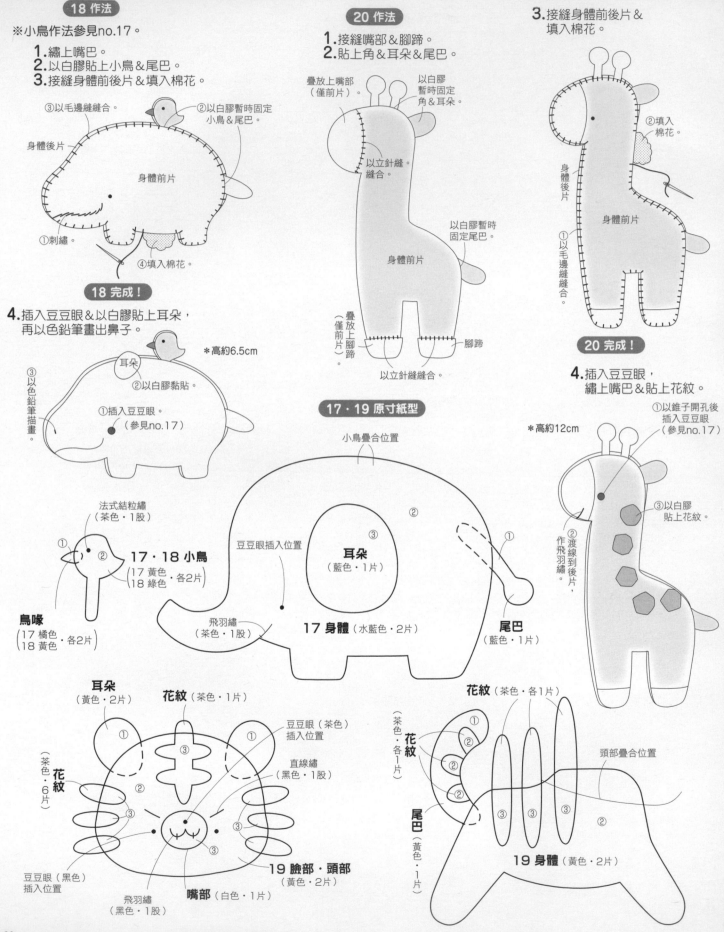

1. 繡上嘴巴。
2. 以白膠貼上小鳥&尾巴。
3. 接縫身體前後片&填入棉花。

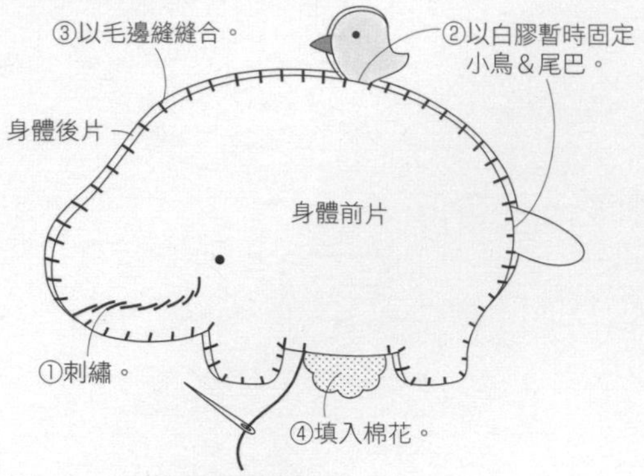

③以毛邊縫縫合。
②以白膠暫時固定小鳥&尾巴。
身體後片
身體前片
①刺繡。
④填入棉花。

18 完成！

4. 插入豆豆眼&以白膠貼上耳朵，再以色鉛筆畫出鼻子。

＊高約6.5cm

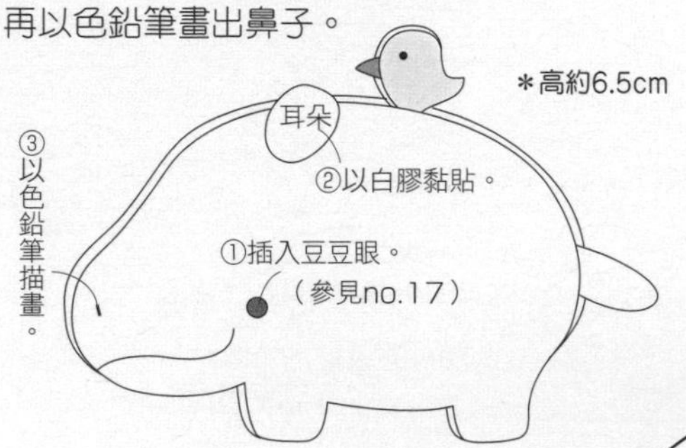

耳朵
②以白膠黏貼。
③以色鉛筆描畫。
①插入豆豆眼。（參見no.17）

20 作法

1. 接縫嘴部&腳蹄。
2. 貼上角&耳朵&尾巴。

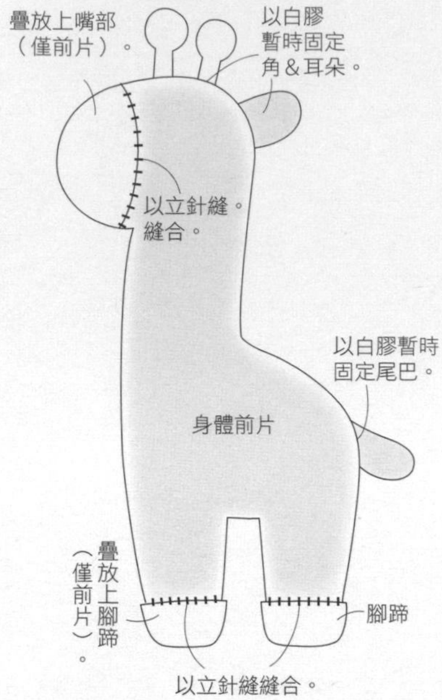

疊放上嘴部（僅前片）。
以白膠暫時固定角&耳朵。
以立針縫。縫合。
以白膠暫時固定尾巴。
身體前片
疊放上腳蹄（僅前片）。
腳蹄
以立針縫縫合。

3. 接縫身體前後片&填入棉花。

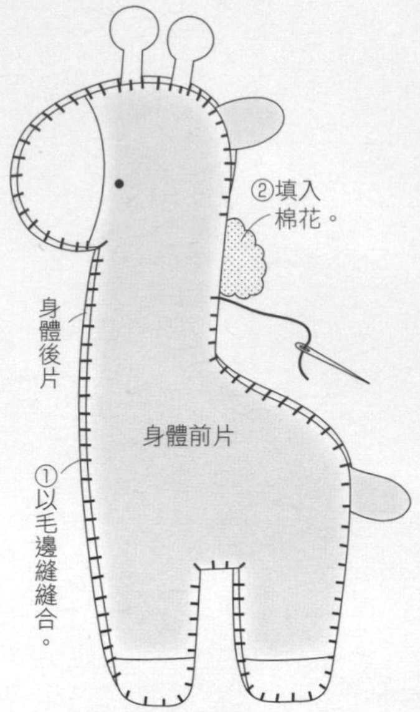

②填入棉花。
身體後片
身體前片
①以毛邊縫縫合。

20 完成！

4. 插入豆豆眼，繡上嘴巴&貼上花紋。

＊高約12cm

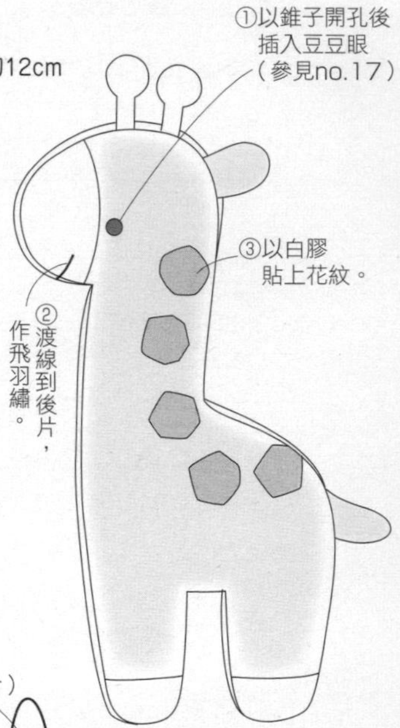

①以錐子開孔後插入豆豆眼（參見no.17）。
③以白膠貼上花紋。
②渡線到後片，作飛羽繡。

17・19 原寸紙型

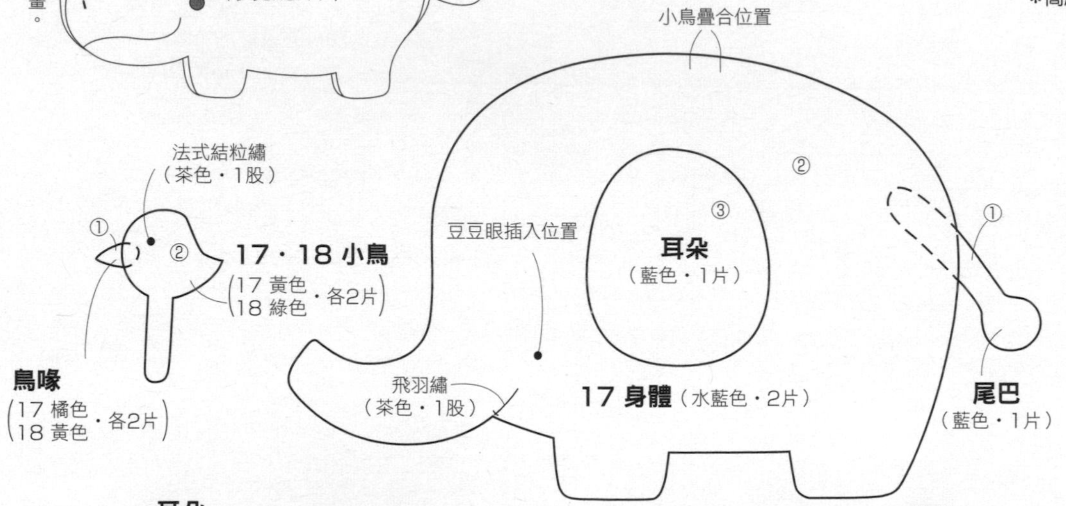

小鳥疊合位置
法式結粒繡（茶色・1股）
17・18 小鳥（17 黃色 18 綠色・各2片）
鳥喙（17 橘色 18 黃色・各2片）
豆豆眼插入位置
耳朵（藍色・1片）
飛羽繡（茶色・1股）
17 身體（水藍色・2片）
尾巴（藍色・1片）

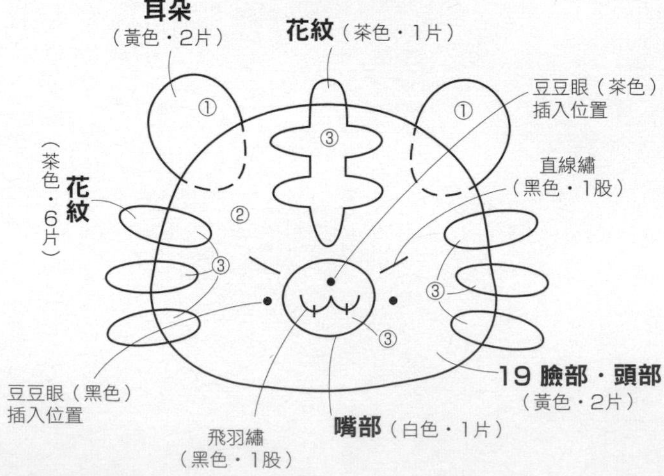

耳朵（黃色・2片）
花紋（茶色・1片）
豆豆眼（茶色）插入位置
直線繡（黑色・1股）
花紋（茶色・6片）
豆豆眼（黑色）插入位置
19 臉部・頭部（黃色・2片）
飛羽繡（黑色・1股）
嘴部（白色・1片）

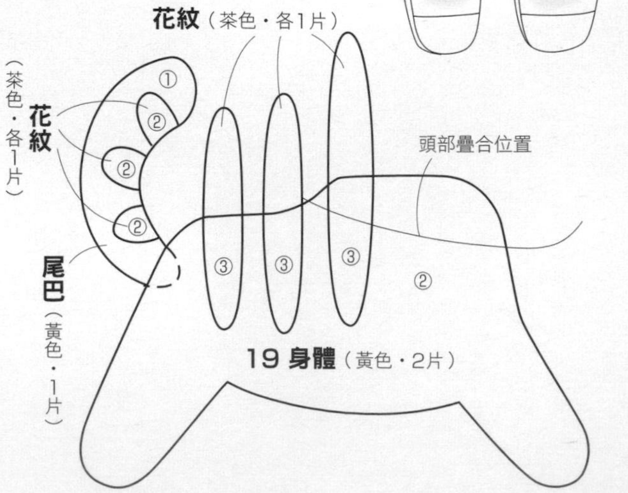

花紋（茶色・各1片）
花紋（茶色・各1片）
頭部疊合位置
尾巴（黃色・1片）
19 身體（黃色・2片）

18・20 原寸紙型

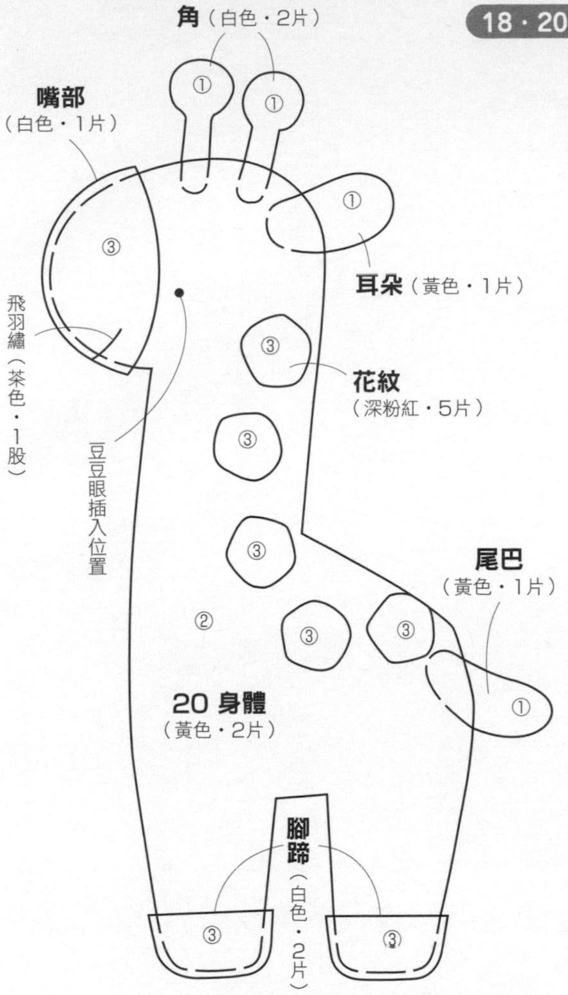

角（白色・2片）
①
①
嘴部
（白色・1片）
③
①
飛羽繡（茶色・1股）
豆豆眼插入位置
耳朵（黃色・1片）
③
花紋
（深粉紅・5片）
③
③
尾巴
（黃色・1片）
②
③
③
①
20 身體
（黃色・2片）
腳蹄
（白色・2片）
③
③

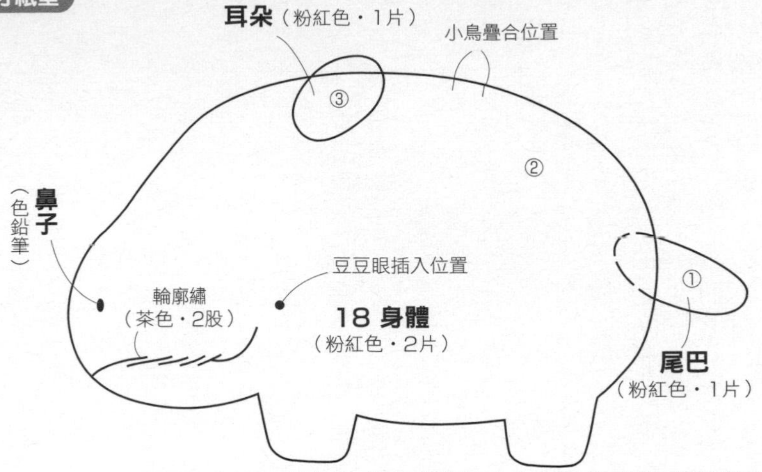

耳朵（粉紅色・1片）
小鳥疊合位置
③
②
鼻子
（色鉛筆）
豆豆眼插入位置
①
輪廓繡
（茶色・2股）
18 身體
（粉紅色・2片）
尾巴
（粉紅色・1片）

3. 將背部對摺後，以白膠貼合。

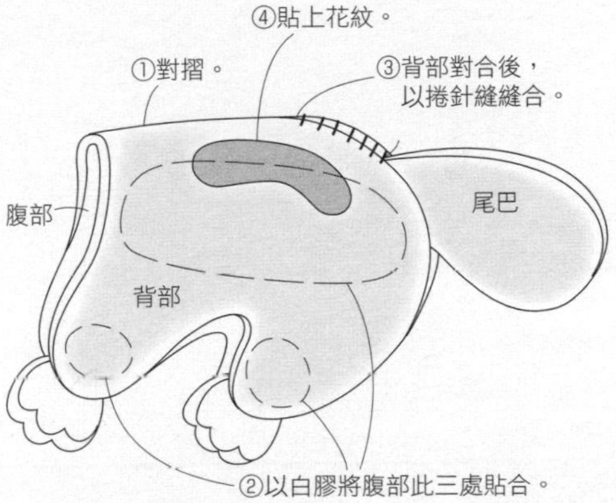

④貼上花紋。
①對摺。
③背部對合後，
以捲針縫縫合。
腹部
尾巴
背部
②以白膠將腹部此三處貼合。

41 作法

※耳朵＆尾巴的作法參見no.39・no.40。

1. 接縫背部＆腹部，並填入棉花。

2. 以白膠將尾巴＆手腳貼在腹部側。

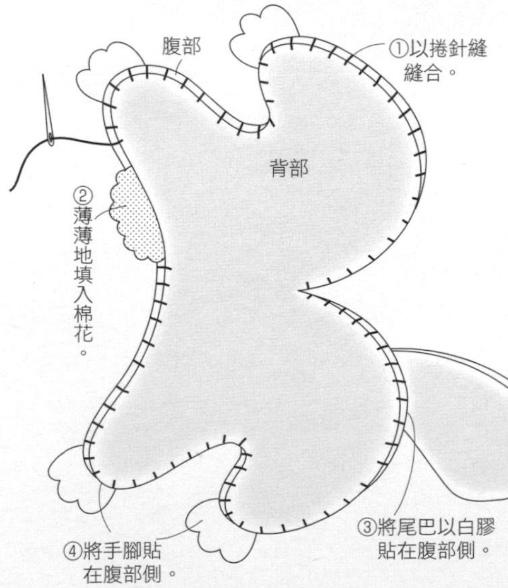

腹部
①以捲針縫
縫合。
背部
②薄薄地填入棉花。
④將手腳貼
在腹部側。
③將尾巴以白膠
貼在腹部側。

4. 接縫臉部＆頭部，並填入棉花。

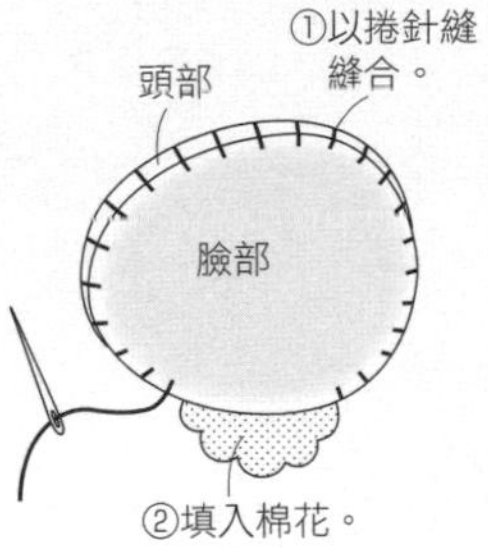

頭部
①以捲針縫
縫合。
臉部
②填入棉花。

5. 將臉部貼上眼睛・鼻子・花紋。

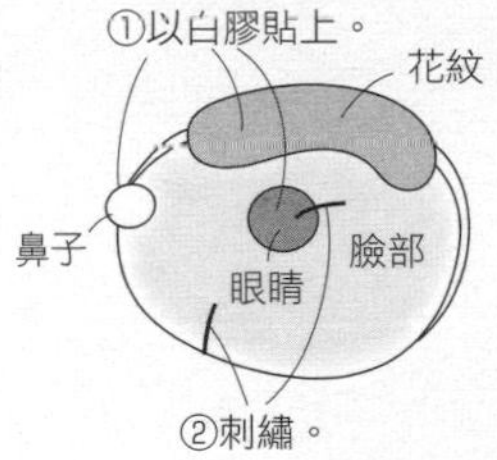

①以白膠貼上。
花紋
鼻子
臉部
眼睛
②刺繡。

6. 在頭部貼上眼睛・耳朵。

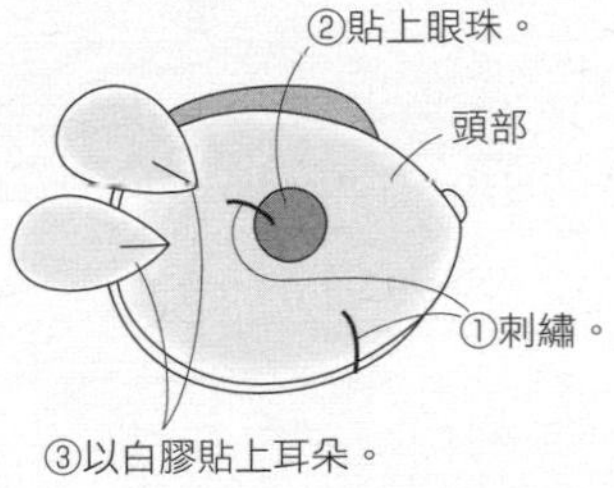

②貼上眼珠。
頭部
①刺繡。
③以白膠貼上耳朵。

41 完成！

7. 將頭部貼在背部上。 ＊高約9cm

以白膠貼上。

鼯鼠忍者隊

※縫線除了特別指定之外，皆取與不織布同色的1股線。

38材料
- 不織布
  （芥子色）15cm×10cm
  （白色）8cm×8cm
  （膚色）7cm×3cm
  （焦茶色）6cm×3cm
  （黑色・茶色）少許
- 25號繡線（芥子色・黑色）
- 手工藝用棉花　適量
- 手工藝用白膠

39材料
- 不織布
  （綠色）15cm×10cm
  （白色）8cm×8cm
  （膚色）7cm×3cm
  （焦茶色）6cm×3cm
  （黑色・茶色）少許
- 25號繡線（綠色・黑色）
- 手工藝用棉花　適量
- 手工藝用白膠

40材料
- 不織布
  （紅色）15cm×10cm
  （白色）8cm×8cm
  （膚色）7cm×3cm
  （焦茶色）6cm×3cm
  （黑色・茶色）少許
- 25號繡線（紅色・黑色）
- 手工藝用棉花　適量
- 手工藝用白膠

41材料
- 不織布
  （淺茶色）15cm×10cm
  （白色）8cm×8cm
  （膚色）7cm×3cm
  （焦茶色）9cm×3cm
  （黑色・茶色）少許
- 25號繡線（淺茶色・黑色）
- 手工藝用棉花　適量
- 手工藝用白膠

39・40 作法

1. 接縫背部＆腹部，並填入棉花。

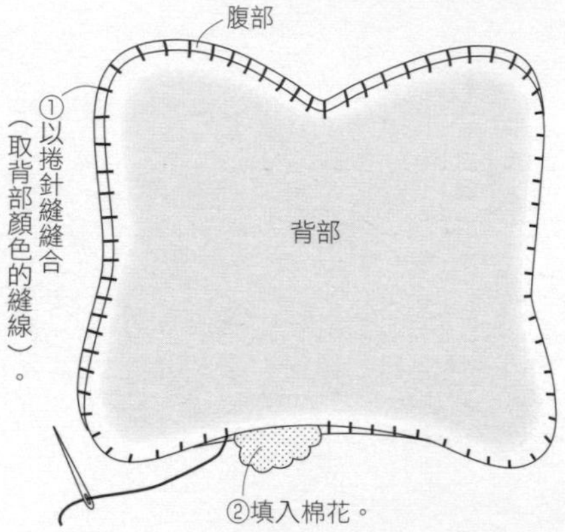
腹部
①以捲針縫縫合（取背部顏色的縫線）。
背部
②填入棉花。

2. 縫製尾巴。

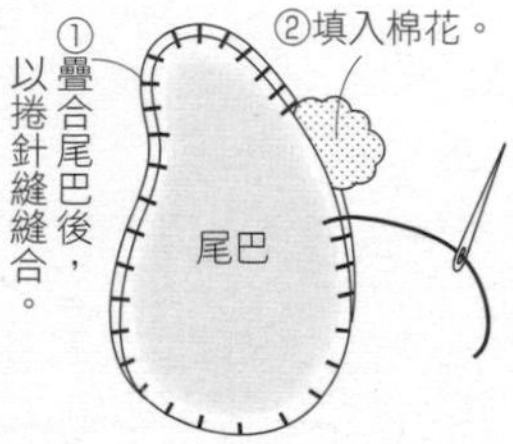
①疊合尾巴後，以捲針縫縫合。
②填入棉花。
尾巴

3. 接縫臉部＆頭部，並填入棉花。

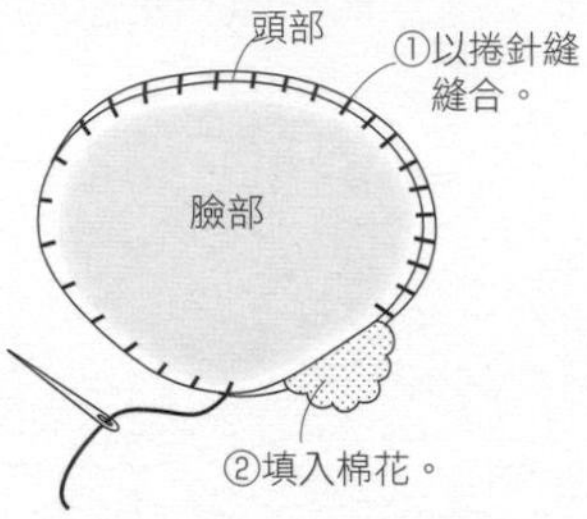
頭部
①以捲針縫縫合。
臉部
②填入棉花。

4. 將臉部貼上眼睛・鼻子・臉部花紋。

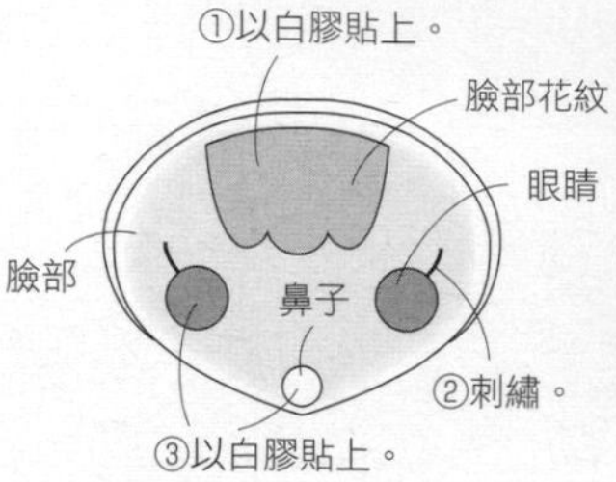
①以白膠貼上。
臉部花紋
眼睛
臉部
鼻子
②刺繡。
③以白膠貼上。

5. 縫製耳朵後，貼在頭上。

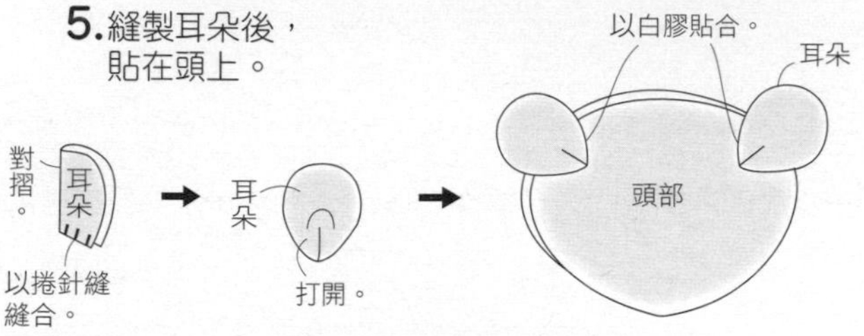
對摺。
耳朵
以捲針縫縫合。
耳朵
打開。
以白膠貼合。
耳朵
頭部

6. 背部貼上尾巴＆背部花紋，腹部貼上手腳。

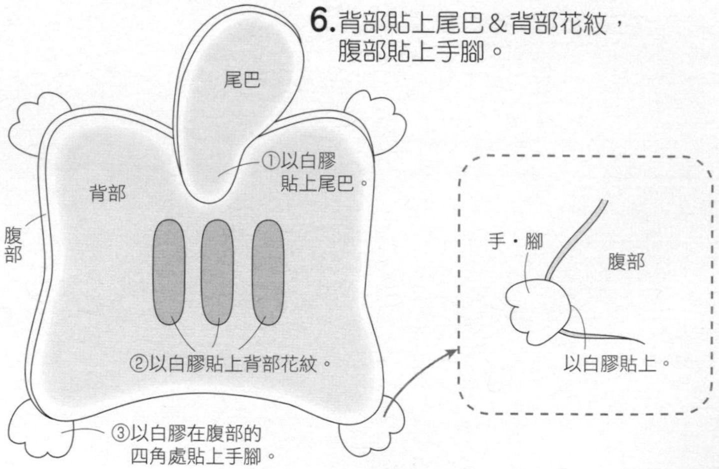
尾巴
背部
①以白膠貼上尾巴。
腹部
②以白膠貼上背部花紋。
③以白膠在腹部的四角處貼上手腳。
手・腳
腹部
以白膠貼上。

39・40 完成！

7. 將頭部貼在背上。

＊高約8.5cm
以白膠貼上頭部。

38 完成！

※詳細作法參見no.39・no.40。

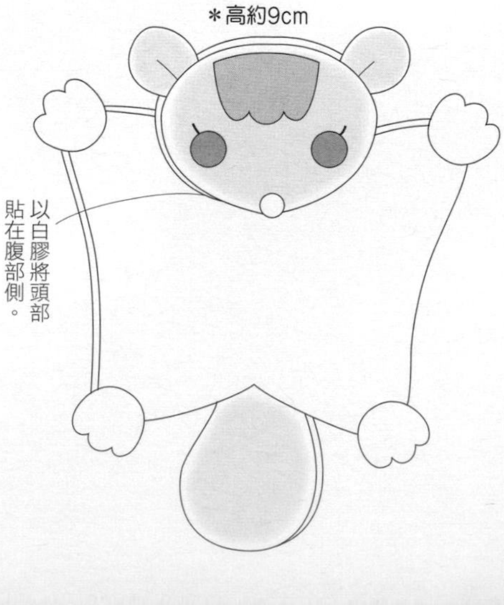
＊高約9cm
以白膠將頭部貼在腹部側。

※no.41作法參見P.37。

38至41 原寸紙型

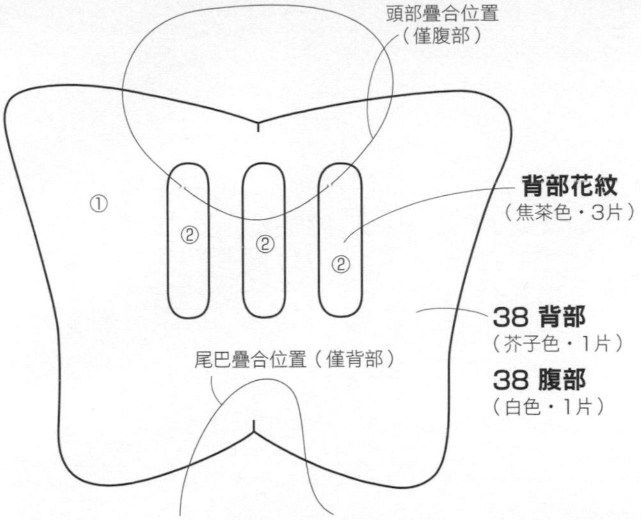
頭部疊合位置
（僅腹部）
①
②
②
②
背部花紋
（焦茶色・3片）
38 背部
（芥子色・1片）
38 腹部
（白色・1片）
尾巴疊合位置（僅背部）

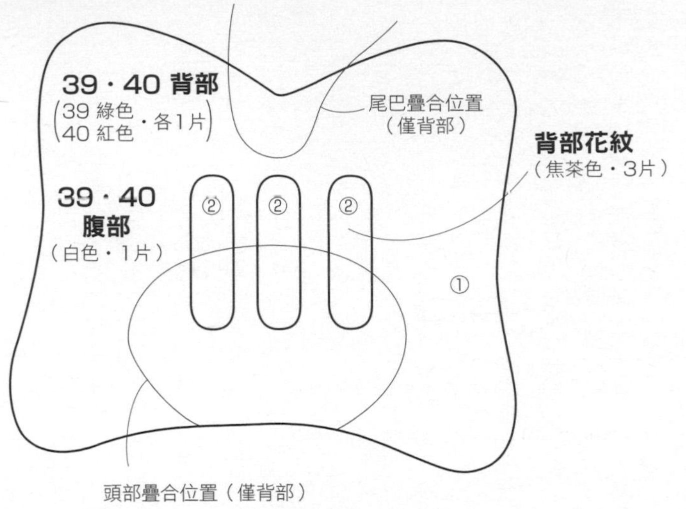
39・40 背部
39 綠色
40 紅色
・各1片
尾巴疊合位置
（僅背部）
背部花紋
（焦茶色・3片）
39・40
腹部
（白色・1片）
②
②
②
①
頭部疊合位置（僅背部）

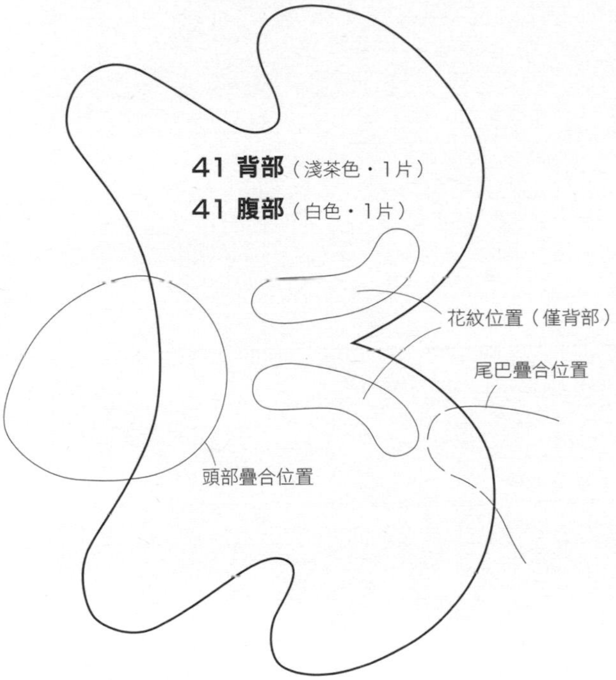
41 背部（淺茶色・1片）
41 腹部（白色・1片）
花紋位置（僅背部）
尾巴疊合位置
頭部疊合位置

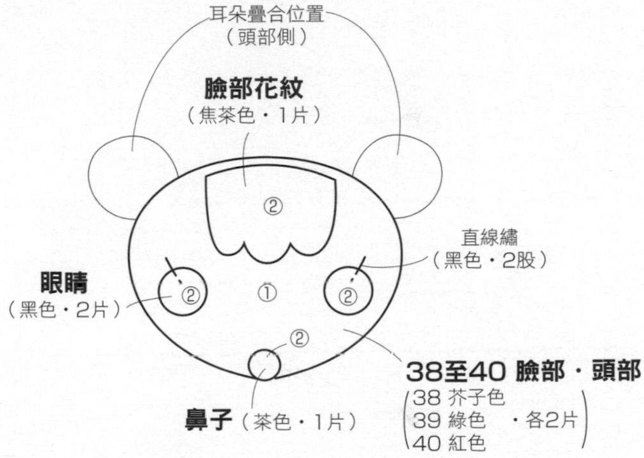
耳朵疊合位置
（頭部側）
臉部花紋
（焦茶色・1片）
②
直線繡
（黑色・2股）
眼睛
（黑色・2片）
②
①
②
②
38至40 臉部・頭部
38 芥子色
39 綠色
40 紅色
・各2片
鼻子（茶色・1片）

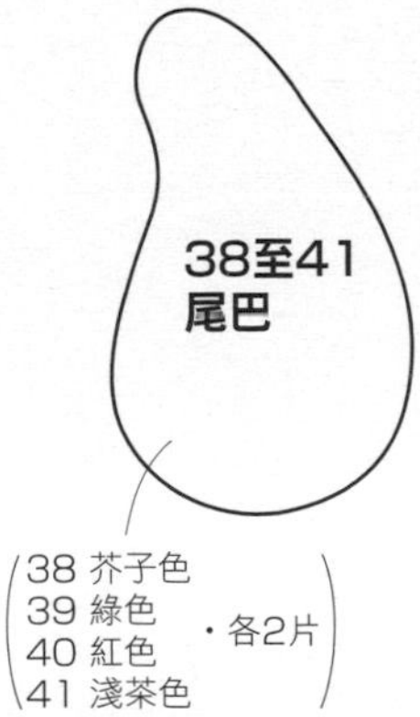
38至41
尾巴
38 芥子色
39 綠色
40 紅色
41 淺茶色
・各2片

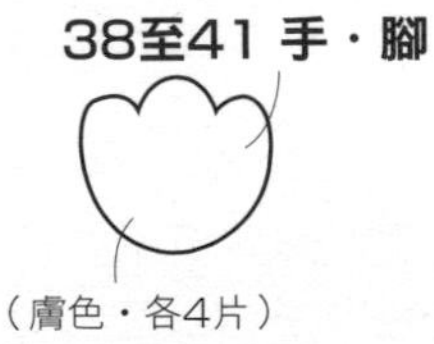
38至41 手・腳
（膚色・各4片）

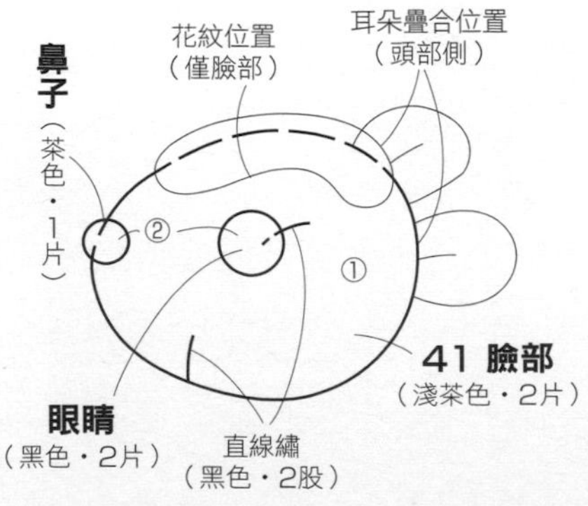
花紋位置
（僅臉部）
耳朵疊合位置
（頭部側）
鼻子
（茶色・1片）
②
①
41 臉部
（淺茶色・2片）
眼睛
（黑色・2片）
直線繡
（黑色・2股）

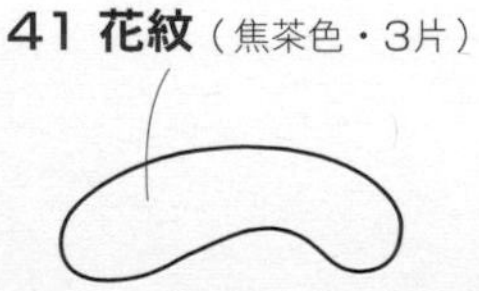
41 花紋（焦茶色・3片）

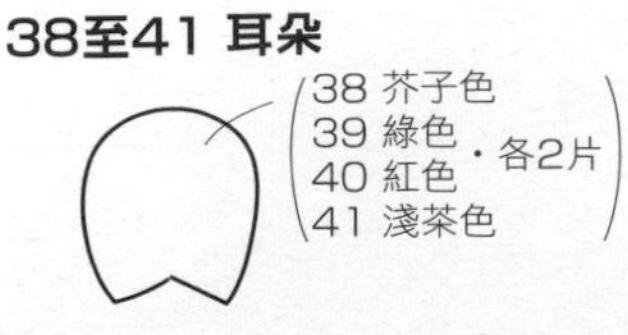
38至41 耳朵
38 芥子色
39 綠色
40 紅色
41 淺茶色
・各2片

 ＊紙型參見P.43。

※縫線除了特別指定之外，
皆取與不織布同色的1股線。

1材料
・不織布
（白色）10cm×8cm
（黑色）7cm×5cm
（橘色）4cm×4cm
・插入式豆豆眼（4mm黑色）2個
・25號繡線（白色・黑色・橘色）
・手縫線（白色）
・手工藝用棉花　適量
・腮紅
・手工藝用白膠

2材料
・不織布
（白色）13cm×8cm
（灰色）6cm×5cm
・插入式豆豆眼 小（3.5mm黑色）1個
・插入式豆豆眼 大（4mm黑色）2個
・25號繡線（白色・灰色）
・手縫線（白色）
・手工藝用棉花　適量
・手工藝用白膠

3材料
・不織布
（黑色）15cm×8cm
（白色）7cm×15cm
・插入式豆豆眼 小（3.5mm黑色）1個
・插入式豆豆眼 大（4mm黑色）2個
・25號繡線（白色・黑色・粉紅色）
・手縫線（白色）
・手工藝用棉花　適量
・手工藝用白膠

4材料
・不織布
（芥子色）14cm×7cm
（白色）4cm×4cm
・插入式豆豆眼（4mm黑色）2個
・25號繡線（芥子・白色・茶色）
・手縫線（白色）
・手工藝用棉花　適量
・腮紅
・手工藝用白膠

1 作法

1. 將身體前後片縫上嘴部・手・花紋。
縫上耳朵後裁去重疊處的身體不織布，
使成品較薄一些。

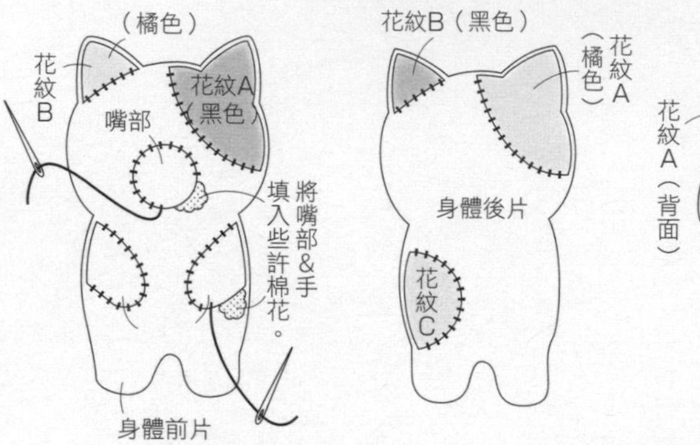
（橘色）
花紋B
花紋A（黑色）
嘴部
將嘴部&手填入些許棉花。
身體前片
花紋B（黑色）
花紋A（橘色）
身體後片
花紋C
裁下耳朵重疊部分的身體不織布。
花紋B（背面）
花紋A（背面）
0.3cm
0.3cm
身體（背面）

♥皆以立針縫縫合。

2. 繡上鼻子・嘴巴・爪子。

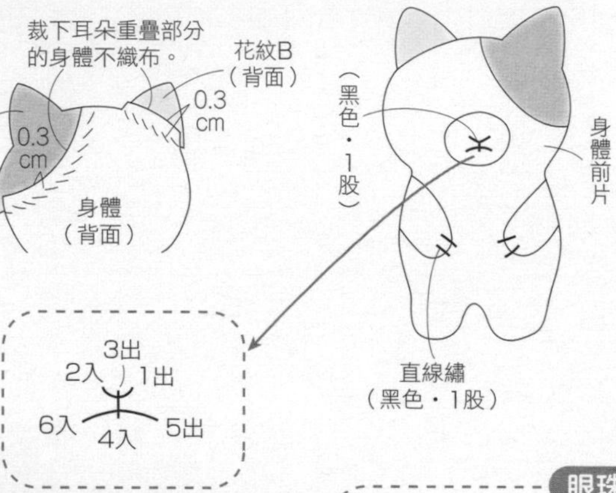
（黑色・1股）
身體前片
直線繡（黑色・1股）
3出
2入
1出
6入
4入
5出

3. 接縫身體前後片&填入棉花。

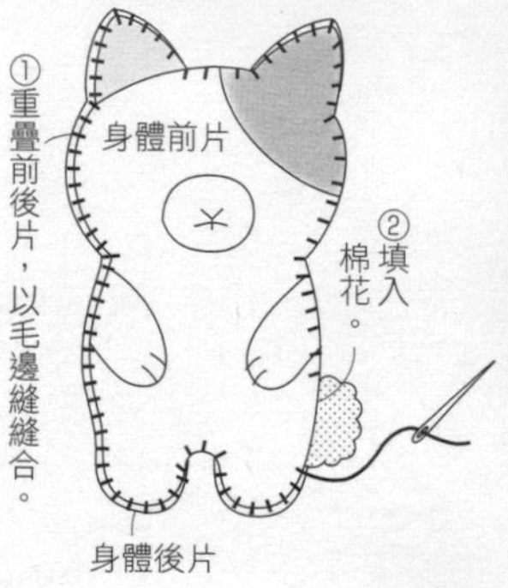
①重疊前後片，以毛邊縫縫合。
身體前片
②填入棉花。
身體後片

4. 縫製尾巴後，接縫於身體上。

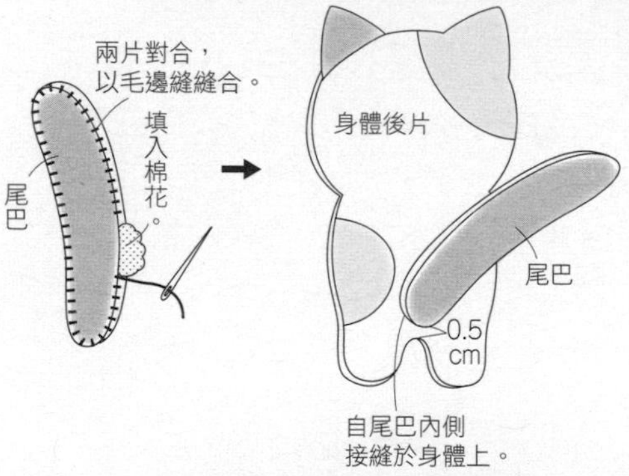
兩片對合，以毛邊縫縫合。
填入棉花。
尾巴
身體後片
尾巴
0.5cm
自尾巴內側接縫於身體上。

5. 將眼珠位置作出凹陷，插入豆豆眼。

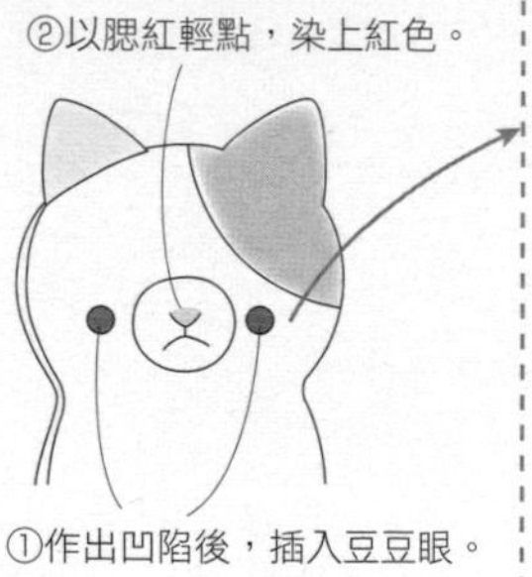
②以腮紅輕點，染上紅色。
①作出凹陷後，插入豆豆眼。

眼珠凹陷處的作法

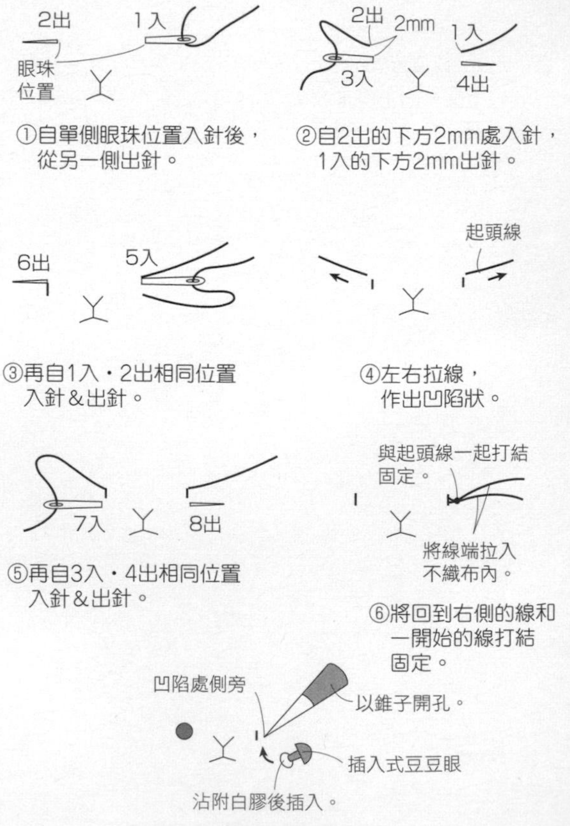
2出
1入
眼珠位置
2出
2mm
1入
3入
4出
6出
5入
起頭線
7入
8出
與起頭線一起打結固定。
將線端拉入不織布內。
凹陷處側旁
以錐子開孔。
插入式豆豆眼
沾附白膠後插入。

①自單側眼珠位置入針後，從另一側出針。
②自2出的下方2mm處入針，1入的下方2mm出針。
③再自1入・2出相同位置入針&出針。
④左右拉線，作出凹陷狀。
⑤再自3入・4出相同位置入針&出針。
⑥將回到右側的線和一開始的線打結固定。
⑦插入豆豆眼。

6. 加上鬍鬚。

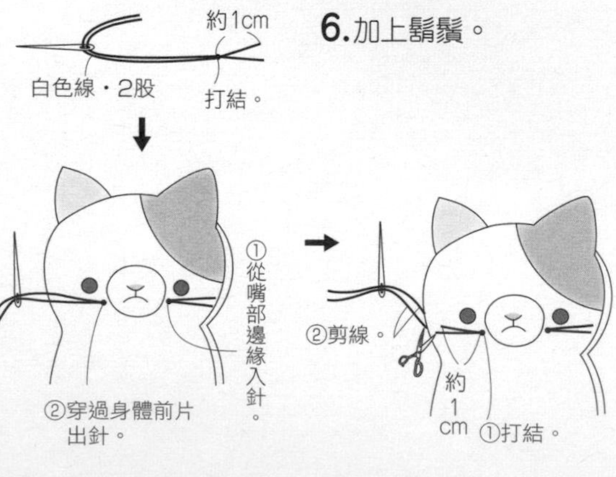
約1cm
白色線・2股
打結。
①從嘴部邊緣入針。
②穿過身體前片出針。
②剪線。
約1cm
①打結。

1 完成！

＊高約6cm

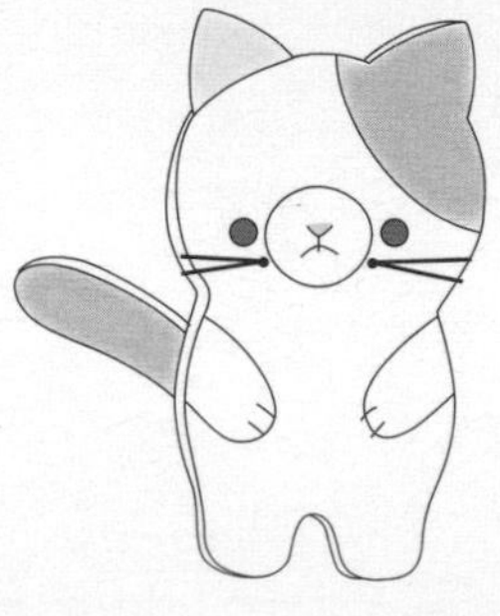

4 作法

※詳細作法參見no.1。

1. 將身體前後片接縫上嘴部・手・腹部後，在身體&尾巴進行刺繡。

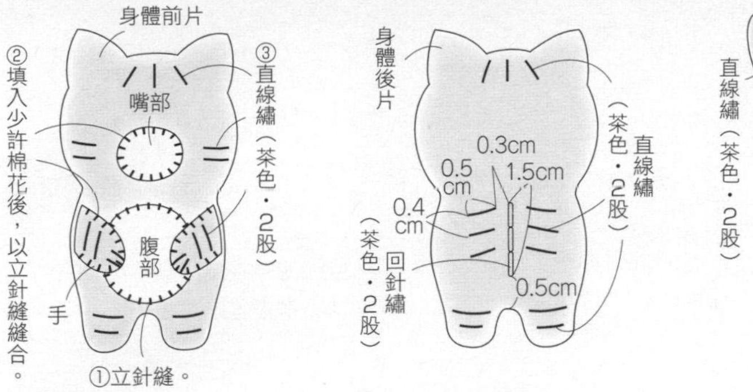

身體前片
②填入少許棉花後，以立針縫縫合。
③直線繡（茶色・2股）
嘴部
腹部
手
①立針縫。
身體後片
0.3cm
0.5cm
1.5cm
0.4cm
回針繡（茶色・2股）
0.5cm
直線繡（茶色・2股）
尾巴
間距0.3cm
直線繡（茶色・2股）

4 完成！

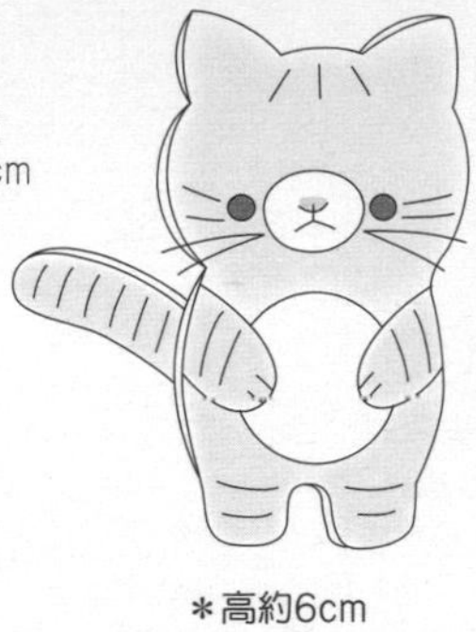

＊高約6cm

2 作法

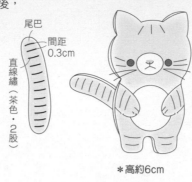

1. 將身體前後片縫上尾巴&花紋，再裁去重疊花紋A處的身體不織布，使成品較薄一些。

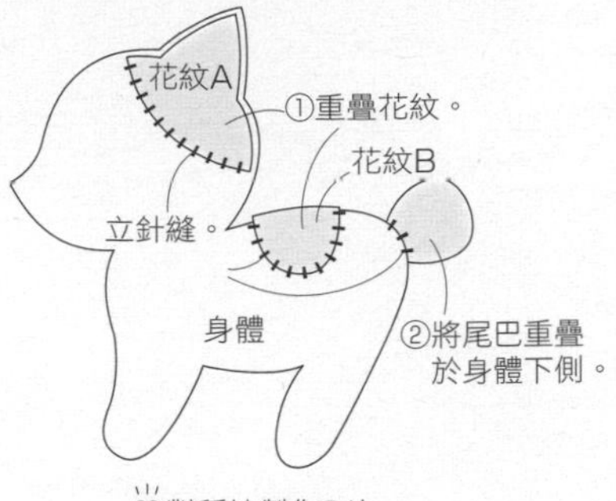

花紋A
①重疊花紋。
花紋B
立針縫。
身體
②將尾巴重疊於身體下側。

♥對稱地製作2片。

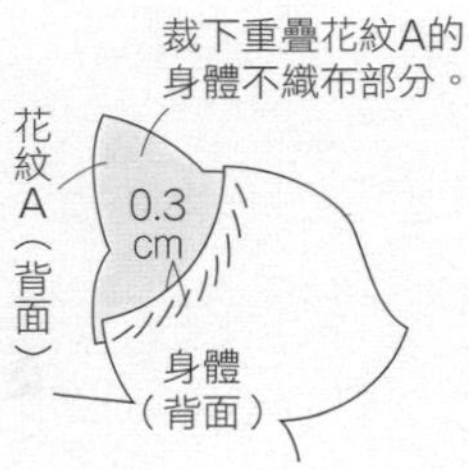

裁下重疊花紋A的身體不織布部分。
花紋A（背面）
0.3cm
身體（背面）

2. 接縫身體前後片&填入棉花。

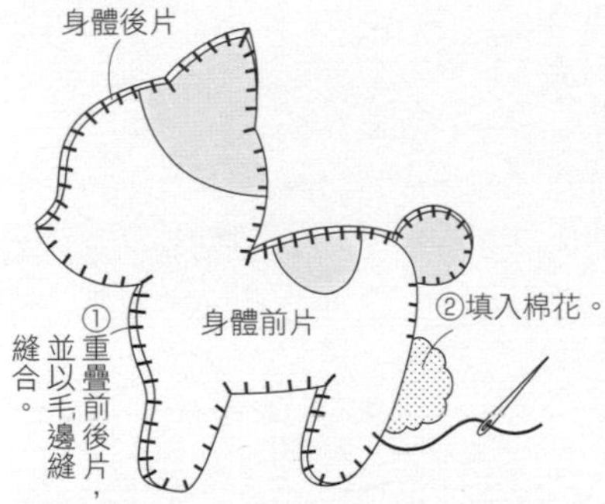

身體後片
身體前片
①重疊前後片，並以毛邊縫縫合。
②填入棉花。

3. 作出眼珠凹陷處。

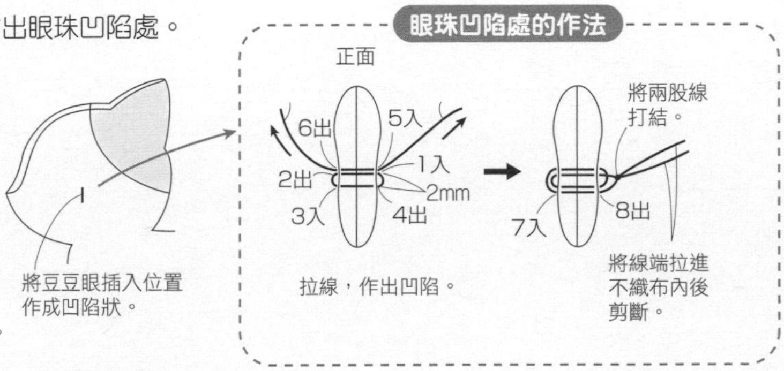

將豆豆眼插入位置作成凹陷狀。
眼珠凹陷處的作法
正面
6出
5入
2出
1入
2mm
3入
4出
拉線，作出凹陷。
將兩股線打結。
7入
8出
將線端拉進不織布內後剪斷。

4. 插入豆豆眼。

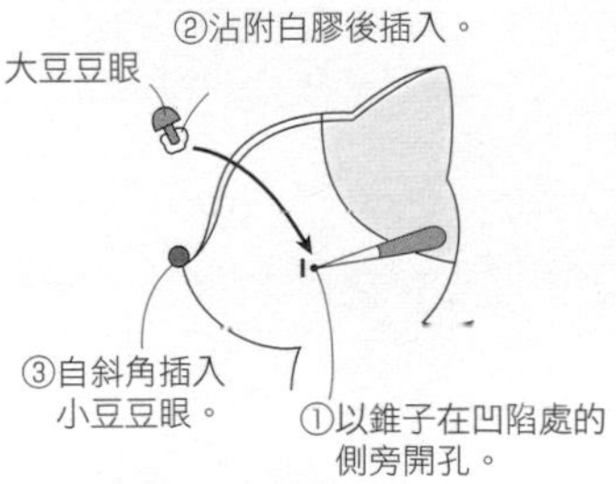

②沾附白膠後插入。
大豆豆眼
③自斜角插入小豆豆眼。
①以錐子在凹陷處的側旁開孔。

5. 繡上嘴巴。

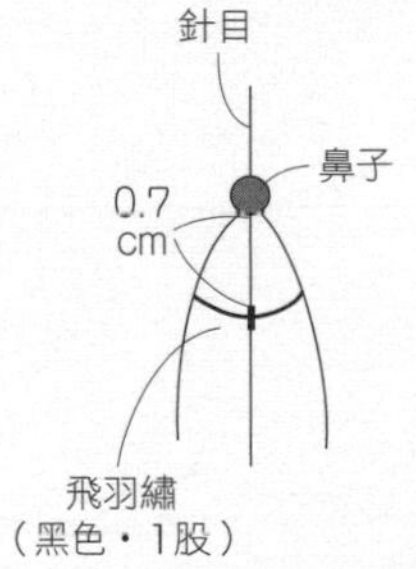

針目
鼻子
0.7cm
飛羽繡（黑色・1股）

6. 加上鬍鬚。

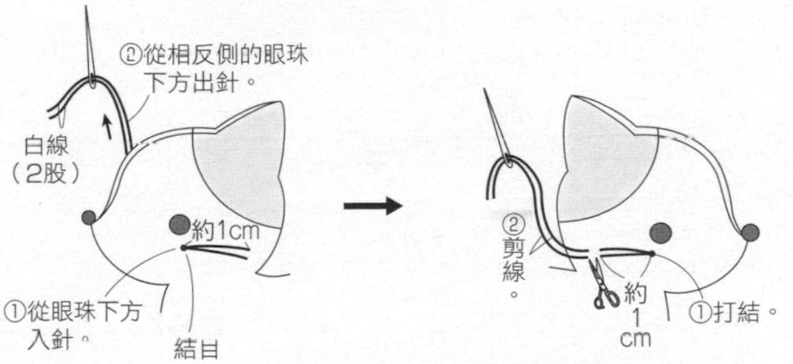

②從相反側的眼珠下方出針。
白線（2股）
約1cm
①從眼珠下方入針。
結目
②剪線。
約1cm
①打結。

2 完成！

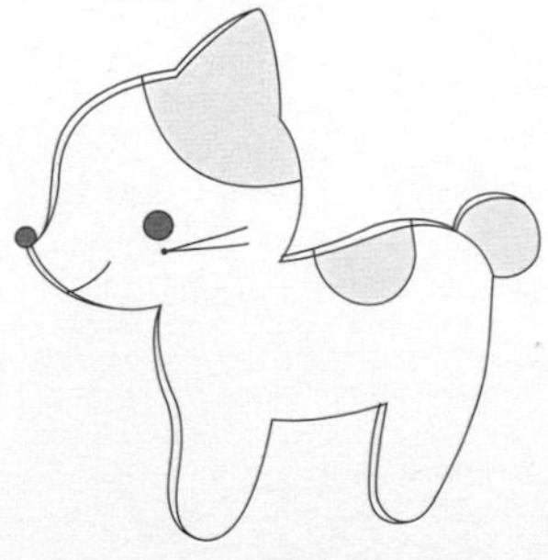

＊高約6cm

3 作法

※詳細作法參見no.2。

1. 將身體前後片接縫上足部&花紋，再裁去重疊處的身體不織布，使成品較薄一些。

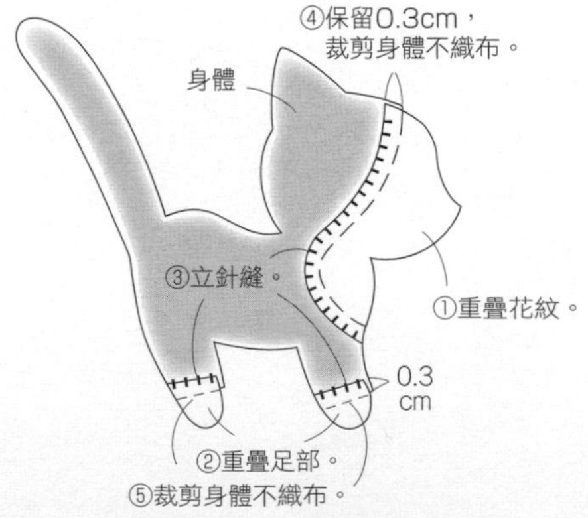

④保留0.3cm，裁剪身體不織布。
身體
③立針縫。
①重疊花紋。
0.3cm
②重疊足部。
⑤裁剪身體不織布。

♥對稱地製作2片。

3 完成！

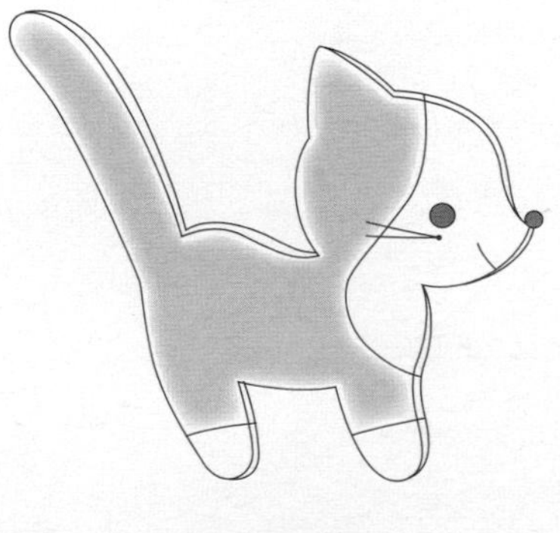

＊高約6cm

※縫線除了特別指定之外，
皆取與不織布同色的1股線。

5材料
- 不織布
  （淺茶色）13cm×8cm
  （茶色）3cm×3cm
  （綠色）4cm×4cm
- 插入式豆豆眼（3mm黑色）1個
- 25號繡線（淺茶色）
- 5號繡線（茶色）
- 手工藝用棉花　適量
- 手工藝用白膠

6材料
- 不織布
  （橘色）12cm×8cm
  （白色）3cm×3cm
  （藍色）6cm×3cm
- 插入式豆豆眼（3.5mm黑色）2個
- 插入式豆豆眼（3.5mm茶色）1個
- 25號繡線（橘色）
- 5號繡線（茶色）
- 手工藝用棉花　適量
- 手工藝用白膠

7材料
- 不織布
  （焦茶色）15cm×10cm
  （黃色）7cm×4cm
  （黑色）少許
- 插入式豆豆眼（4mm黑色）2個
- 25號繡線（茶色）
- 手工藝用棉花　適量
- 手工藝用白膠

8材料
- 不織布
  （米黃色）13cm×10cm
  （淺茶色）6cm×4cm
  （紅色）7cm×4cm
  （焦茶色）少許
- 插入式豆豆眼（4mm黑色）2個
- 25號繡線（米黃色・淺茶色）
- 色鉛筆（茶色）
- 手工藝用棉花　適量
- 手工藝用白膠

6 作法

1. 以白膠貼合外耳&內耳。

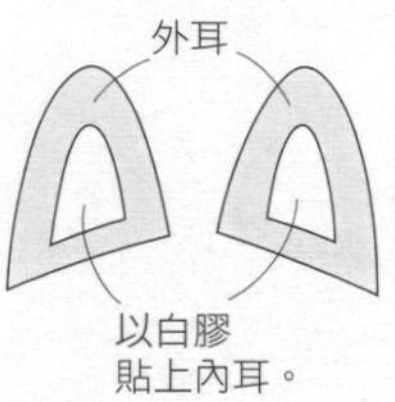
外耳
以白膠
貼上內耳。

2. 將嘴部繡上嘴巴。

嘴部
飛羽繡
（茶色・1股）

3. 將臉部貼上耳朵&嘴部。

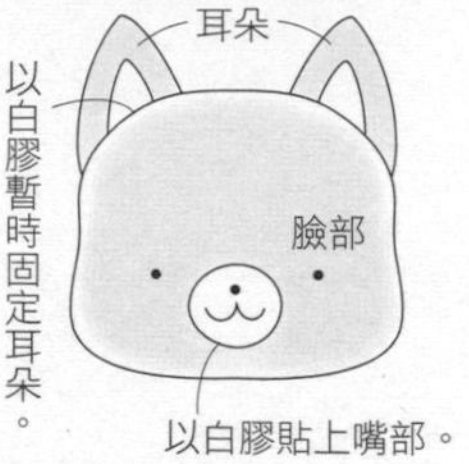
耳朵
以白膠暫時固定耳朵。
臉部
以白膠貼上嘴部。

4. 接縫臉部&頭部，並填入棉花。

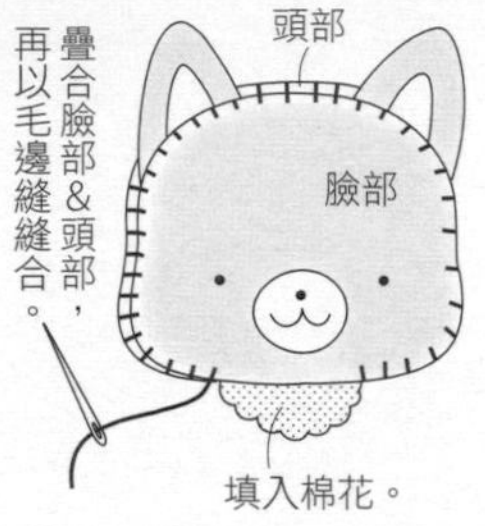
頭部
臉部
再疊合臉部&頭部，以毛邊縫縫合。
填入棉花。

5. 夾入尾巴後縫合身體前後片&填入棉花。

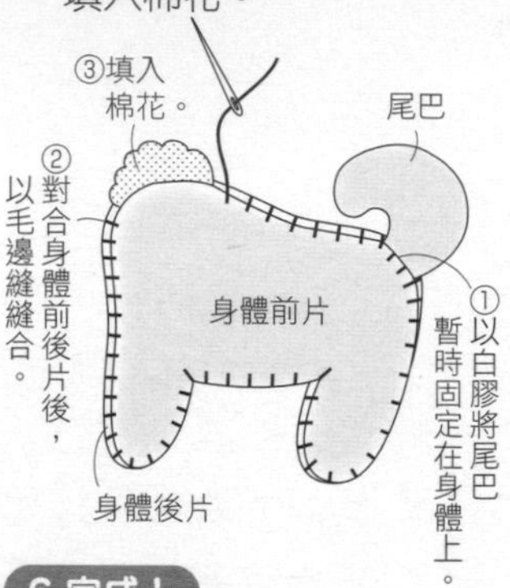
③填入棉花。
②對合身體前後片後，以毛邊縫縫合。
尾巴
身體前片
①以白膠將尾巴暫時固定在身體上。
身體後片

6. 貼上領巾。

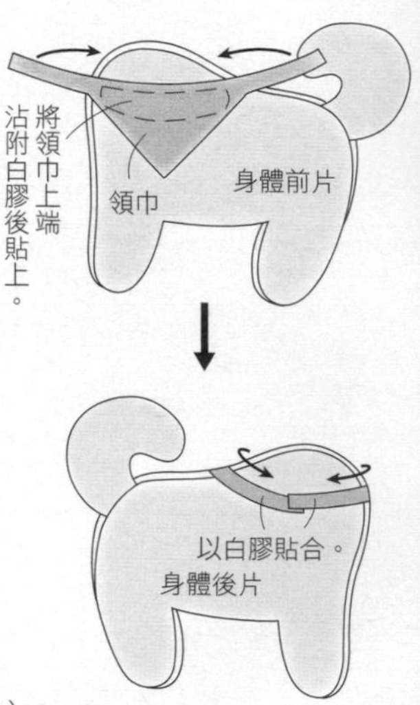
將領巾上端沾附白膠後貼上。
領巾
身體前片
以白膠貼合。
身體後片

7. 接縫頭部&身體。

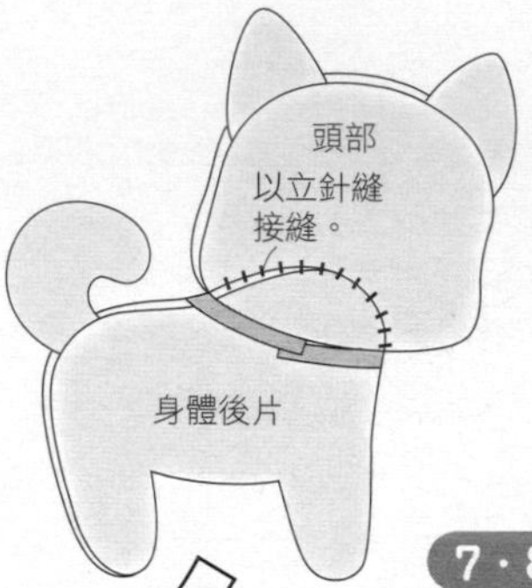
頭部
以立針縫接縫。
身體後片

6 完成！

8. 插入豆豆眼。

＊高約7cm

①以錐子開孔。
插入式豆豆眼（黑色）
②沾附白膠後插入。
（黑色）（茶色）

※後續作法參見P.44。

7・8 原寸紙型

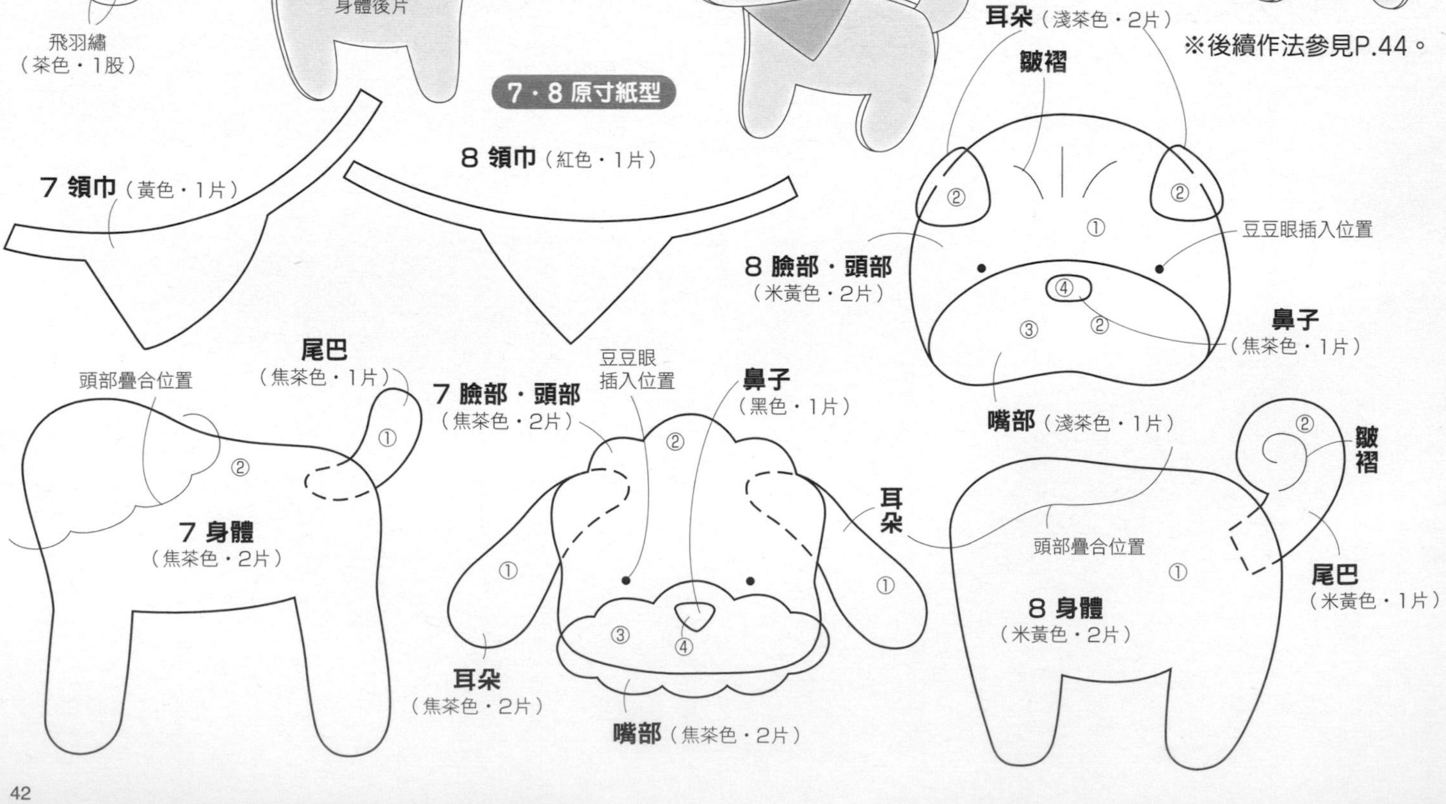
7 領巾（黃色・1片）
8 領巾（紅色・1片）
耳朵（淺茶色・2片）
皺褶
②
①
豆豆眼插入位置
8 臉部・頭部
（米黃色・2片）
④
③
鼻子
（焦茶色・1片）
嘴部（淺茶色・1片）
頭部疊合位置
尾巴
（焦茶色・1片）
7 身體
（焦茶色・2片）
7 臉部・頭部
（焦茶色・2片）
豆豆眼
插入位置
鼻子
（黑色・1片）
耳朵
耳朵
（焦茶色・2片）
嘴部（焦茶色・2片）
皺褶
8 身體
（米黃色・2片）
尾巴
（米黃色・1片）

1至4 原寸紙型

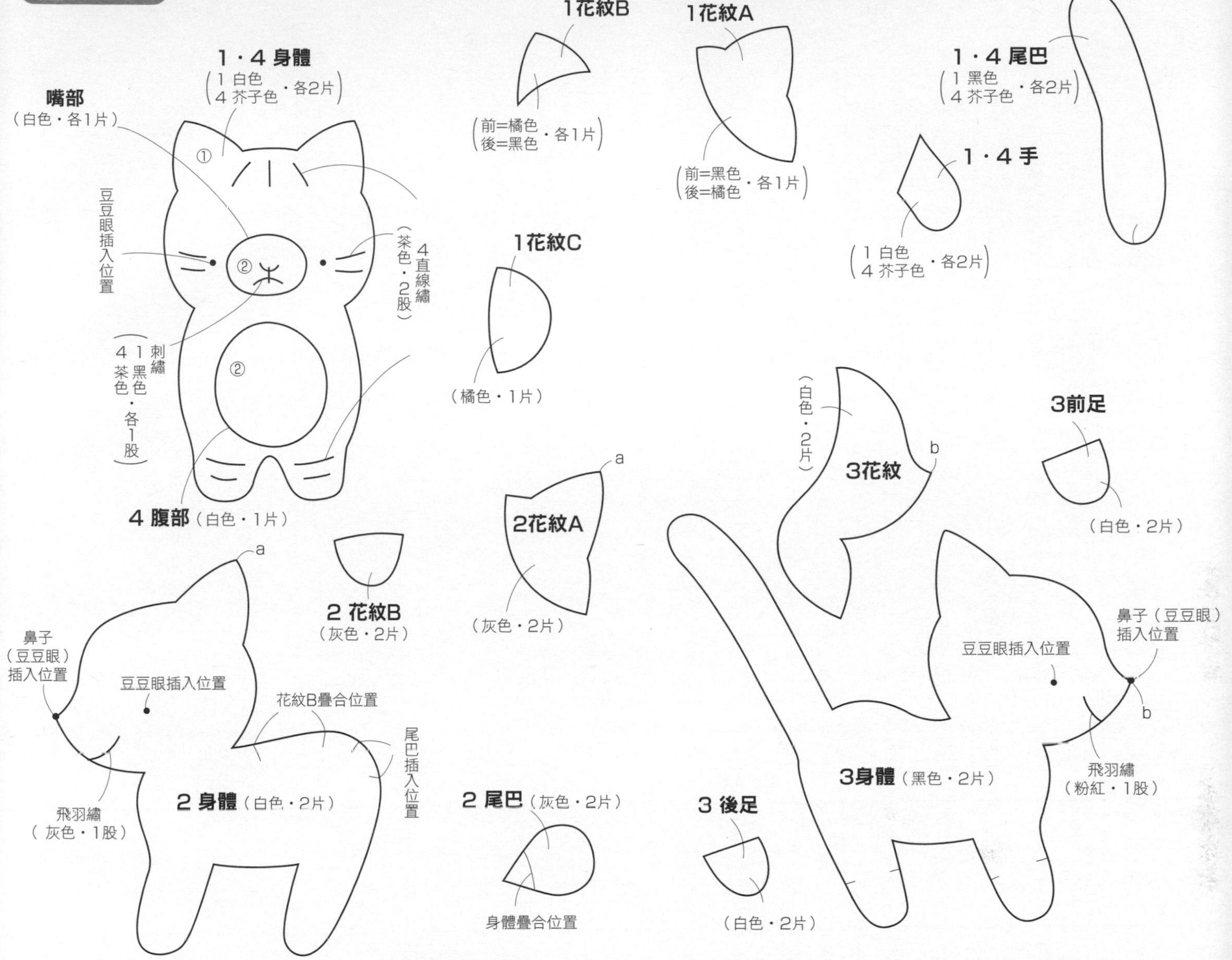
1・4 身體
(1 白色 4 芥子色・各2片)
嘴部
(白色・各1片)
①
②
豆豆眼插入位置
(茶色・2股 4直線繡)
(1 黑色 4 茶色・各1股 刺繡)
4 腹部(白色・1片)
1花紋B
(前=橘色 後=黑色・各1片)
1花紋A
(前=黑色 後=橘色・各1片)
1・4 尾巴
(1 黑色 4 芥子色・各2片)
1・4 手
(1 白色 4 芥子色・各2片)
1花紋C
(橘色・1片)
2花紋A
(灰色・2片)
a
2 花紋B
(灰色・2片)
鼻子(豆豆眼)插入位置
豆豆眼插入位置
花紋B疊合位置
尾巴插入位置
2 身體(白色・2片)
飛羽繡
(灰色・1股)
2 尾巴(灰色・2片)
身體疊合位置
(白色・2片)
3花紋
b
3前足
(白色・2片)
3 後足
(白色・2片)
鼻子(豆豆眼)插入位置
豆豆眼插入位置
3身體(黑色・2片)
飛羽繡
(粉紅・1股)

5・6 原寸紙型

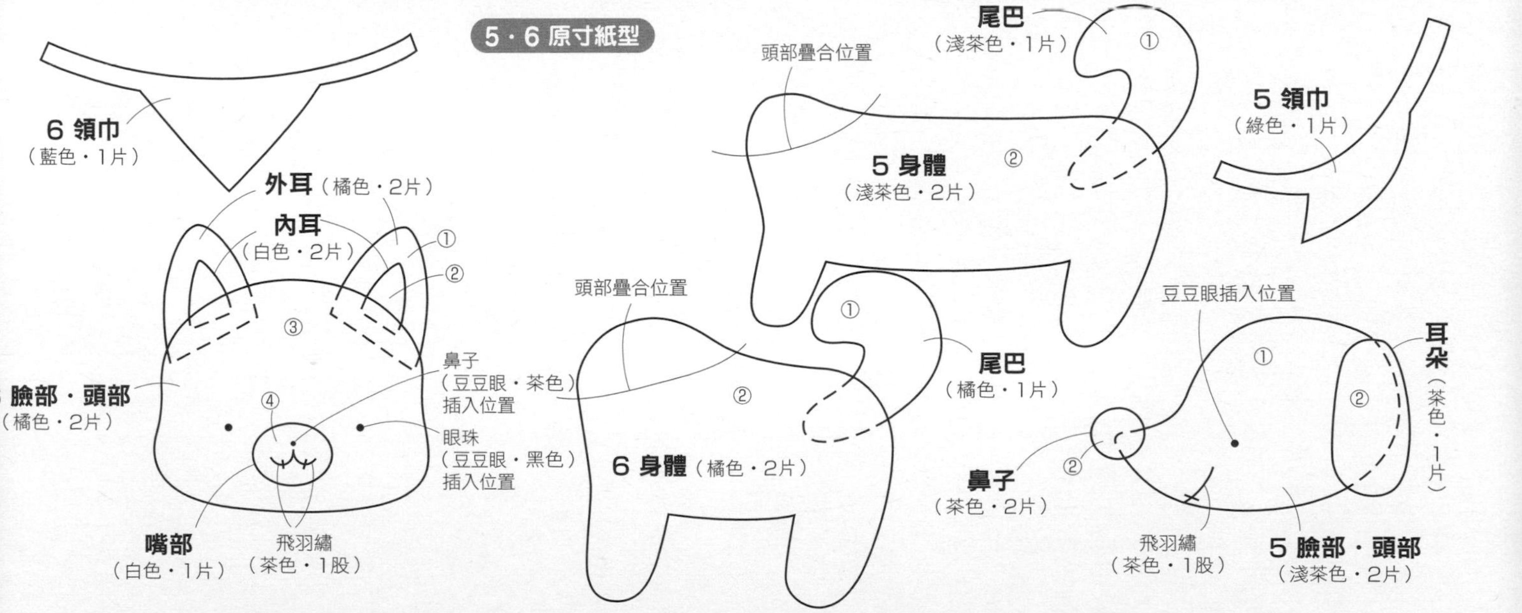
6 領巾
(藍色・1片)
尾巴
(淺茶色・1片)
頭部疊合位置
5 身體
(淺茶色・2片)
5 領巾
(綠色・1片)
外耳(橘色・2片)
內耳
(白色・2片)
①
②
③
④
6 臉部・頭部
(橘色・2片)
鼻子
(豆豆眼・茶色)
插入位置
眼珠
(豆豆眼・黑色)
插入位置
嘴部
(白色・1片)
飛羽繡
(茶色・1股)
頭部疊合位置
6 身體(橘色・2片)
尾巴
(橘色・1片)
豆豆眼插入位置
耳朵
(茶色・1片)
鼻子
(茶色・2片)
飛羽繡
(茶色・1股)
5 臉部・頭部
(淺茶色・2片)

5 作法

※詳細作法參見no.6。

1.接縫臉部&頭部，並填入棉花。

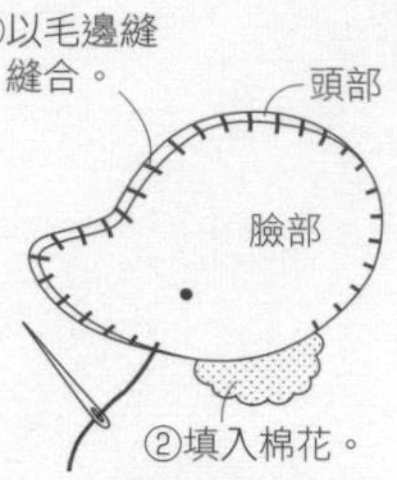
①以毛邊縫縫合。
頭部
臉部
②填入棉花。

2.將尾巴夾入身體前後片之間後，縫合&填入棉花。

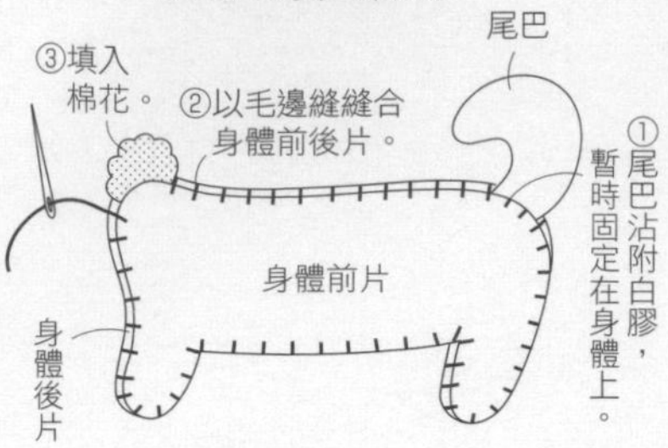
尾巴
③填入棉花。
②以毛邊縫縫合身體前後片。
①尾巴沾附白膠，暫時固定在身體上。
身體前片
身體後片

3.貼上領巾，接縫頭部&身體。

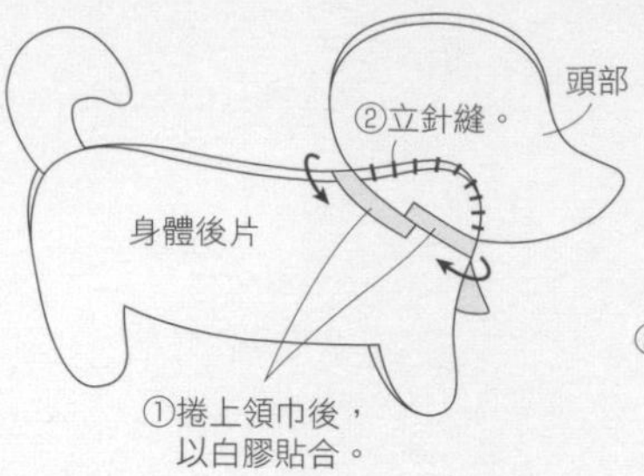
頭部
②立針縫。
身體後片
①捲上領巾後，以白膠貼合。

5 完成！

4.插入豆豆眼，繡出嘴巴，再以白膠貼上耳朵&鼻子。

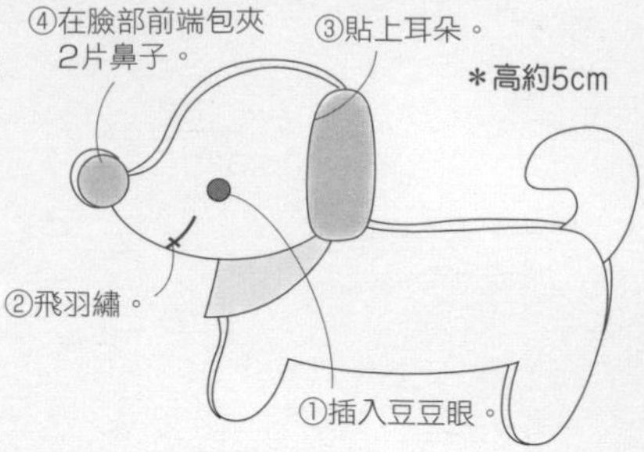
④在臉部前端包夾2片鼻子。
③貼上耳朵。
＊高約5cm
②飛羽繡。
①插入豆豆眼。

7 作法

※詳細作法參見no.6。

1.接縫嘴部後，填入棉花&貼上鼻子。

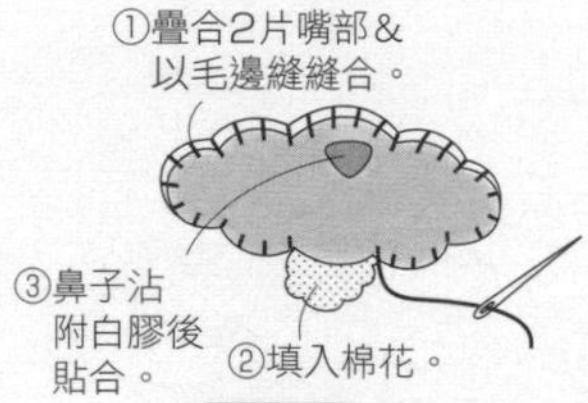
①疊合2片嘴部&以毛邊縫縫合。
③鼻子沾附白膠後貼合。
②填入棉花。

2.在臉部&身體之間夾入耳朵後，縫合&填入棉花。

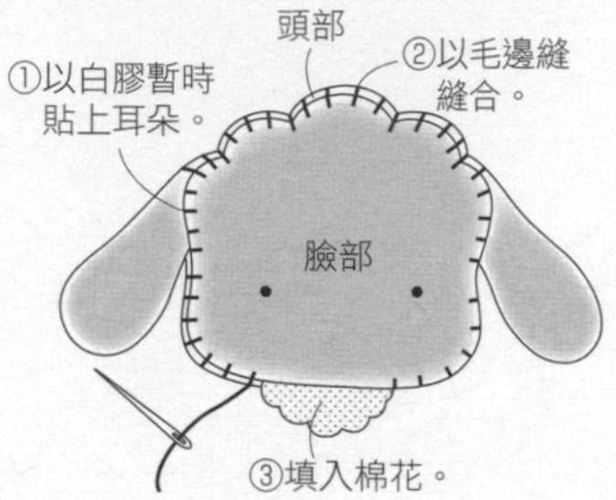
頭部
①以白膠暫時貼上耳朵。
②以毛邊縫縫合。
臉部
③填入棉花。

3.將嘴部接縫於臉部上。

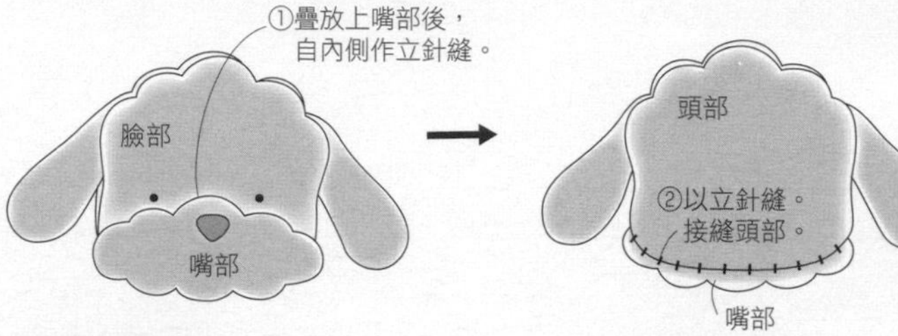
①疊放上嘴部後，自內側作立針縫。
臉部
嘴部
頭部
②以立針縫。接縫頭部。
嘴部

7 完成！

4.插入豆豆眼，完成！

豆豆眼

＊高約7cm

8 作法

※詳細作法參見no.6。

1.將臉部縫上嘴部後，填入棉花&以白膠貼上鼻子。

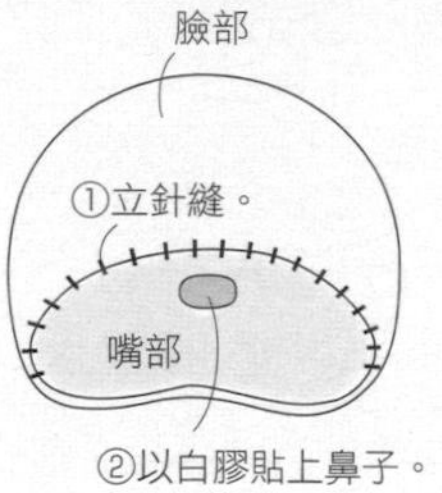
臉部
①立針縫。
嘴部
②以白膠貼上鼻子。

2.接縫臉部&頭部，並填入棉花。

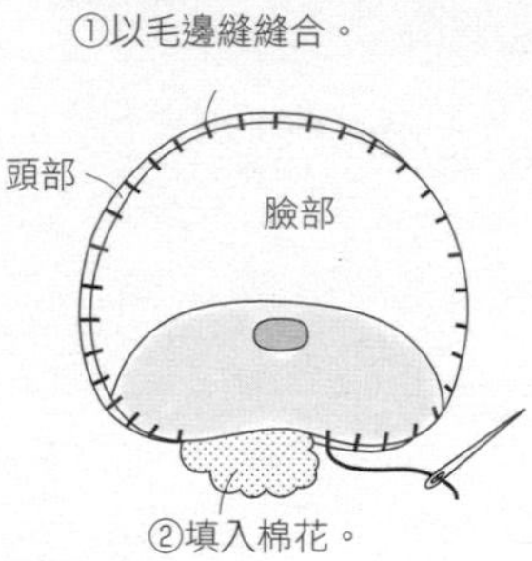
①以毛邊縫縫合。
頭部
臉部
②填入棉花。

8 完成！

3.插入豆豆眼&以鉛筆畫上皺褶，完成！

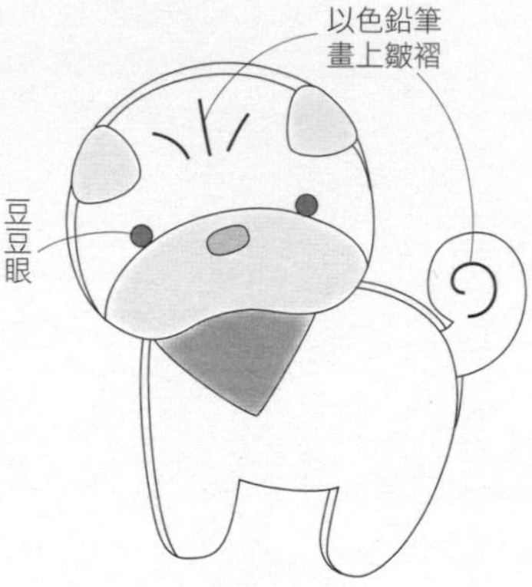
以色鉛筆畫上皺褶
豆豆眼

＊高約7cm

P.29 no.116至120 可愛斑比

※縫線除了特別指定之外，皆取與不織布同色的1股線。

116材料
- 不織布
  (粉紅色) 5cm×5cm
  (白色) 少許
- 半圓珍珠(2mm 粉紅色) 5個
- 25號繡線
  (粉紅色・深粉紅色・白色)
- 手工藝用棉花　適量
- 手工藝用白膠

117材料
- 不織布
  (橘色) 12cm×10cm
  (白色) 5cm×5cm
  (茶色) 少許
- 25號繡線
  (橘色・白色・茶色)
- 手工藝用棉花　適量
- 手工藝用白膠

118材料
- 不織布
  (紫色) 12cm×10cm
  (白色) 5cm×5cm
  (茶色) 少許
- 插入式豆豆眼(3mm 茶色) 1個
- 25號繡線
  (紫色・白色・茶色)
- 手工藝用棉花　適量
- 手工藝用白膠

119材料
- 不織布
  (水藍色) 5cm×5cm
  (白色) 少許
- 半圓珍珠(2mm 白色) 5個
- 25號繡線
  (水藍色・白色・藍色)
- 手工藝用棉花　適量
- 手工藝用白膠

120材料
- 不織布
  (淺綠色) 5cm×5cm
  (白色) 少許
- 半圓珍珠(2mm 白色) 5個
- 25號繡線
  (淺綠色・白色・水藍色)
- 手工藝用棉花　適量
- 手工藝用白膠

117 作法

1. 以白膠黏合內外耳。
2. 以白膠黏合耳朵&尾巴。
3. 疊放上臉部&腳蹄後，以立針縫縫合。

②以白膠
暫時固定外耳。
④以立針縫。
接縫臉部。
①貼上內耳。
身體前片
③以白膠暫時固定尾巴。
⑤以立針縫。
接縫腳蹄。

4. 接縫身體前後片&填入棉花。

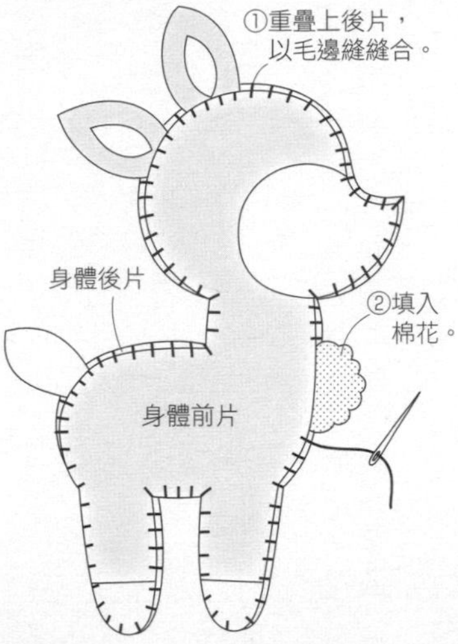

①重疊上後片，
以毛邊縫縫合。
身體後片
②填入
棉花。
身體前片

117 完成！

5. 繡上眼睛&鼻子。
6. 以白膠貼上鼻子&花紋。

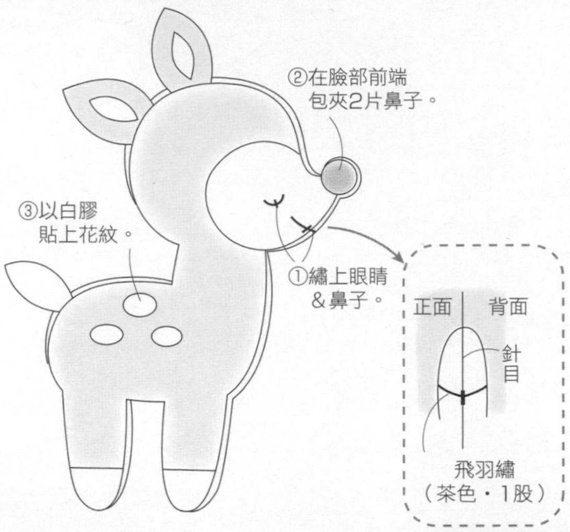

②在臉部前端
包夾2片鼻子。
③以白膠
貼上花紋。
①繡上眼睛
&鼻子。
正面
背面
針目
飛羽繡
（茶色・1股）

116・119 完成！

＊高約2cm

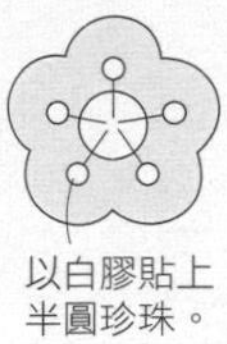

以白膠貼上
半圓珍珠。

116・119 作法

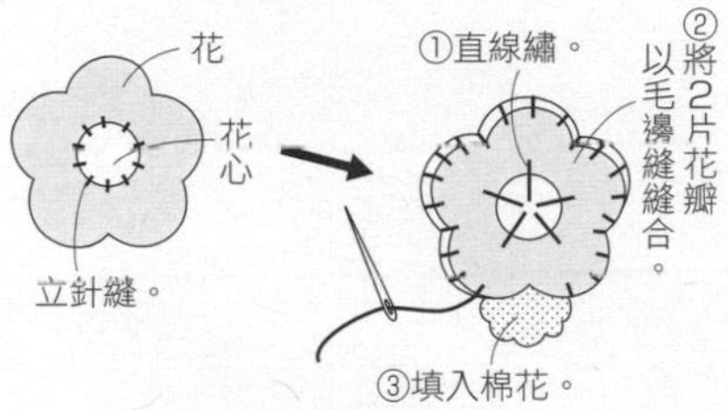

花
花心
立針縫。
①直線繡。
②將2片花瓣以毛邊縫縫合。
③填入棉花。

120 作法

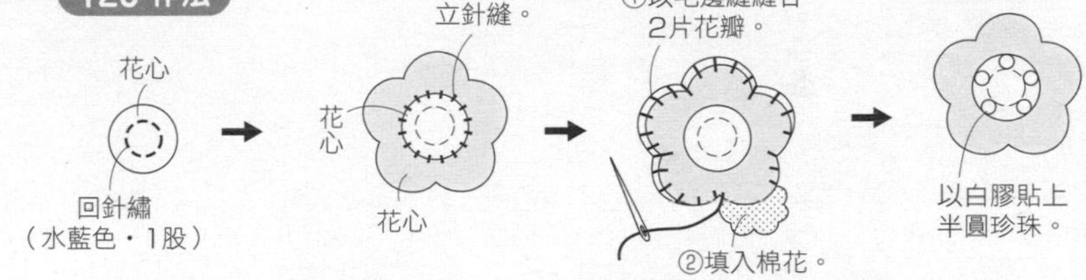

花心
回針繡
（水藍色・1股）
立針縫。
花心
花心
①以毛邊縫縫合
2片花瓣。
②填入棉花。
以白膠貼上
半圓珍珠。

120 完成！

＊高約8.5cm

118 完成！

※詳細作法參見no.117。
※和no.117作相反方向。

＊高約8.5cm

插入豆豆眼
（參見P.42）。

116至120 原寸紙型

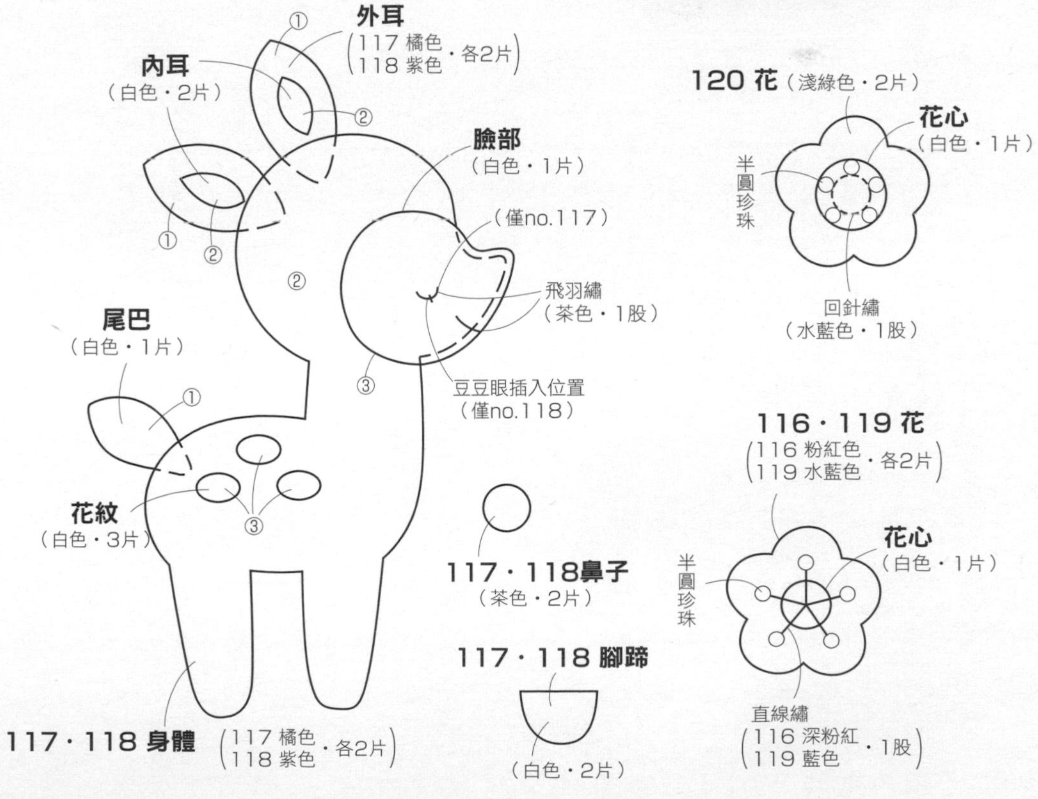

外耳
（117 橘色
118 紫色・各2片）
內耳
（白色・2片）
臉部
（白色・1片）
（僅no.117）
飛羽繡
（茶色・1股）
豆豆眼插入位置
（僅no.118）
尾巴
（白色・1片）
花紋
（白色・3片）
117・118 鼻子
（茶色・2片）
117・118 腳蹄
（白色・2片）
117・118 身體
（117 橘色
118 紫色・各2片）
120 花（淺綠色・2片）
花心
（白色・1片）
半圓珍珠
回針繡
（水藍色・1股）
116・119 花
（116 粉紅色
119 水藍色・各2片）
花心
（白色・1片）
半圓珍珠
直線繡
（116 深粉紅
119 藍色・1股）

愛說話的鸚鵡要寫信

※縫線除了特別指定之外，皆取與不織布同色的1股線。

9材料
- 不織布
  （深粉紅色）15cm×6cm
  （粉紅色）11cm×5cm
  （灰色）13cm×4cm
  （白色）6cm×5cm
- 香菇釦（5mm黑色）2個
- 25號繡線
  （粉紅色・深粉紅色・白色・灰色）
- 手工藝用棉花　適量
- 手工藝用白膠

10材料
- 不織布
  （灰色）15cm×10cm
  （檸檬黃）11cm×5cm
  （白色）6cm×5cm
- 香菇釦（5mm黑色）2個
- 25號繡線（檸檬黃・白色・灰色）
- 手工藝用棉花　適量
- 蠟筆（紅色）
- 手工藝用白膠

11材料
- 不織布
  （黃綠色）15cm×6cm
  （檸檬黃）15cm×4cm
  （綠色）13cm×4cm
  （白色）5cm×3cm
- 香菇釦（5mm黑色）2個
- 25號繡線（檸檬黃・黃綠色・綠色・白色）
- 手工藝用棉花　適量
- 蠟筆（紅色）
- 手工藝用白膠

12材料
- 不織布
  （水藍色）15cm×6cm
  （藍色）15cm×4cm
  （白色）11cm×5cm
  （檸檬黃）5cm×3cm
  （灰色）5cm×2cm
- 香菇釦（5mm黑色）2個
- 25號繡線（白色・水藍色・藍色・檸檬黃）
- 手工藝用棉花　適量
- 色鉛筆（藍色）
- 手工藝用白膠

9・10・12 作法

1. 以立針縫縫合頭部＆身體。

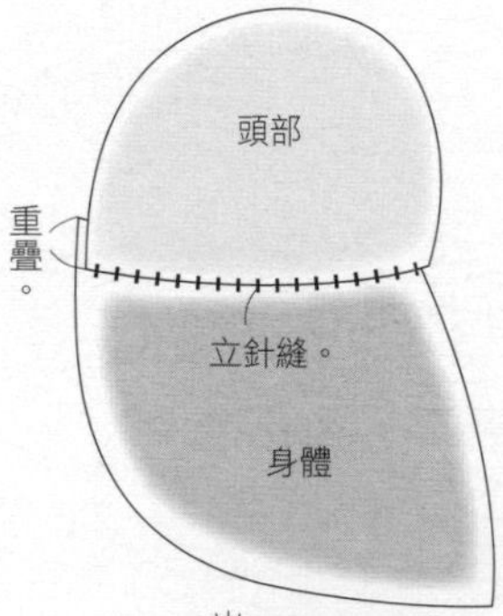
頭部
重疊。
立針縫。
身體

♥對稱地製作2片。

2. 在身體之間夾入尾羽後，以捲針縫縫合＆填入棉花。

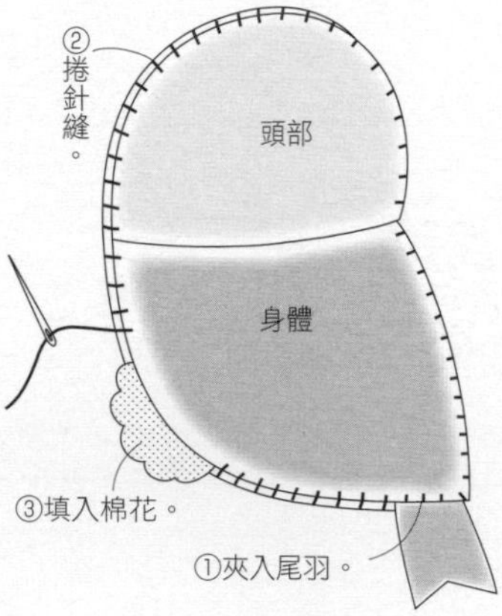
②捲針縫。
頭部
身體
③填入棉花。
①夾入尾羽。

3. 縫上眼睛。

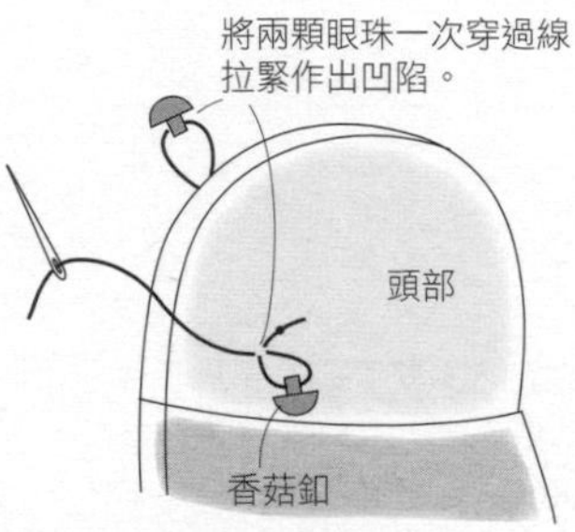
將兩顆眼珠一次穿過線，拉緊作出凹陷。
頭部
香菇釦

4. 縫製鳥喙。

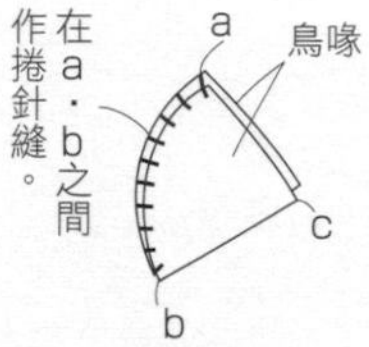
在a・b之間作捲針縫。
a
鳥喙
c
b

蠟筆的用法

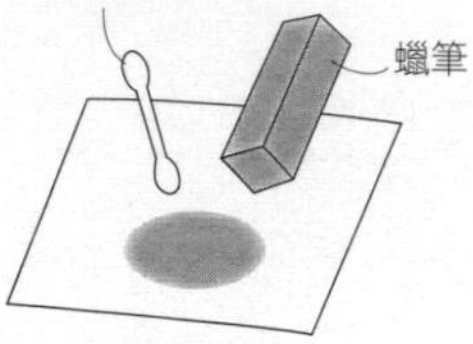
棉花棒
蠟筆

將蠟筆削成粉狀，以棉花棒暈開＆沾上顏色。

11 作法

※詳細作法參見no.9・10・12。

1. 以立針縫縫合臉部＆身體。

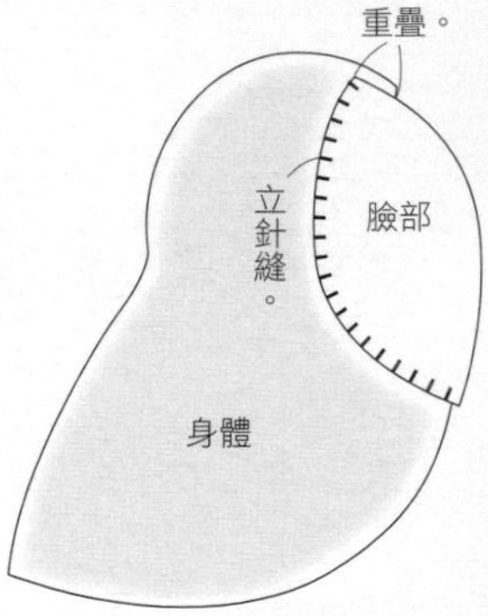
重疊。
立針縫。
臉部
身體

♥對稱地製作2片。

10 完成！

5. 縫上鳥喙。
6. 將翅膀貼上花紋＆以立針縫。接縫於身體上。
7. 在眼珠後方以蠟筆畫上紅色腮紅。

＊高約8cm

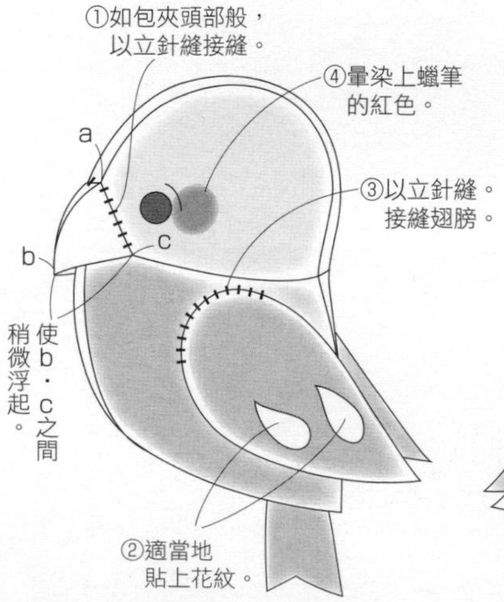
①如包夾頭部般，以立針縫接縫。
④暈染上蠟筆的紅色。
a
③以立針縫。接縫翅膀。
b
c
使b・c之間稍微浮起。
②適當地貼上花紋。

9 完成！

＊高約8cm

12 完成！

7. 以色鉛筆在眼珠下方畫上藍色。

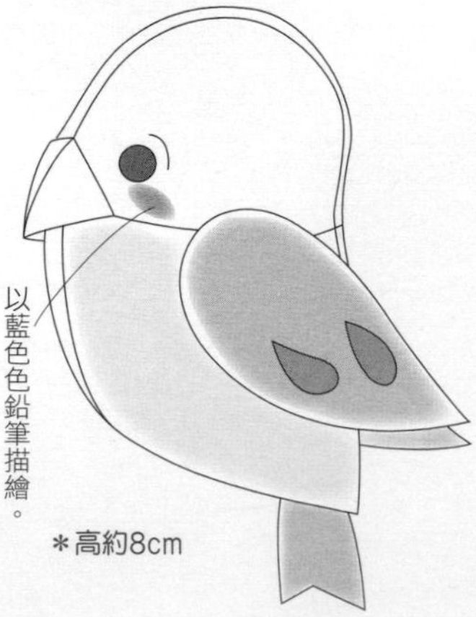
以藍色色鉛筆描繪。

＊高約8cm

11 完成！

＊高約8cm

9至12 原寸紙型

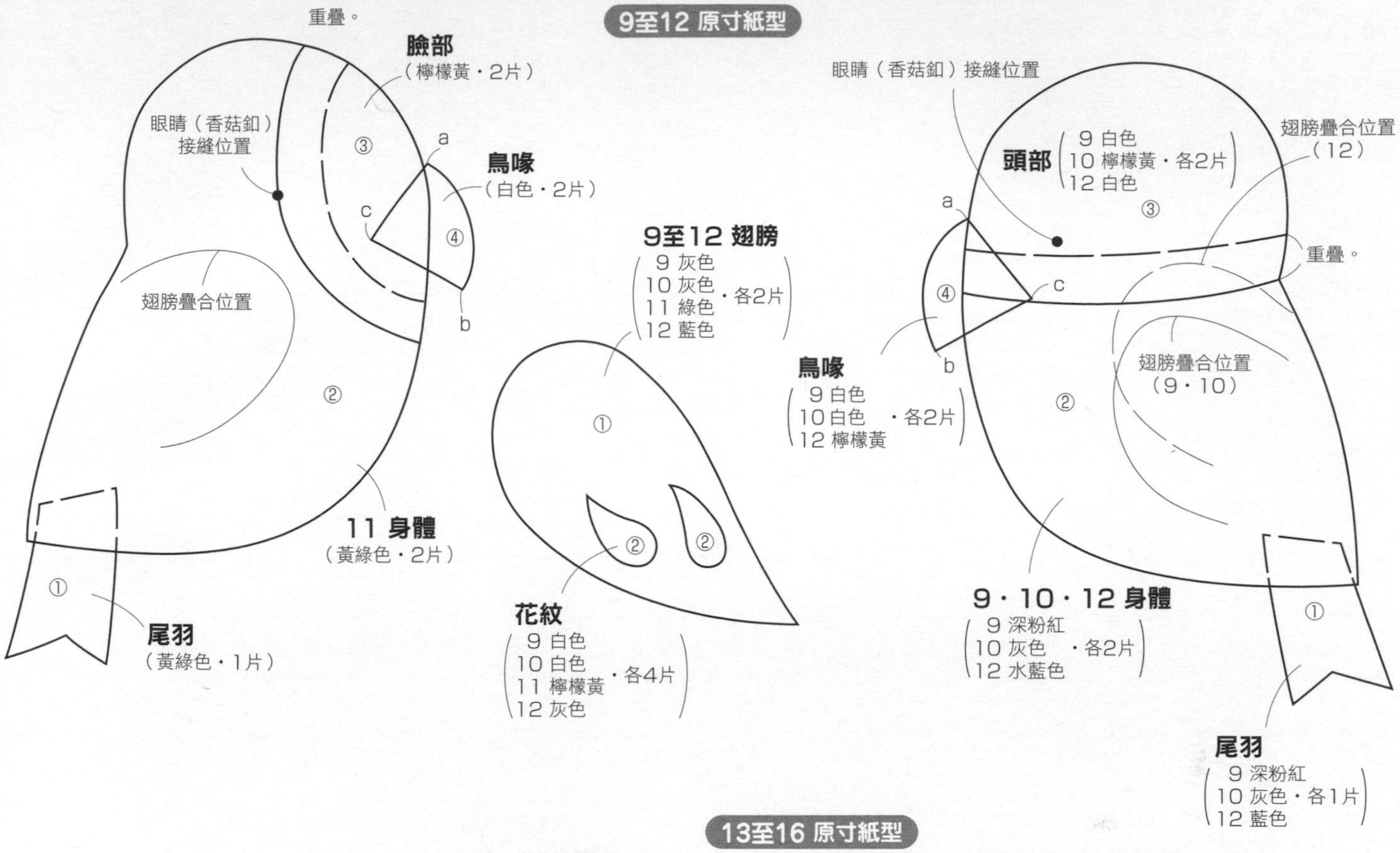
重疊。
臉部
（檸檬黃・2片）
眼睛（香菇釦）
接縫位置
③
a
鳥喙
（白色・2片）
c
④
b
翅膀疊合位置
②
11 身體
（黃綠色・2片）
①
尾羽
（黃綠色・1片）
9至12 翅膀
9 灰色
10 灰色
11 綠色
12 藍色
・各2片
①
②
②
花紋
9 白色
10 白色
11 檸檬黃
12 灰色
・各4片
眼睛（香菇釦）接縫位置
頭部
9 白色
10 檸檬黃・各2片
12 白色
翅膀疊合位置
（12）
a
③
重疊。
c
④
b
鳥喙
9 白色
10 白色 ・各2片
12 檸檬黃
翅膀疊合位置
（9・10）
②
9・10・12 身體
9 深粉紅
10 灰色 ・各2片
12 水藍色
①
尾羽
9 深粉紅
10 灰色・各1片
12 藍色

13至16 原寸紙型

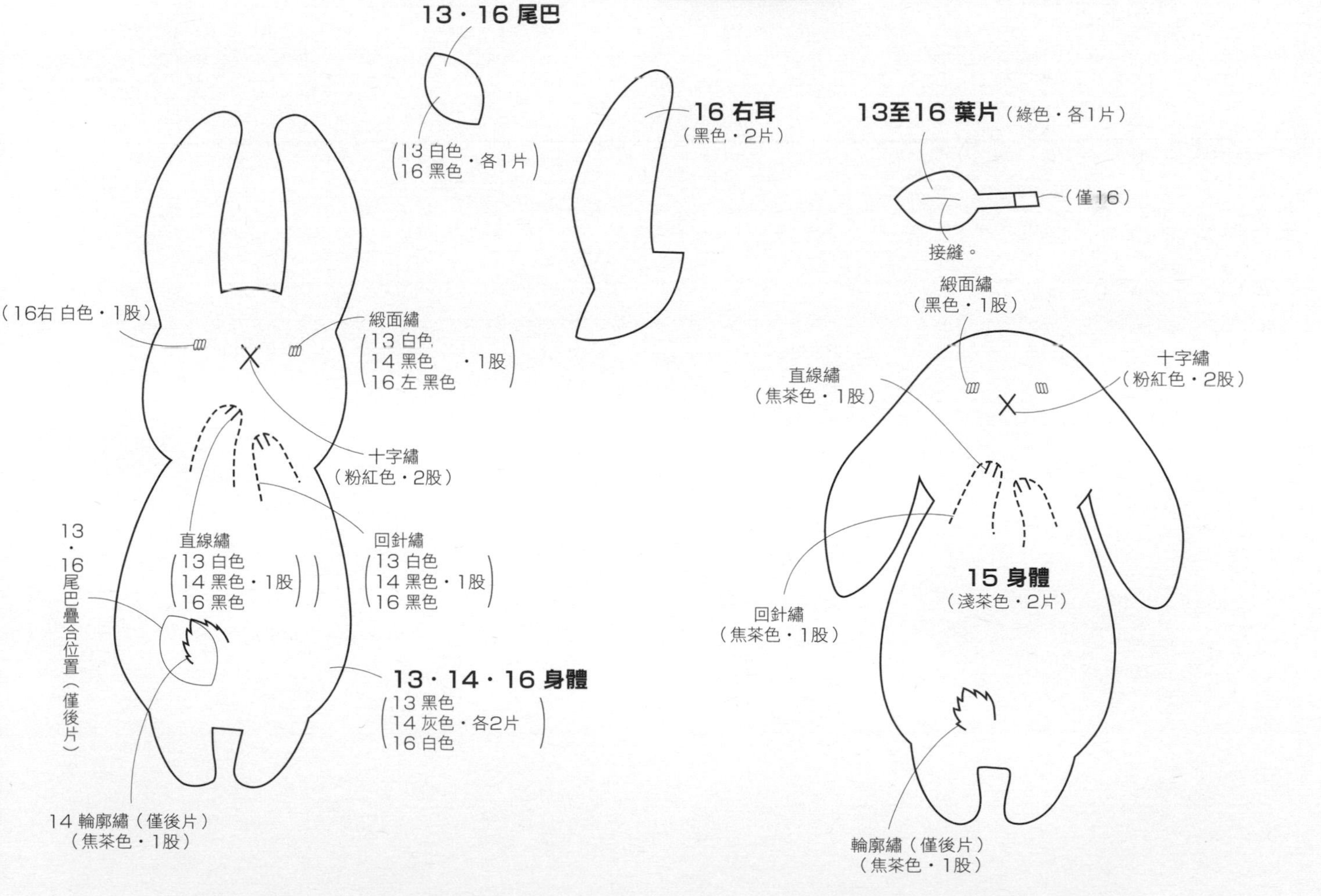
13・16 尾巴
13 白色
16 黑色 ・各1片
16 右耳
（黑色・2片）
13至16 葉片（綠色・各1片）
（僅16）
接縫。
（16右 白色・1股）
緞面繡
13 白色
14 黑色 ・1股
16 左 黑色
十字繡
（粉紅色・2股）
直線繡
13 白色
14 黑色・1股
16 黑色
回針繡
13 白色
14 黑色・1股
16 黑色
13・16尾巴疊合位置（僅後片）
13・14・16 身體
13 黑色
14 灰色・各2片
16 白色
14 輪廓繡（僅後片）
（焦茶色・1股）
緞面繡
（黑色・1股）
直線繡
（焦茶色・1股）
十字繡
（粉紅色・2股）
15 身體
（淺茶色・2片）
回針繡
（焦茶色・1股）
輪廓繡（僅後片）
（焦茶色・1股）

※縫線除了特別指定之外，
皆取與不織布同色的1股線。

13材料
- 不織布
  （黑色）12cm×10cm
  （綠色）3cm×3cm
  （白色）少許
- 25號繡線
  （黑色・粉紅色・白色）
- 手縫線（綠色）
- 手工藝用棉花　適量
- 手工藝用白膠

14材料
- 不織布
  （灰色）12cm×10cm
  （綠色）3cm×3cm
- 25號繡線
  （灰色・黑色・粉紅色）
- 手縫線（綠色）
- 手工藝用棉花　適量
- 手工藝用白膠

15材料
- 不織布
  （淺茶色）15cm×9cm
  （綠色）3cm×3cm
- 25號繡線
  （淺茶色・黑色・粉紅色・焦茶色）
- 手縫線（綠色）
- 手工藝用棉花　適量
- 手工藝用白膠

16材料
- 不織布
  （白色）12cm×10cm
  （黑色）7cm×5cm
  （綠色）3cm×3cm
- 25號繡線
  （白色・黑色・粉紅色）
- 手縫線（綠色）
- 手工藝用棉花　適量
- 手工藝用白膠

13・14 作法

1. 在身體前片刺繡。

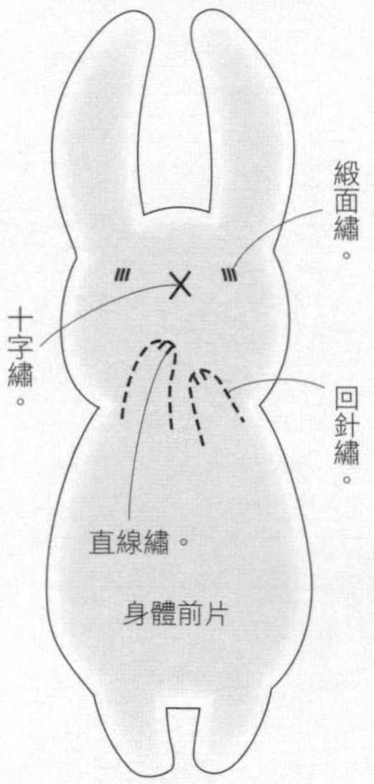
緞面繡。
十字繡。
回針繡。
直線繡。
身體前片

2. 將身體後片接縫上尾巴（no.14則進行刺繡）。

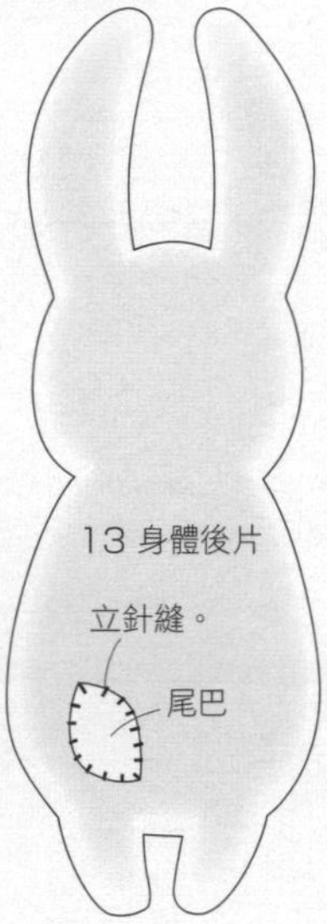
13 身體後片
立針縫。
尾巴

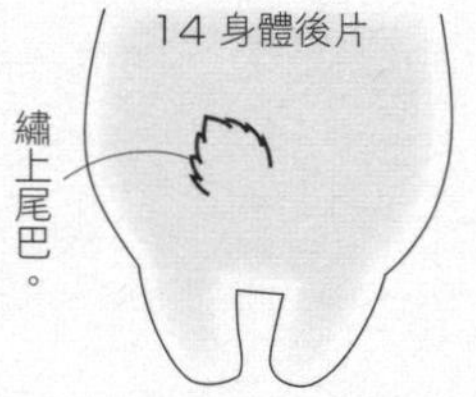
14 身體後片
繡上尾巴。

3. 疊合前後片後，以毛邊縫縫合&填入棉花。

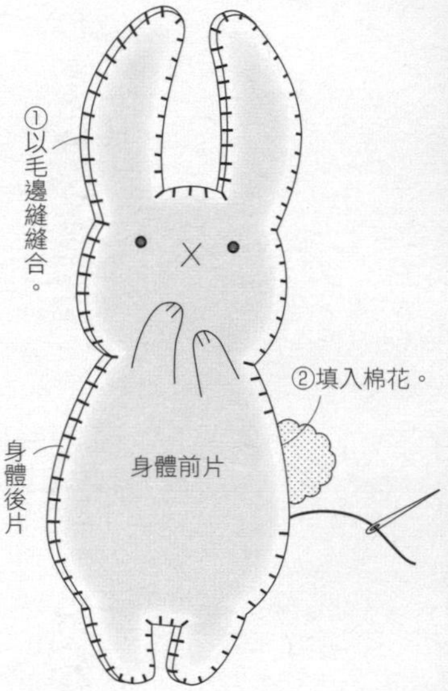
①以毛邊縫縫合。
②填入棉花。
身體前片
身體後片

4. 接縫葉片。

以手縫線接縫。

13 完成！

＊高約10cm

14 完成！

＊高約10cm

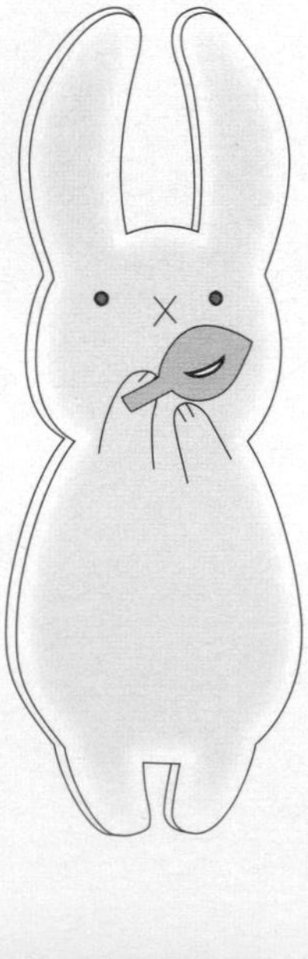

16 作法

※詳細作法參見no.13・no.14。

1. 將身體重疊上右耳後縫合。

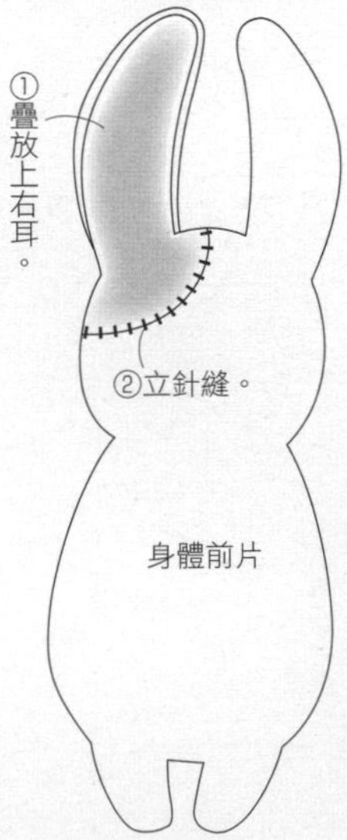
①疊放上右耳。
②立針縫。
身體前片

♥身體後片作法亦同。

2. 翻面，裁去重疊處的身體不織布。

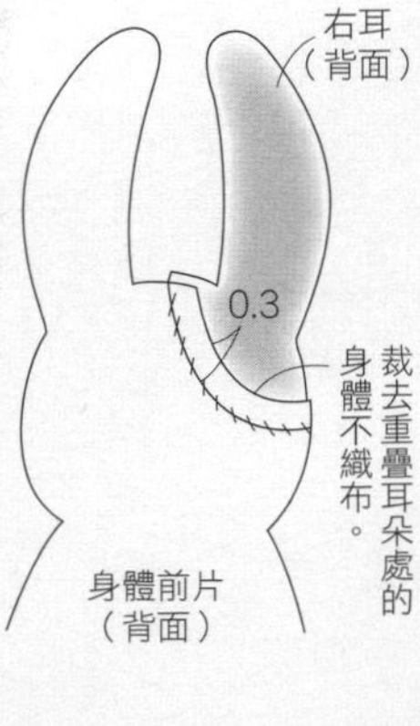
右耳（背面）
0.3
裁去重疊耳朵處的身體不織布。
身體前片（背面）

♥身體後片作法亦同。

3. 在身體前片進行刺繡＆將身體後片接縫上尾巴。
4. 疊合身體前後片，以毛邊縫縫合＆填入棉花。

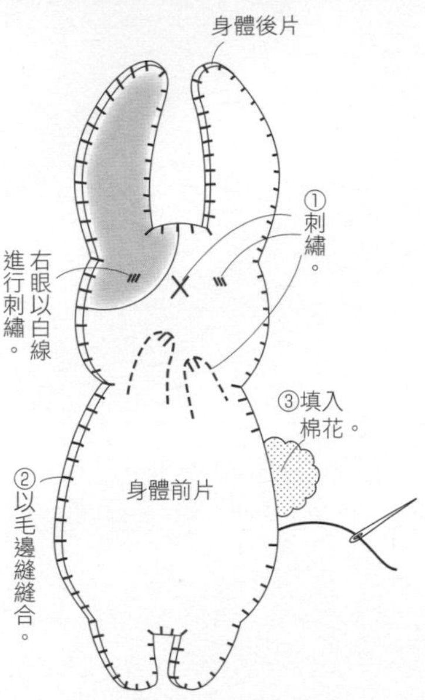
身體後片
①刺繡。
右眼以白線進行刺繡。
③填入棉花。
②以毛邊縫縫合。
身體前片

16 完成！

＊高約10cm

5. 接縫葉片。

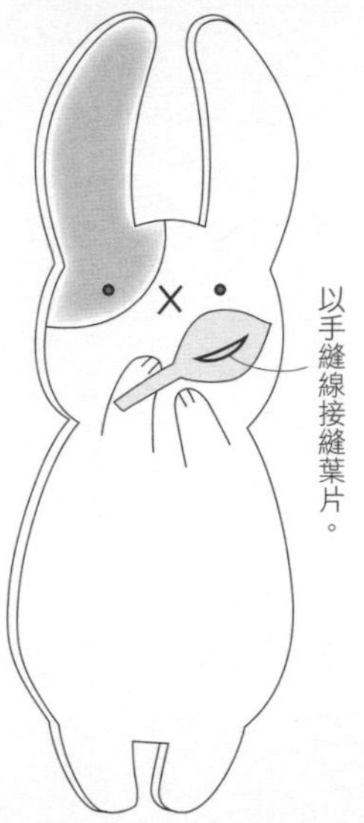
以手縫線接縫葉片。

15 作法

※詳細作法參見no.13・no.14。

1. 在身體前後片進行刺繡。
2. 疊合身體前後片，以毛邊縫縫合＆填入棉花。

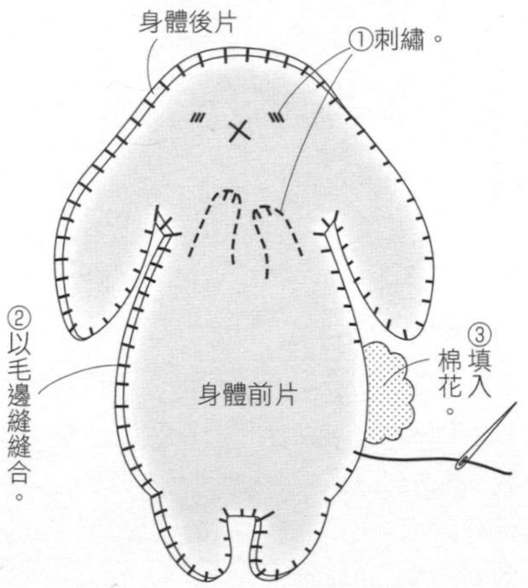
身體後片
①刺繡。
②以毛邊縫縫合。
③填入棉花。
身體前片

15 完成！

＊高約7cm

3. 接縫葉片。

以手縫線接縫葉片。

P.9 no.27至29 懶洋洋的水豚一家 ＊型紙參見P.69。

※縫線除了特別指定之外，皆取與不織布同色的1股線。

27材料
・不織布
（茶色）15cm×7cm
・25號繡線（茶色・焦茶色）
・手工藝用棉花　適量
・蠟筆（粉紅色）
・手工藝用白膠

28材料
・不織布
（茶色）16cm×7cm
・插入式豆豆眼（4mm 黑色）2個
・25號繡線（茶色・焦茶色）
・手工藝用棉花　適量
・蠟筆（粉紅色）
・手工藝用白膠

29材料
・不織布
（茶色）13cm×6cm
・插入式豆豆眼（3.5mm 黑色）2個
・25號繡線（茶色・焦茶色）
・手工藝用棉花　適量
・蠟筆（粉紅色）
・手工藝用白膠

28・29 作法

1. 疊合身體前後片，以毛邊縫縫合＆填入棉花。

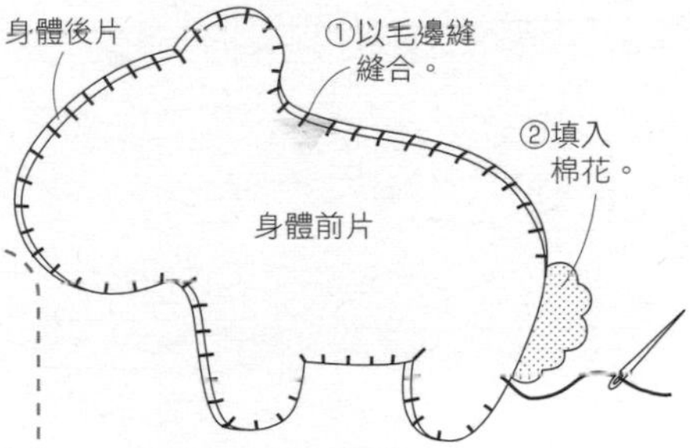
身體後片
①以毛邊縫縫合。
②填入棉花。
身體前片

2. 繡上鼻子＆嘴巴，作出眼睛的凹陷處。

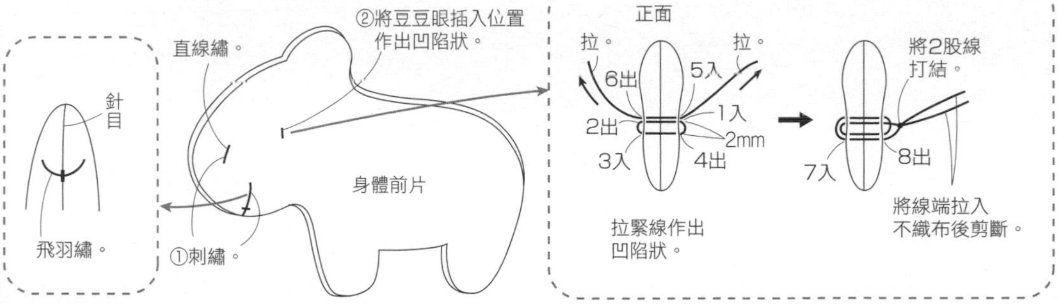
針目
飛羽繡。
直線繡。
①刺繡。
②將豆豆眼插入位置作出凹陷狀。
身體前片
正面
拉。
拉。
6出
5入
1入
2出
2mm
3入
4出
拉緊線作出凹陷狀
將2股線打結。
7入
8出
將線端拉入不織布後剪斷。

28・29 完成！

3. 插入豆豆眼，並以蠟筆畫上顏色。

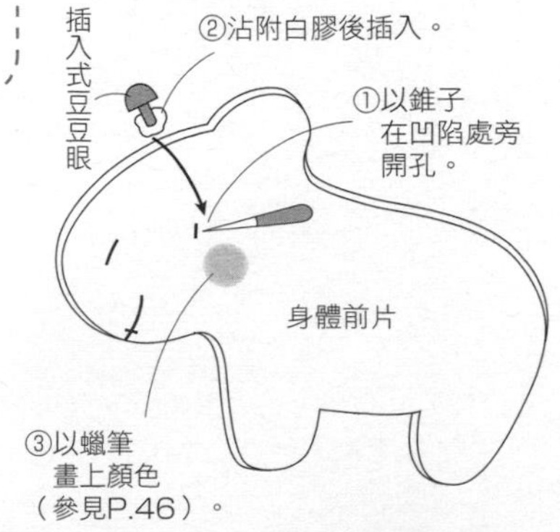
插入式豆豆眼
②沾附白膠後插入。
①以錐子在凹陷處旁開孔。
身體前片
③以蠟筆畫上顏色（參見P.46）。

＊28＝高約4.5cm
＊29＝高約3.5cm

27 作法

※詳細作法參見no.28・no.29。

1. 繡上眼睛＆鼻子＆嘴巴。

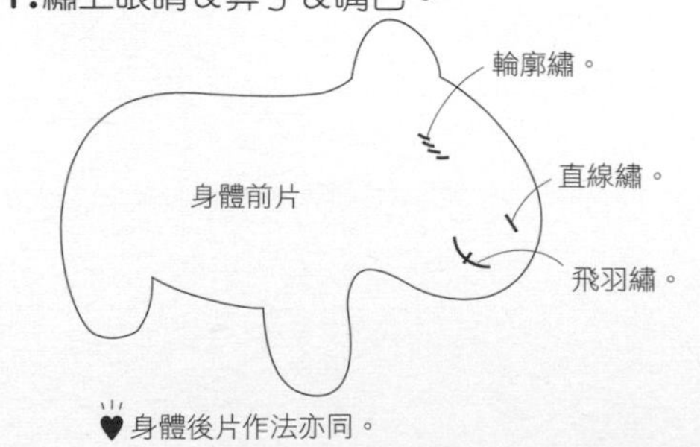
輪廓繡。
身體前片
直線繡。
飛羽繡。

♥身體後片作法亦同。

27 完成！

＊27＝高約4cm

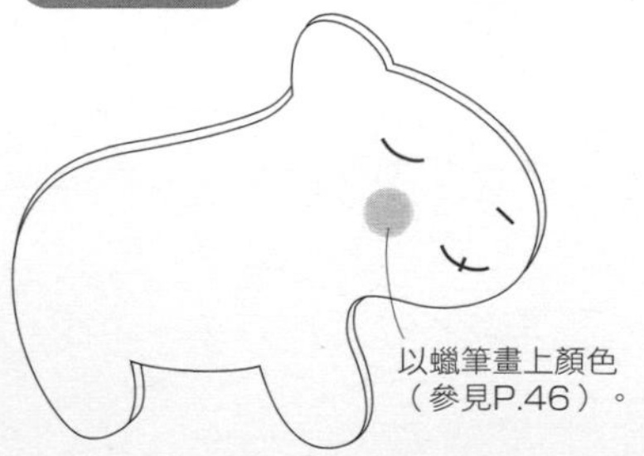
以蠟筆畫上顏色（參見P.46）。

※縫線除了特別指定之外，
皆取與不織布同色的1股線。

21材料
- 不織布
  （灰色）15cm×10cm
  （黑色）10cm×6cm
  （白色）5cm×5cm
- 插入式豆豆眼（3.5mm黑色）1個
- 插入式豆豆眼（4mm黑色）2個
- 緞面緞帶（白色）6mm寬20cm
- 25號繡線
  （白色・灰色・黑色）
- 手工藝用棉花　適量
- 手工藝用白膠

22材料
- 不織布
  （灰色）13cm×8cm
  （黑色・白色）各10cm×6cm
- 插入式豆豆眼（3.5mm黑色）1個
- 插入式豆豆眼（4mm黑色）2個
- 緞面緞帶（白色）6mm寬20cm
- 25號繡線
  （白色・灰色・黑色）
- 手工藝用棉花　適量
- 手工藝用白膠

23材料
- 不織布
  （灰色）12cm×10cm
  （黑色）10cm×6cm
  （白色）8cm×5cm
- 插入式豆豆眼（3.5mm黑色）1個
- 插入式豆豆眼（4mm黑色）2個
- 緞面緞帶（白色）6mm寬25cm
- 25號繡線
  （白色・灰色・黑色）
- 手工藝用棉花　適量
- 手工藝用白膠

23 作法

1. 將臉部接縫上花紋＆嘴部。

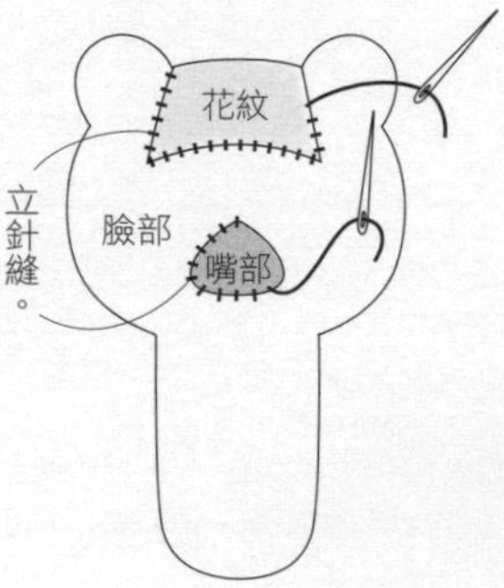
花紋
臉部
嘴部
立針縫。

2. 開孔後，插入當作鼻子的豆豆眼，並繡上嘴巴。

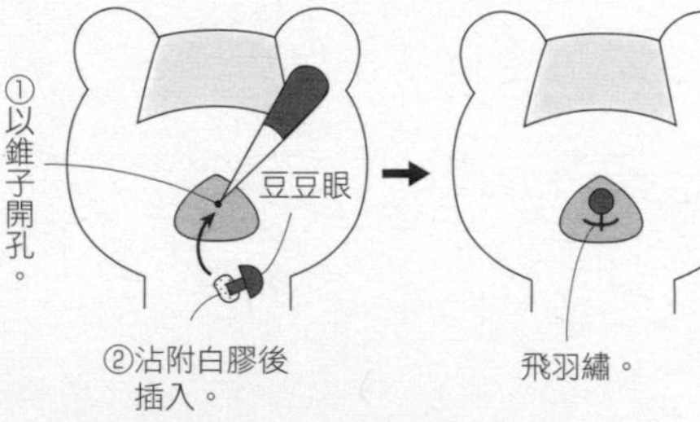
①以錐子開孔。
豆豆眼
②沾附白膠後插入。
飛羽繡。

3. 將身體前片接縫上臉部。

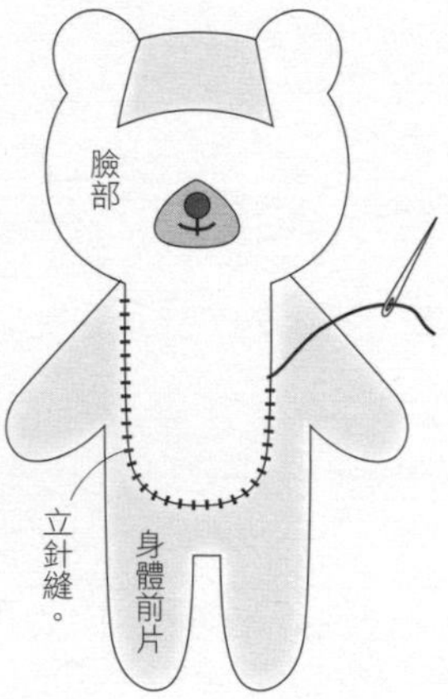
臉部
立針縫。
身體前片

4. 縫合身體前後片＆填入棉花。

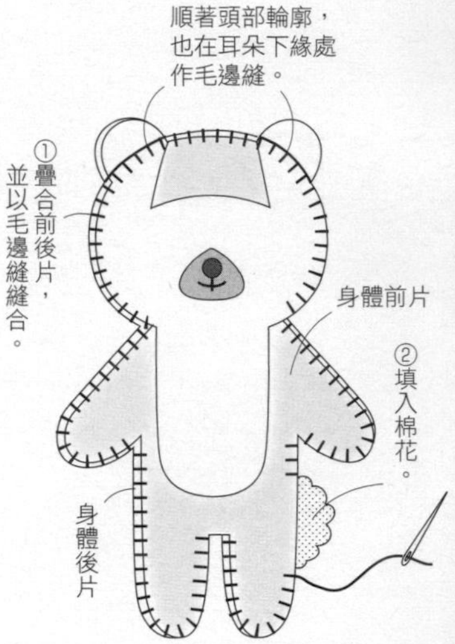
順著頭部輪廓，
也在耳朵下緣處
作毛邊縫。
①疊合前後片，並以毛邊縫縫合。
身體前片
②填入棉花。
身體後片

5. 將眼珠位置作成凹陷狀，插入黑眼圈＆豆豆眼。

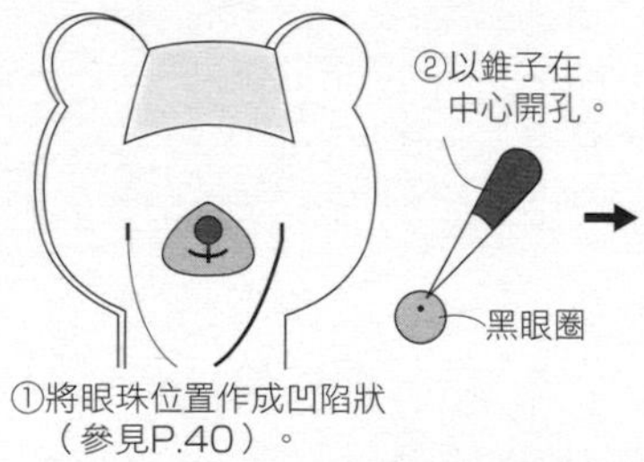
②以錐子在
中心開孔。
黑眼圈
①將眼珠位置作成凹陷狀
（參見P.40）。

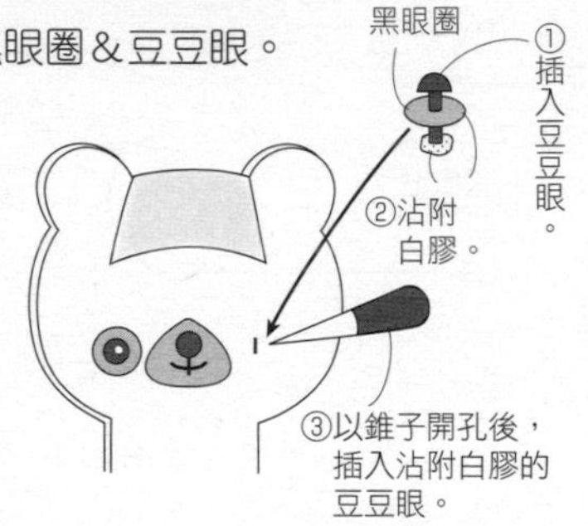
黑眼圈
①插入豆豆眼。
②沾附
白膠。
③以錐子開孔後，
插入沾附白膠的
豆豆眼。

23 完成！
＊高約8cm

6. 縫製尾巴，並接縫於身體後片上。

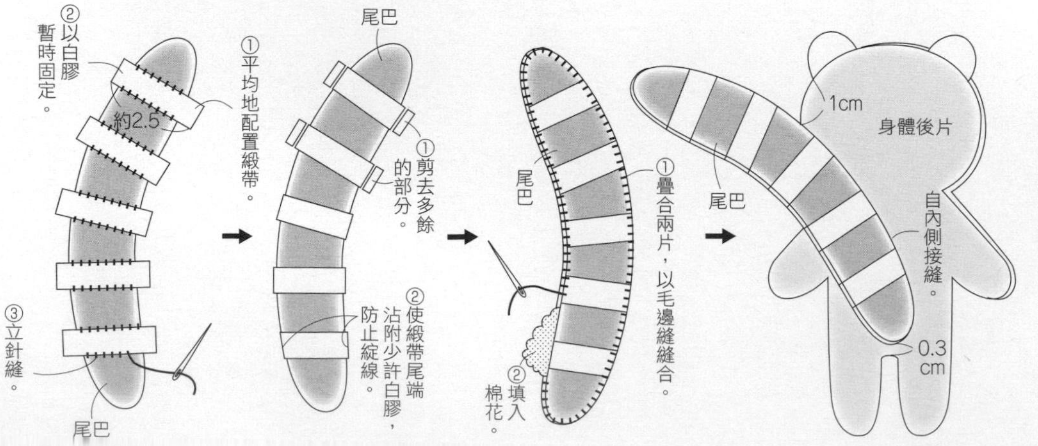
②以白膠暫時固定。
①平均地配置緞帶。
約2.5
③立針縫。
尾巴
尾巴
①剪去多餘的部分。
②使緞帶尾端沾附少許白膠，防止綻線。
尾巴
①疊合兩片，以毛邊縫縫合。
②填入棉花。
尾巴
1cm
身體後片
自內側接縫。
0.3
cm

22 作法

1.將臉部接縫上花紋＆嘴部。

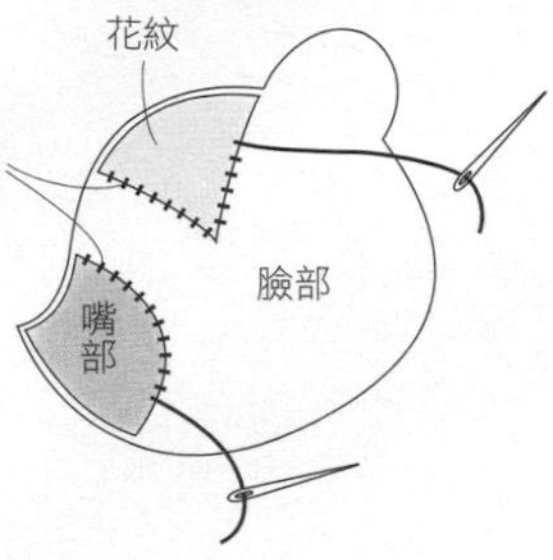
花紋
立針縫。
嘴部
臉部

2.將尾巴接縫上緞帶。

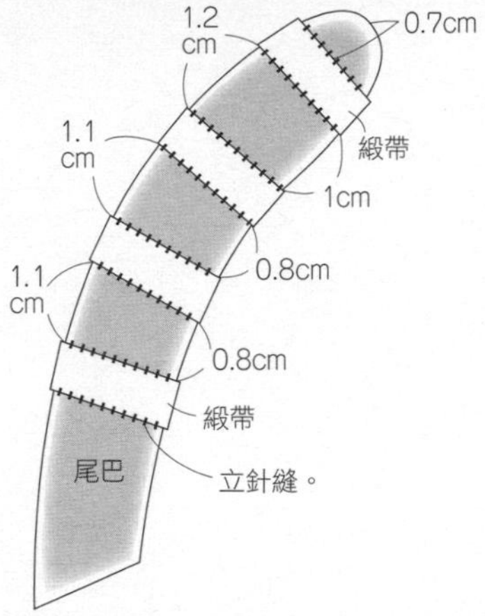
1.2 cm
0.7cm
1.1 cm
緞帶
1cm
1.1 cm
0.8cm
0.8cm
緞帶
尾巴
立針縫。

♥緞帶接縫作法參見P.50。

3.將身體接縫上臉部＆尾巴。

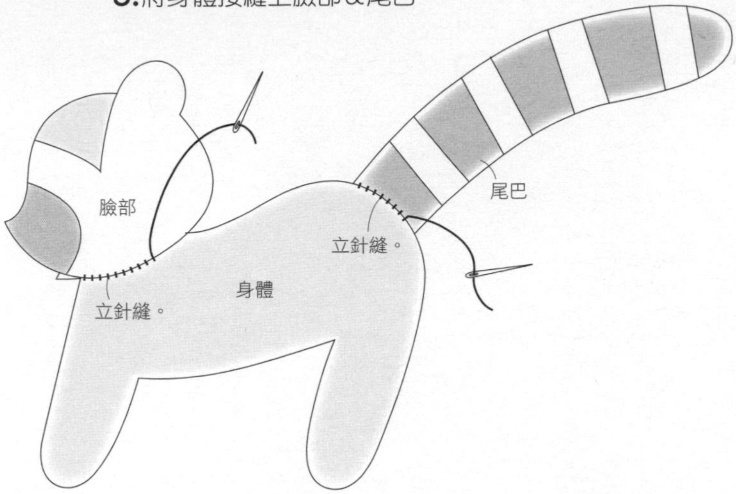
臉部
尾巴
立針縫。
身體
立針縫。

4.縫合身體前後片＆填入棉花。

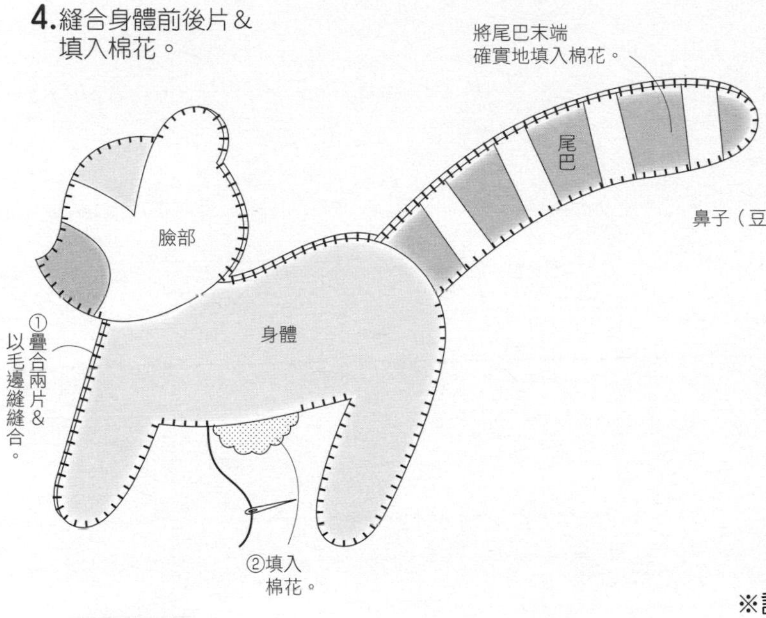
將尾巴末端
確實地填入棉花。
尾巴
臉部
身體
①疊合兩片＆以毛邊縫縫合。
②填入棉花。

5.加上鼻子＆繡出嘴巴。

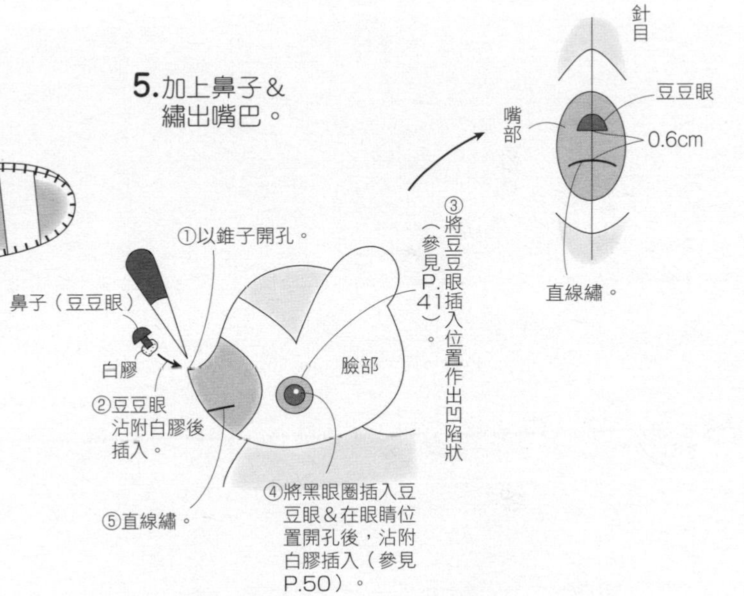
針目
豆豆眼
嘴部
0.6cm
直線繡。
③將豆豆眼插入位置作出凹陷狀（參見P.41）。
①以錐子開孔。
鼻子（豆豆眼）
白膠
②豆豆眼沾附白膠後插入。
臉部
④將黑眼圈插入豆豆眼＆在眼睛位置開孔後，沾附白膠插入（參見P.50）。
⑤直線繡。

22 完成！

＊高約6.5cm

21 完成！

※詳細作法參見no.21・no.23。

＊高約6.5cm

參見no.21
製作尾巴，
再接縫於
身體前後片之間。
參見no.23製作臉部，
再接縫於身體前片上。

21至23 原寸紙型

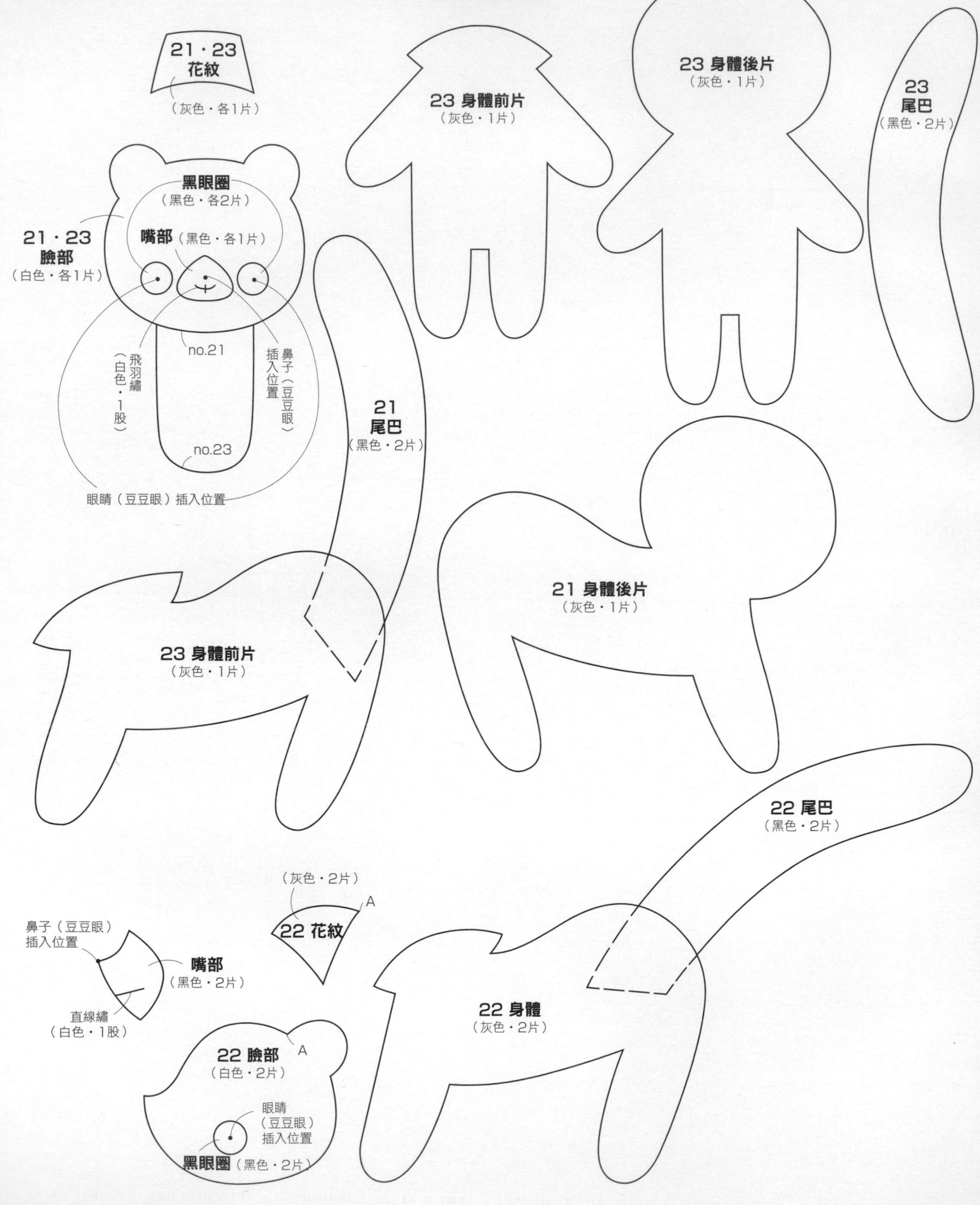
21・23
花紋
（灰色・各1片）
23 身體前片
（灰色・1片）
23 身體後片
（灰色・1片）
23
尾巴
（黑色・2片）
黑眼圈
（黑色・各2片）
21・23
臉部
（白色・各1片）
嘴部（黑色・各1片）
no.21
飛羽繡（白色・1股）
鼻子（豆豆眼）插入位置
no.23
眼睛（豆豆眼）插入位置
21
尾巴
（黑色・2片）
23 身體前片
（灰色・1片）
21 身體後片
（灰色・1片）
22 尾巴
（黑色・2片）
（灰色・2片）
A
22 花紋
鼻子（豆豆眼）
插入位置
嘴部
（黑色・2片）
直線繡
（白色・1股）
22 臉部
（白色・2片）
A
眼睛
（豆豆眼）
插入位置
黑眼圈（黑色・2片）
22 身體
（灰色・2片）

 no.93至96 海豚&鯨魚 ＊紙型參見P.75。

※縫線除了特別指定之外，
皆取與不織布同色的1股線。

93材料
- 不織布
（水藍色）17cm×10cm
- 25號繡線
（水藍色・白色・焦茶色・紅色）
- 手工藝用棉花　適量
- 手工藝用白膠

94材料
- 不織布
（綠色）17cm×10cm
- 25號繡線
（綠色・白色・焦茶色・粉紅色）
- 手工藝用棉花　適量
- 手工藝用白膠

95材料
- 不織布
（焦茶色）15cm×13cm
- 布料（點點）5cm寬5cm
- 25號繡線
（焦茶色・白色・粉紅色）
- 手工藝用棉花　適量
- 手工藝用白膠

96材料
- 不織布
（深藍色）15cm×13cm
- 布料（花朵）5cm寬5cm
- 25號繡線
（金蔥色・白色・粉紅色）
- 手工藝用棉花　適量
- 手工藝用白膠

93・94 作法

1. 在身體前片進行刺繡。

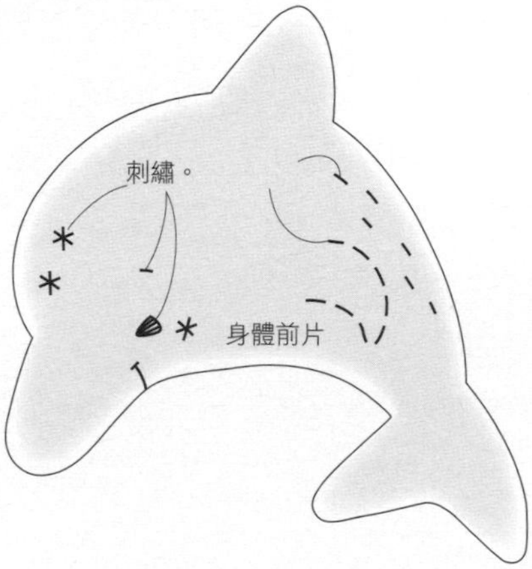
刺繡。
身體前片

93・94 完成！

＊高約8cm

2. 縫合身體前後片&填入棉花。

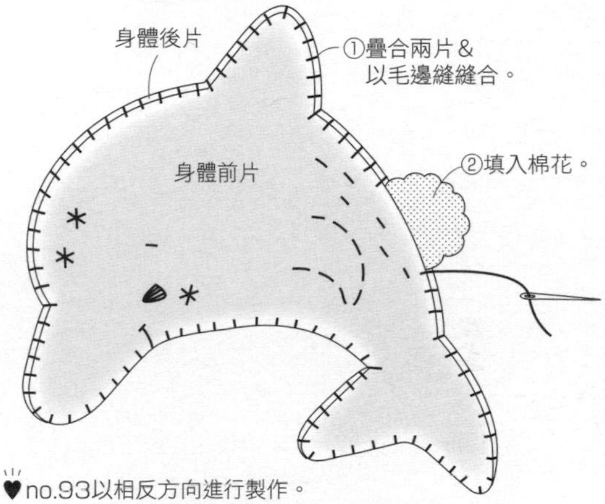
身體後片
①疊合兩片&以毛邊縫縫合。
身體前片
②填入棉花。

♥no.93以相反方向進行製作。

95・96 作法

1. 在身體前片進行刺繡。

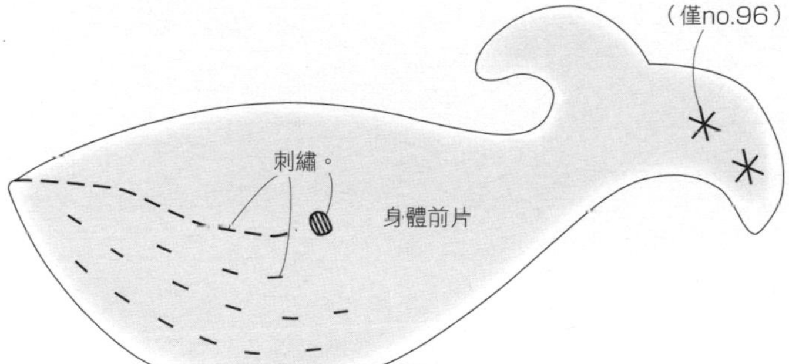
（僅no.96）
刺繡。
身體前片

2. 縫合身體前後片&填入棉花。

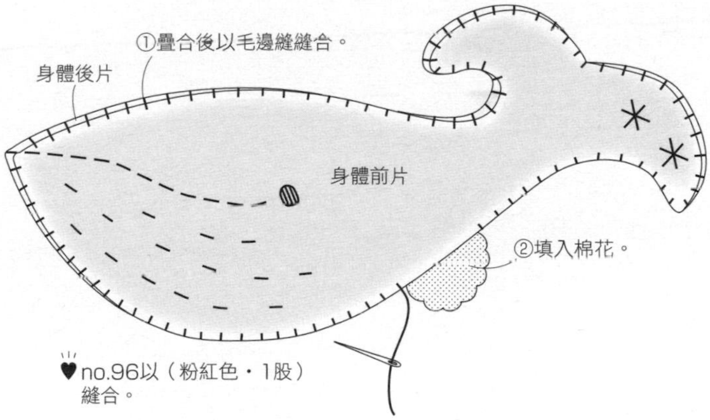
①疊合後以毛邊縫縫合。
身體後片
身體前片
②填入棉花。

♥no.96以（粉紅色・1股）縫合。

3. 縫製胸鰭。

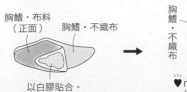

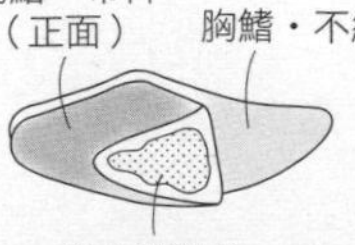
胸鰭・布料
（正面）
胸鰭・不織布
以白膠貼合。

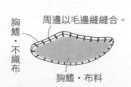

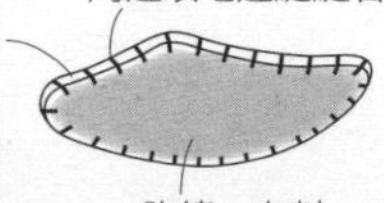
胸鰭・不織布
周邊以毛邊縫縫合。
胸鰭・布料

♥no.96以（粉紅色・1股）縫合。

95・96 完成！

＊長約12cm

4. 自胸鰭內側接縫。

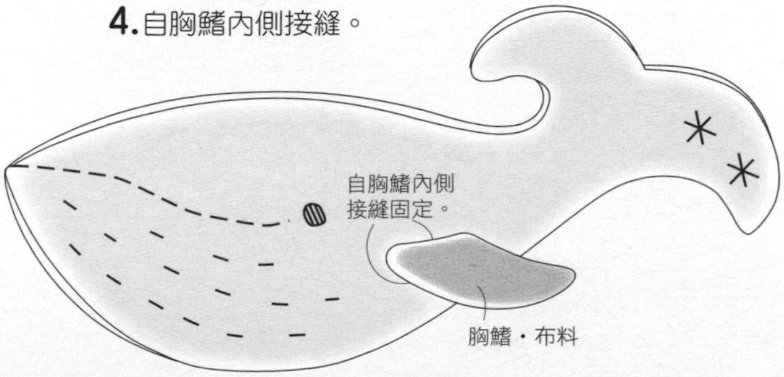
自胸鰭內側
接縫固定。
胸鰭・布料

※縫線除了特別指定之外，
皆取與不織布同色的1股線。

24材料
- 不織布
（白色）9cm×7cm
（黑色）7cm×5cm
- 插入式豆豆眼（3.5mm黑色）1個
- 插入式豆豆眼（4mm黑色）2個
- 毛球（10mm白色）1個
- 25號繡線（白色・黑色）
- 手工藝用棉花　適量
- 手工藝用白膠

25材料
- 不織布
（白色）10cm×7cm
（黑色）9cm×4cm
- 插入式豆豆眼（3.5mm黑色）1個
- 插入式豆豆眼（4mm黑色）2個
- 毛球（10mm白色）1個
- 25號繡線（白色・黑色）
- 手工藝用棉花　適量
- 手工藝用白膠

26材料
- 不織布
（白色）9cm×7cm
（黑色）10cm×6cm
- 插入式豆豆眼（3.5mm黑色）1個
- 插入式豆豆眼（4mm黑色）2個
- 毛球（10mm白色）1個
- 25號繡線（白色・黑色）
- 手工藝用棉花　適量
- 手工藝用白膠

24 作法

1. 將身體接縫上手＆腳。

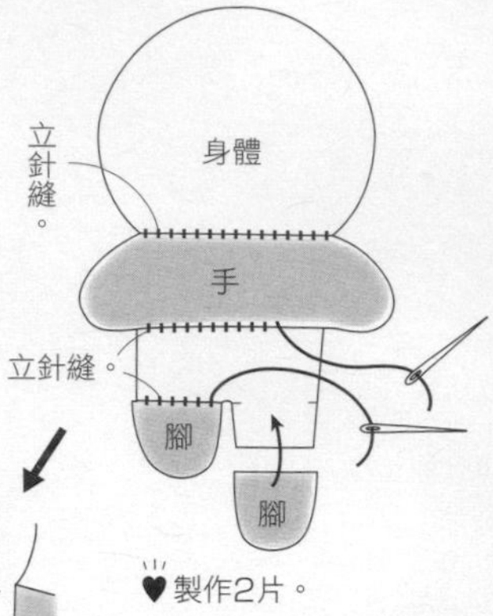
身體
立針縫。
手
立針縫。
腳
腳
製作2片。

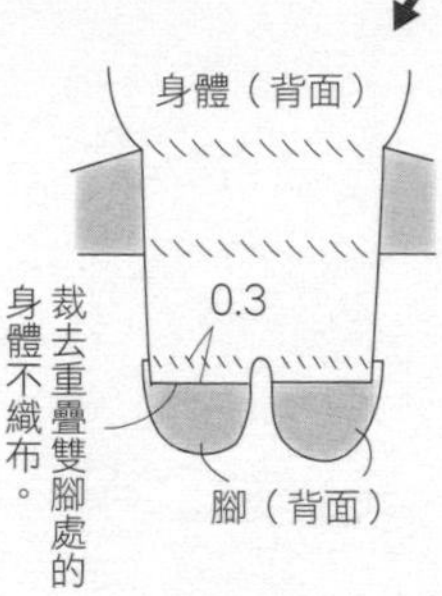
身體（背面）
0.3
裁去重疊雙腳處的身體不織布。
腳（背面）

2. 將身體前片接縫上嘴部，
並填入少許棉花。

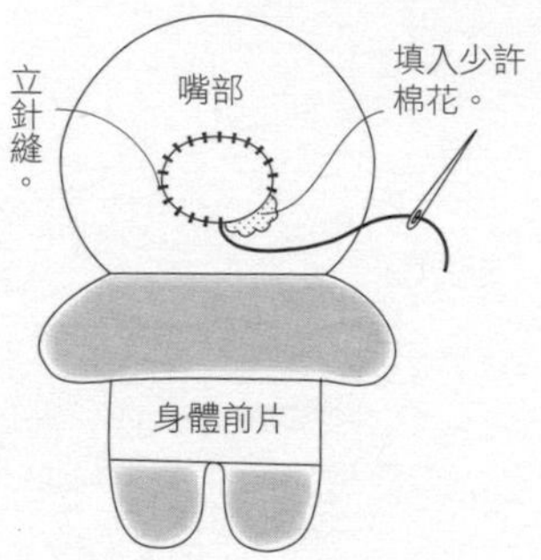
立針縫。
嘴部
填入少許棉花。
身體前片

3. 加上鼻子＆繡出嘴巴。

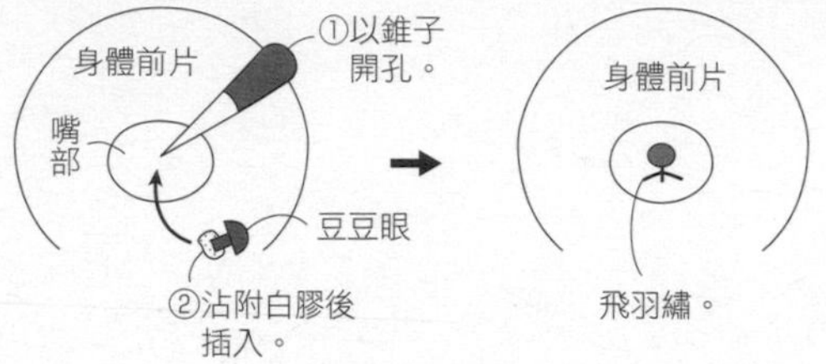
身體前片
①以錐子開孔。
嘴部
豆豆眼
②沾附白膠後插入。
身體前片
飛羽繡。

4. 夾入耳朵，縫合身體前後片＆填入棉花。

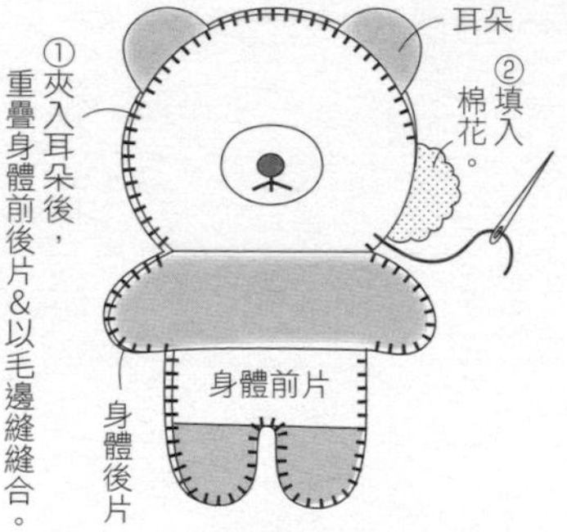
耳朵
①夾入耳朵後，重疊身體前後片＆以毛邊縫縫合。
②填入棉花。
身體前片
身體後片

5. 將眼睛位置作成凹陷狀，
加上黑眼圈＆插入豆豆眼。

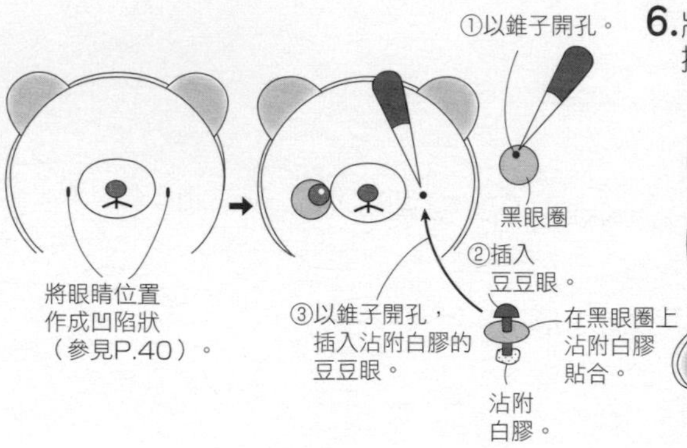
將眼睛位置作成凹陷狀（參見P.40）。
①以錐子開孔。
黑眼圈
②插入豆豆眼。
③以錐子開孔，插入沾附白膠的豆豆眼。
在黑眼圈上沾附白膠貼合。
沾附白膠。

6. 將當作尾巴的毛球
接縫於身體後片上。

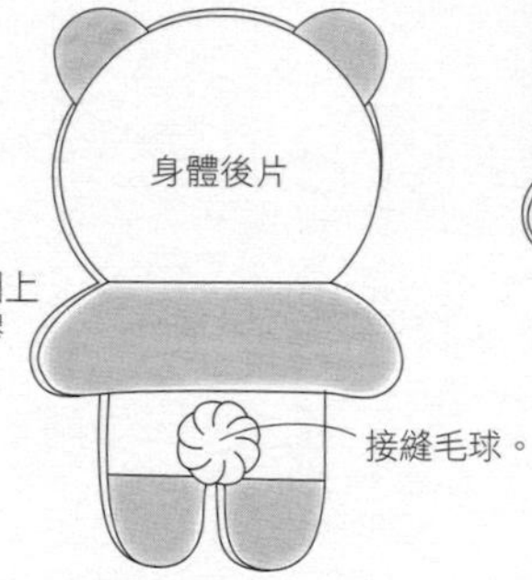
身體後片
接縫毛球。

24 完成！
＊高約6cm

25 作法

※詳細作法參見no.24。

1. 將身體接縫上花紋＆腳。

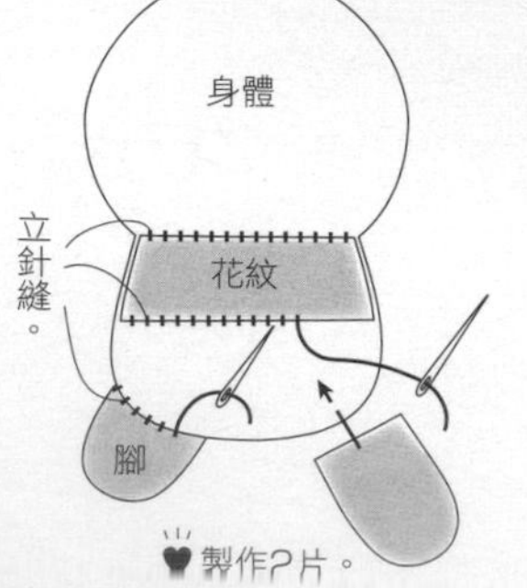
身體
立針縫。
花紋
腳
製作2片。

2. 將前片接縫上嘴部＆手，
並填入少許棉花。

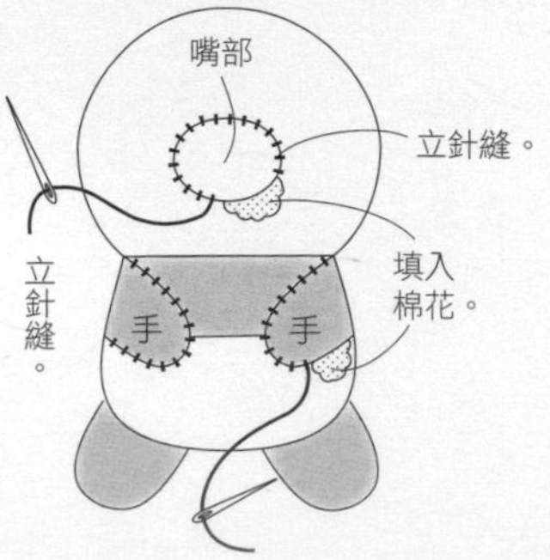
嘴部
立針縫。
立針縫。
填入棉花。
手
手

3. 加上鼻子，
繡出嘴巴＆爪子。

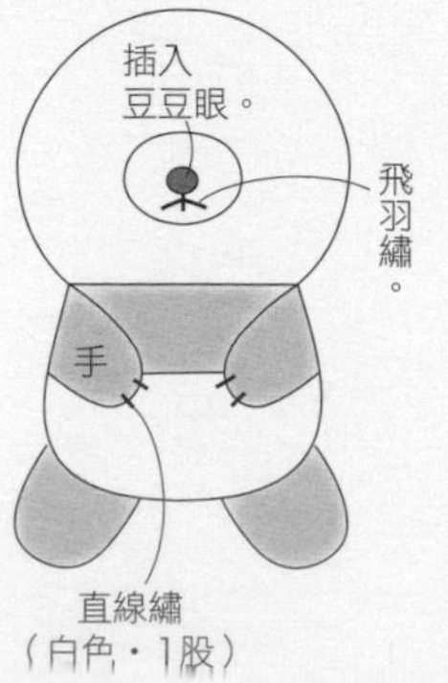
插入豆豆眼。
飛羽繡。
手
直線繡（白色・1股）

4. 夾入耳朵後，縫合身體前後片＆填入棉花。並將眼睛位置作成凹陷狀，加上黑眼圈＆豆豆眼。

黑眼圈
豆豆眼
身體後片
身體前片

25 完成！
＊高約5.5cm

5. 將當作尾巴的毛球
接縫於身體後片上。

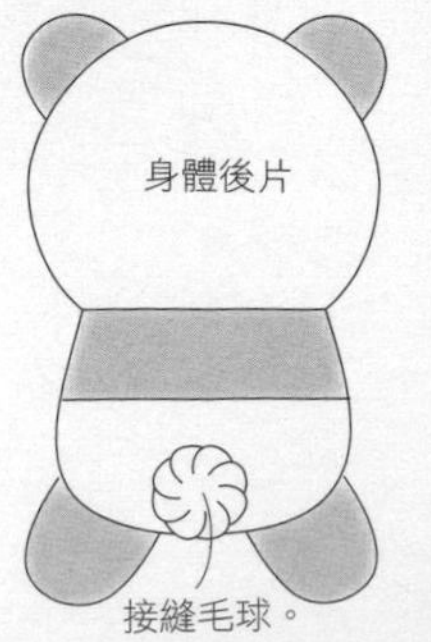
身體後片
接縫毛球。

26 作法

1. 將身體接縫上花紋。

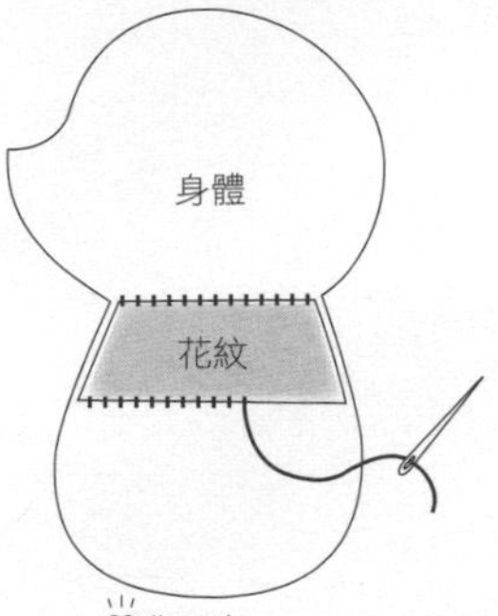
身體
花紋
♥作2片。

2. 縫合身體前後片&填入棉花。

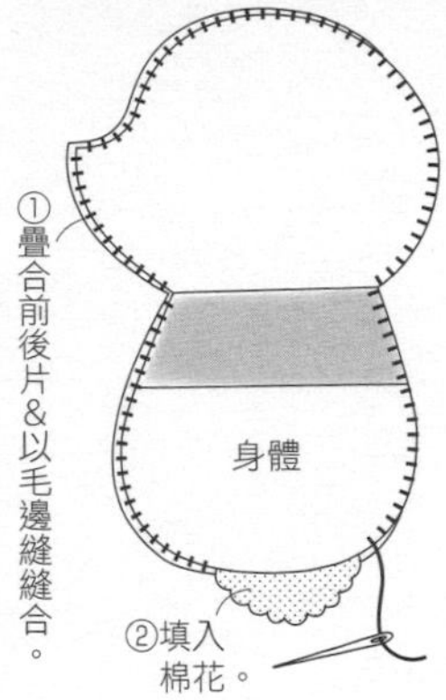
①疊合前後片&以毛邊縫縫合。
身體
②填入棉花。

3. 縫製耳朵・手・腳，並將手・腳填入棉花。

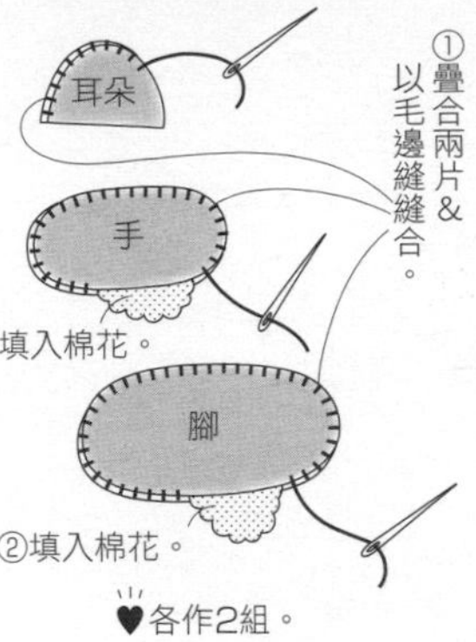
①疊合兩片&以毛邊縫縫合。
耳朵
手
②填入棉花。
腳
②填入棉花。
♥各作2組。

4. 加上鼻子，並將眼睛位置作成凹陷狀。

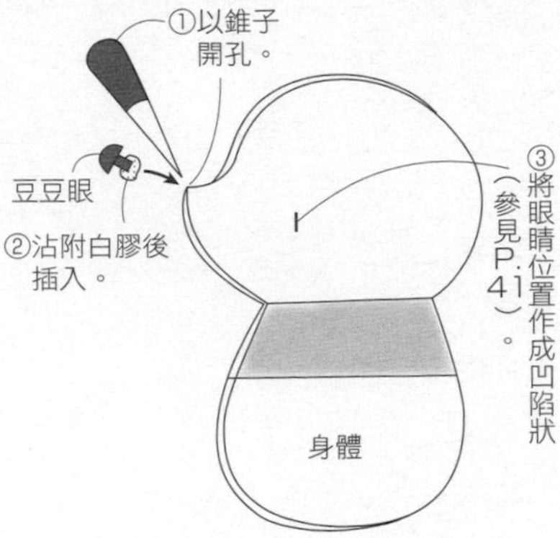
①以錐子開孔。
豆豆眼
②沾附白膠後插入。
③將眼睛位置作成凹陷狀（參見P.41）。
身體

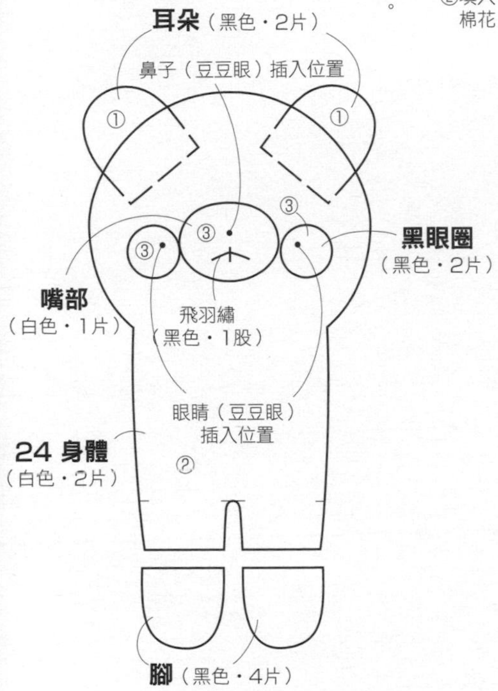
耳朵（黑色・2片）
鼻子（豆豆眼）插入位置
①
①
③
③
③
黑眼圈
（黑色・2片）
嘴部
（白色・1片）
飛羽繡
（黑色・1股）
眼睛（豆豆眼）
插入位置
24 身體
（白色・2片）
②
腳（黑色・4片）

5. 繡上嘴巴。

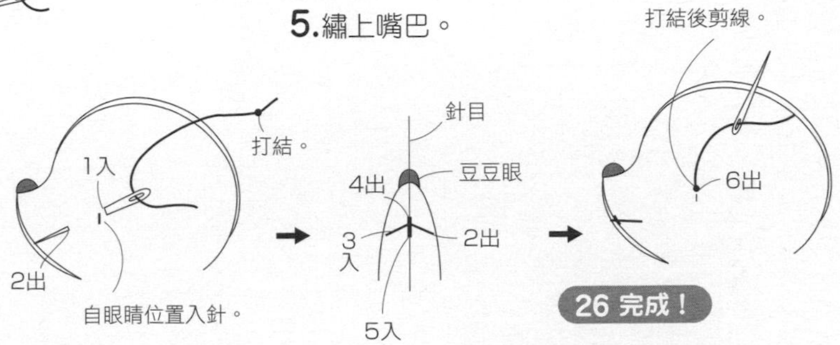
打結。
1入
2出
自眼睛位置入針。
針目
豆豆眼
4出
3入
2出
5入
打結後剪線。
6出

6. 加上黑眼圈&豆豆眼。

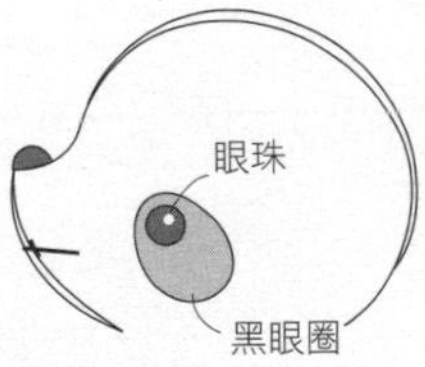
眼珠
黑眼圈

♥參見no.24。

26 完成！

7. 接縫耳朵・手・腳，再縫上當作尾巴的毛球。

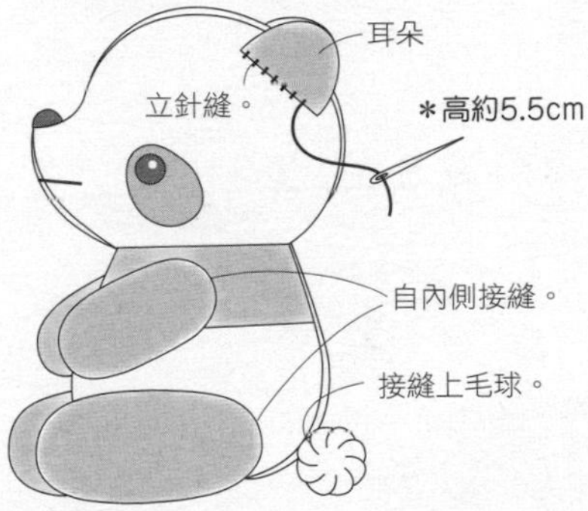
耳朵
立針縫。
＊高約5.5cm
自內側接縫。
接縫上毛球。

24至26 原寸紙型

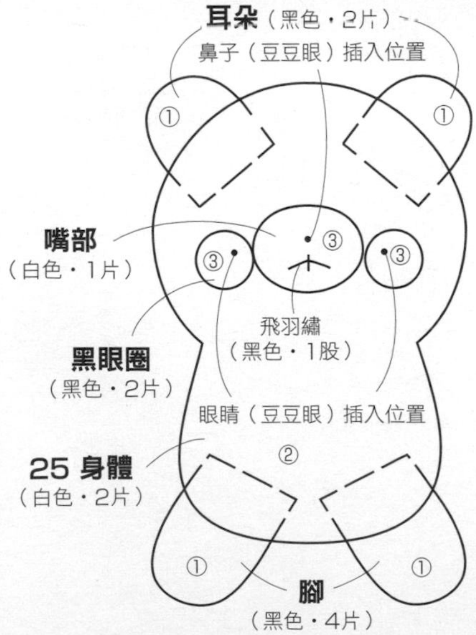
耳朵（黑色・2片）
鼻子（豆豆眼）插入位置
①
①
嘴部
（白色・1片）
③
③
③
黑眼圈
（黑色・2片）
飛羽繡
（黑色・1股）
眼睛（豆豆眼）插入位置
25 身體
（白色・2片）
②
①
①
腳
（黑色・4片）

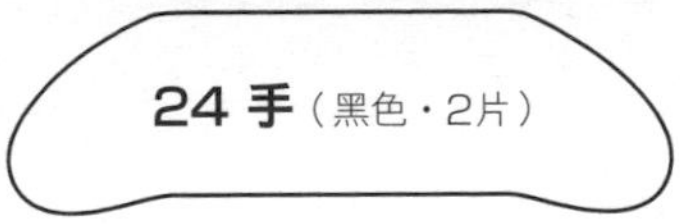
24 手（黑色・2片）

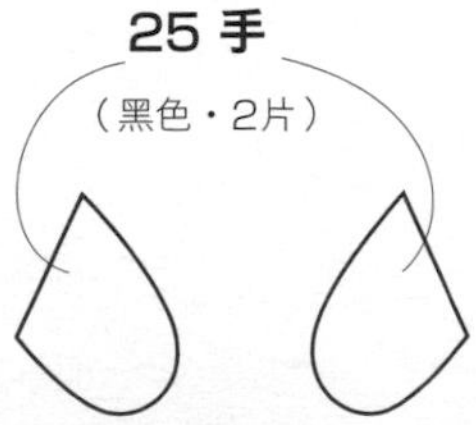
25 手
（黑色・2片）

25花紋
（黑色・2片）

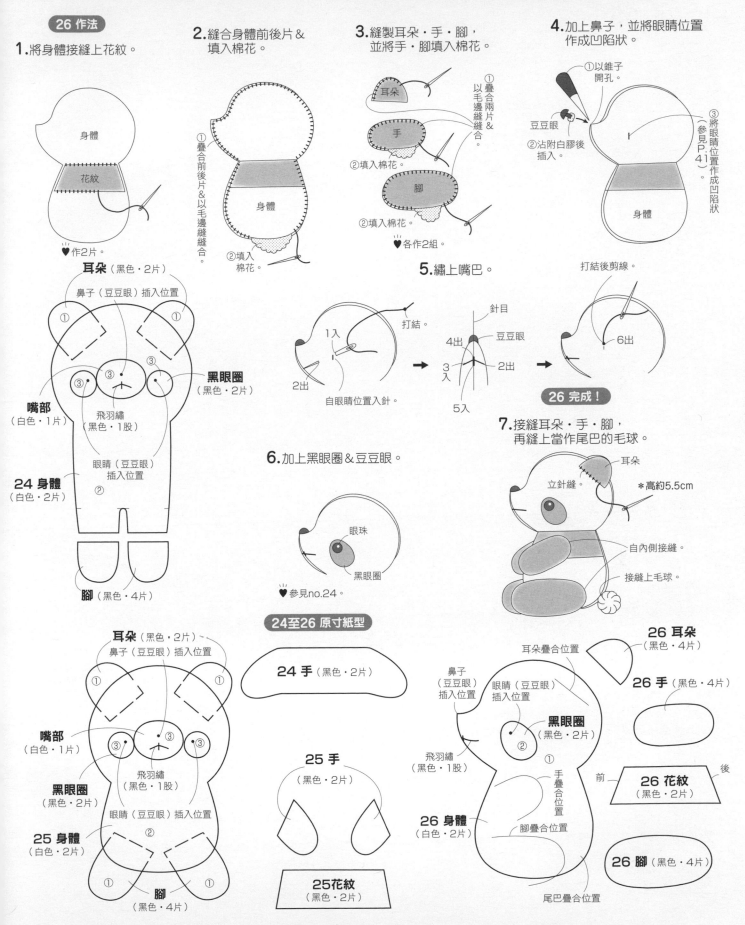

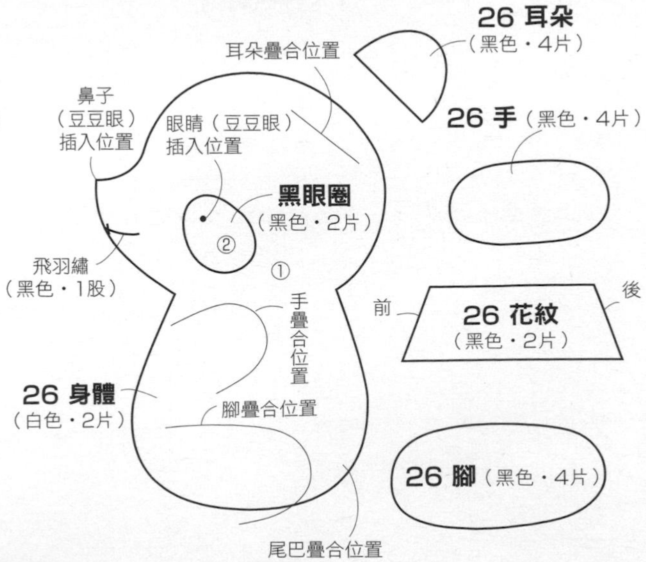
26 耳朵
（黑色・4片）
耳朵疊合位置
鼻子
（豆豆眼）
插入位置
眼睛（豆豆眼）
插入位置
黑眼圈
（黑色・2片）
②
①
飛羽繡
（黑色・1股）
手疊合位置
26 身體
（白色・2片）
腳疊合位置
尾巴疊合位置
26 手（黑色・4片）
前
後
26 花紋
（黑色・2片）
26 腳（黑色・4片）

淘氣的小貓熊

※縫線除了特別指定之外，皆取與不織布同色的1股線。

30材料
- 不織布
  （金黃色）10cm×5cm
  （茶色）15cm×6cm
  （白色）8cm×6cm
  （焦茶色）11cm×4cm
- 珠珠（3mm黑色）2個
- 25號繡線
  （金黃色・茶色・白色・焦茶色・黑色）
- 手工藝用棉花　適量
- 手工藝用白膠

30材料
- 不織布
  （金黃色）10cm×5cm
  （茶色）10cm×8cm
  （白色）8cm×6cm
  （焦茶色）8cm×3cm
- 珠珠（3mm黑色）2個
- 25號繡線
  （金黃色・茶色・白色・焦茶色・黑色）
- 手工藝用棉花　適量
- 手工藝用白膠

32材料
- 不織布
  （金黃色）10cm×5cm
  （茶色）10cm×6cm
  （白色）8cm×6cm
  （焦茶色）9cm×6cm
- 珠珠（3mm黑色）2個
- 25號繡線
  （金黃色・茶色・白色・焦茶色・黑色）
- 手工藝用棉花　適量
- 手工藝用白膠

33材料
- 不織布
  （金黃色）10cm×5cm
  （茶色）10cm×10cm
  （白色）8cm×6cm
  （焦茶色）9cm×3cm
- 珠珠（3mm黑色）2個
- 25號繡線
  （金黃色・茶色・白色・焦茶色・黑色）
- 手工藝用棉花　適量
- 手工藝用白膠

31 作法

1. 將嘴部繡上鼻子＆嘴巴。

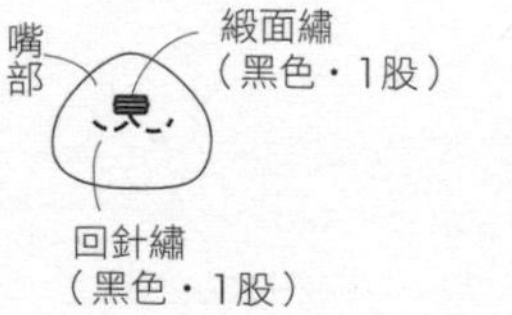
嘴部
緞面繡（黑色・1股）
回針繡（黑色・1股）

2. 在臉部重疊上花紋A・B。

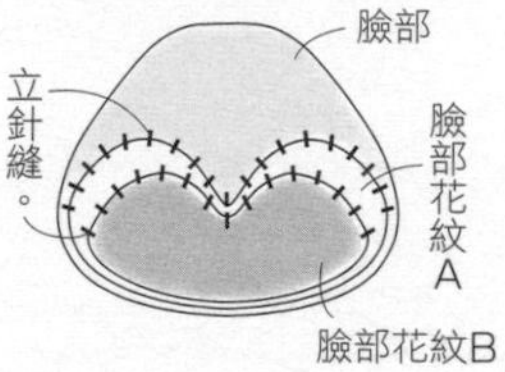
立針縫。
臉部
臉部花紋A
臉部花紋B

3. 將臉部加上嘴部・眉毛・眼睛。

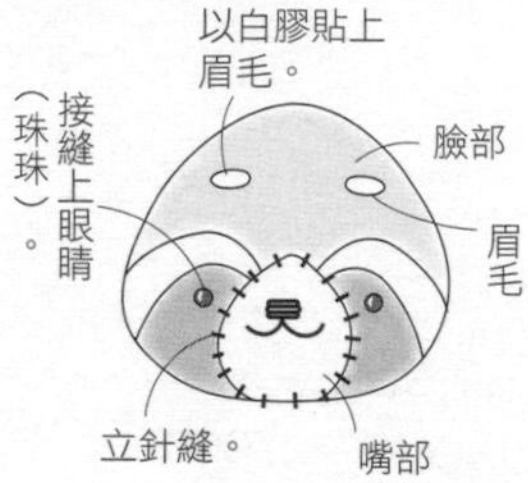
以白膠貼上眉毛。
接縫上眼睛（珠珠）。
臉部
眉毛
立針縫。
嘴部

4. 接縫臉部＆頭部，並填入棉花。

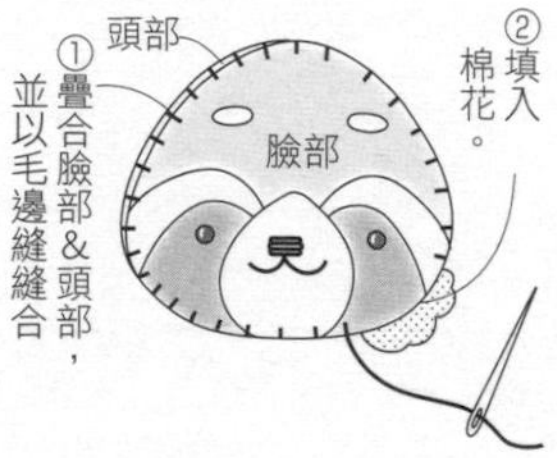
頭部
①疊合臉部＆頭部，並以毛邊縫縫合，
②填入棉花。
臉部

5. 縫製耳朵＆接縫於頭部。

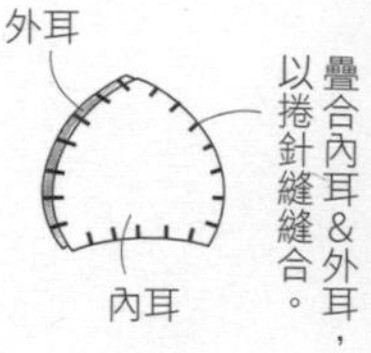
外耳
疊合內耳＆外耳，以捲針縫縫合。
內耳

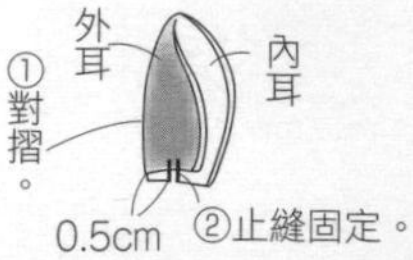
外耳
內耳
①對摺。
0.5cm
②止縫固定。

製作2片。

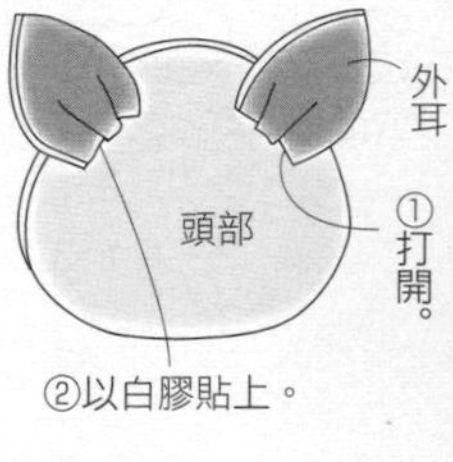
外耳
頭部
①打開。
②以白膠貼上。

6. 縫合身體前後片＆填入棉花。

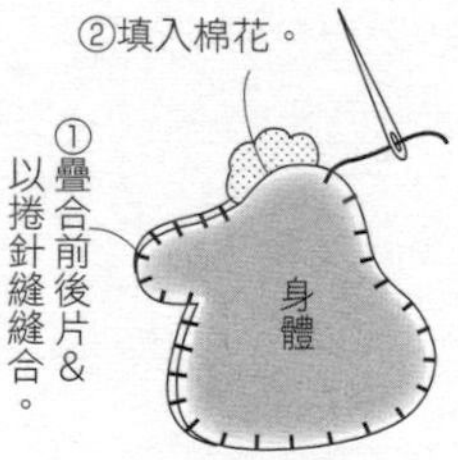
②填入棉花。
①疊合前後片＆以捲針縫縫合。
身體

7. 接縫身體＆頭部。

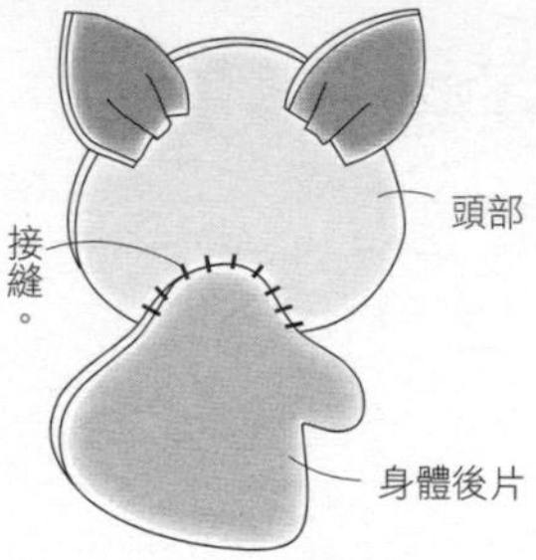
接縫。
頭部
身體後片

8. 縫製＆接縫上尾巴。

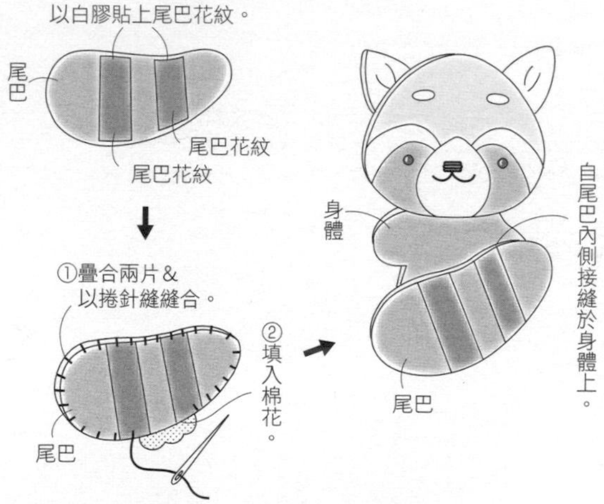
以白膠貼上尾巴花紋。
尾巴
尾巴花紋
尾巴花紋
①疊合兩片＆以捲針縫縫合。
②填入棉花。
尾巴
身體
自尾巴內側接縫於身體上。
尾巴

31 完成！

9. 貼上爪子。

＊高約7.5cm

以白膠貼上爪子。

33 作法

※詳細作法參見no.31。

1. 將前腳重疊於頭部下方，以白膠貼合。

①將前腳重疊於頭部下方，以白膠貼合。
臉部
前腳
爪子
②將爪子重疊於前腳下方，以白膠貼合。

2. 製作身體＆尾巴，並分別進行接縫。

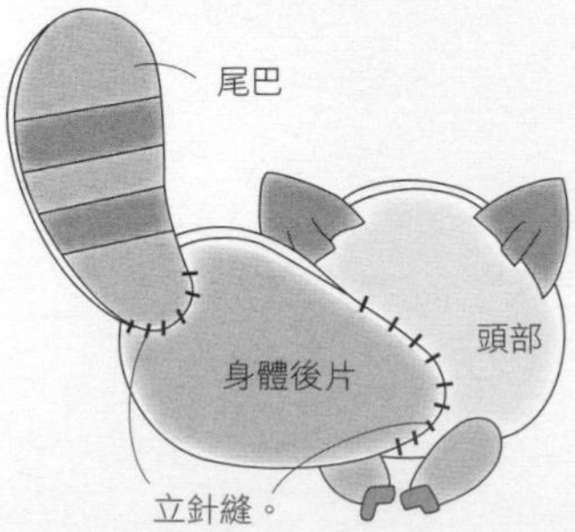
尾巴
頭部
身體後片
立針縫。

33 完成！

＊高約6.5cm

貼上爪子。

30 作法

※詳細作法參見no.31。

1.製作頭部・身體・尾巴，並分別進行接縫。

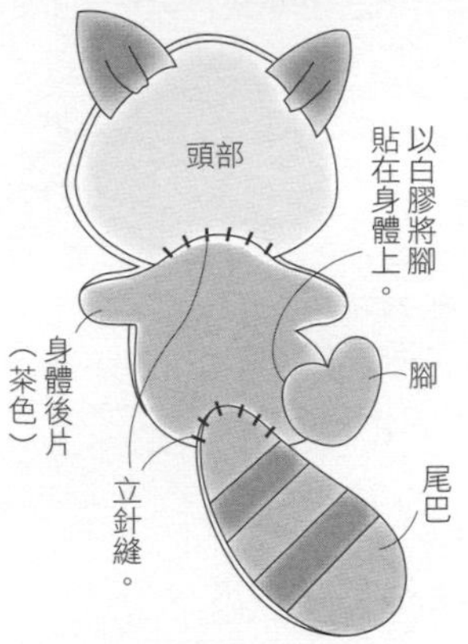
頭部
以白膠將腳貼在身體上。
身體後片（茶色）
腳
立針縫。
尾巴

30 完成！

＊高約9cm

爪子
腳
以白膠貼上腳＆爪子。

32 作法

※詳細作法參見no.31。

1.製作頭部・身體・尾巴，並分別進行接縫。

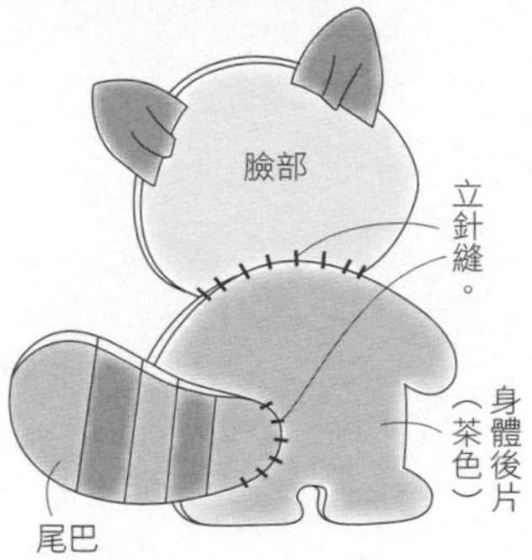
臉部
立針縫。
身體後片（茶色）
尾巴

32 完成！

＊高約7cm

30至33 原寸紙型

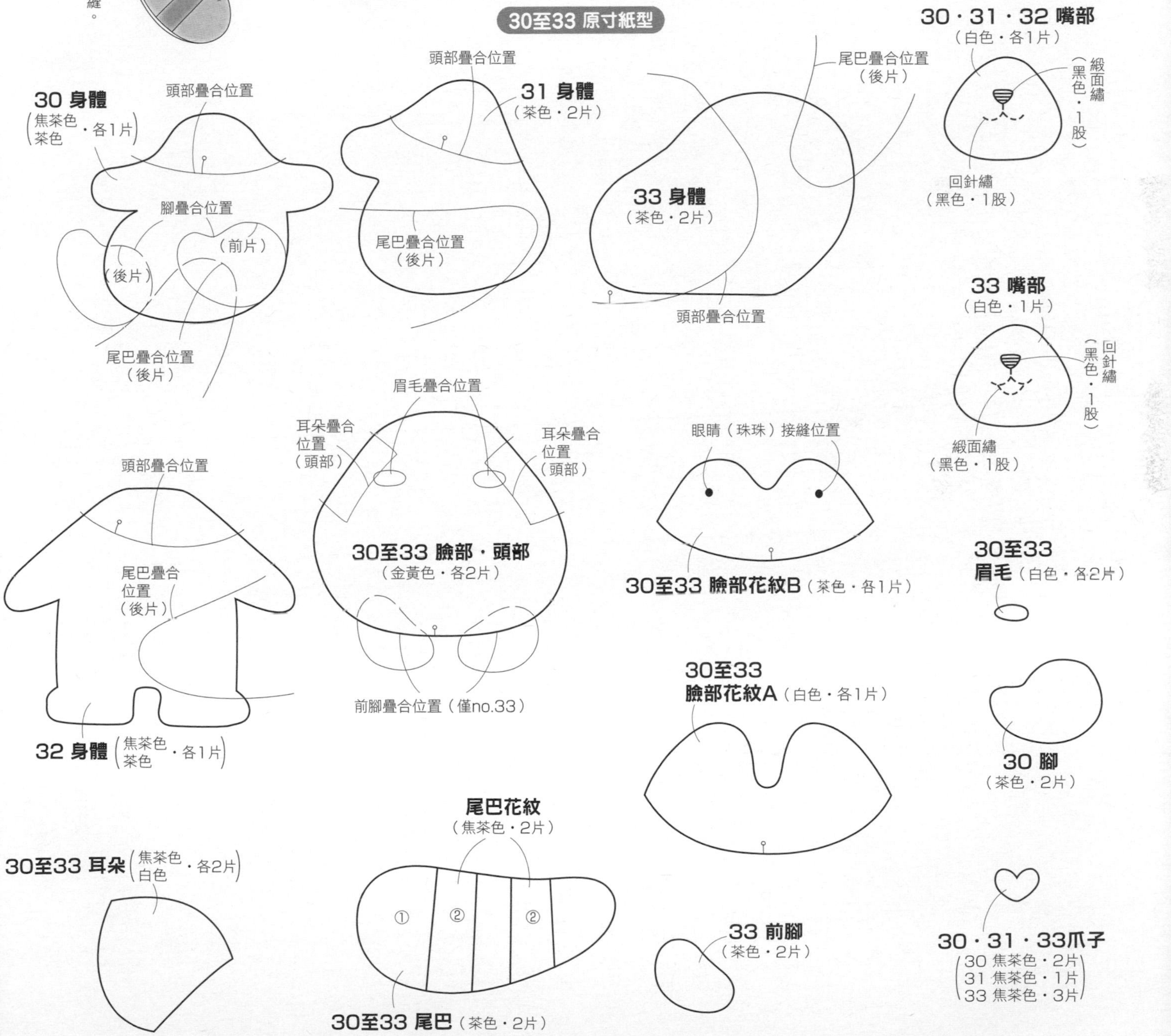
30・31・32 嘴部
（白色・各1片）
緞面繡（黑色・1股）
回針繡（黑色・1股）
30 身體
（焦茶色 茶色・各1片）
頭部疊合位置
腳疊合位置
（前片）
（後片）
尾巴疊合位置（後片）
頭部疊合位置
31 身體
（茶色・2片）
尾巴疊合位置（後片）
尾巴疊合位置（後片）
33 身體
（茶色・2片）
頭部疊合位置
33 嘴部
（白色・1片）
回針繡（黑色・1股）
緞面繡（黑色・1股）
眉毛疊合位置
耳朵疊合位置（頭部）
耳朵疊合位置（頭部）
30至33 臉部・頭部
（金黃色・各2片）
前腳疊合位置（僅no.33）
頭部疊合位置
尾巴疊合位置（後片）
32 身體（焦茶色 茶色・各1片）
眼睛（珠珠）接縫位置
30至33 臉部花紋B（茶色・各1片）
30至33 眉毛（白色・各2片）
30至33 臉部花紋A（白色・各1片）
30 腳
（茶色・2片）
30至33 耳朵（焦茶色 白色・各2片）
尾巴花紋
（焦茶色・2片）
①
②
②
30至33 尾巴（茶色・2片）
33 前腳
（茶色・2片）
30・31・33爪子
（30 焦茶色・2片
31 焦茶色・1片
33 焦茶色・3片）

 南國小島的猴子 ＊紙型參見P.59・P.60。

※縫線除了特別指定之外，
皆取與不織布同色的1股線。

34材料
- 不織布
  - （焦茶色）14cm×14cm
  - （膚色）10cm×10cm
  - （白色）4cm×4cm
  - （黑色）少許
- 25號繡線（焦茶色・膚色）
- 手工藝用棉花　適量
- 手工藝用白膠

35材料
- 不織布
  - （焦茶色）14cm×14cm
  - （膚色）10cm×10cm
  - （白色）12cm×2cm
  - （粉紅色）10cm×2cm
  - （黑色）少許
- 25號繡線
  （焦茶色・膚色・粉紅色・黃色）
- 簽字筆（深粉紅・橘色）
- 手工藝用棉花　適量
- 手工藝用白膠

36材料
- 不織布
  - （焦茶色）14cm×14cm
  - （膚色）10cm×10cm
  - （抹茶色）10cm×3cm
  - （紅色・白色・黃色）各4cm×4cm
  - （黑色）少許
- 25號繡線（焦茶色・膚色・黃色）
- 手工藝用棉花　適量
- 手工藝用白膠

37材料
- 不織布
  - （焦茶色）14cm×14cm
  - （膚色）10cm×10cm
  - （黃色）10cm×6cm
  - （黃綠色・白色）各4cm×4cm
  - （黑色）少許
- 25號繡線
  （焦茶色・膚色・黃色・黃綠色）
- 手工藝用棉花　適量
- 手工藝用白膠

37 作法

1. 將臉部接縫上前頭部。

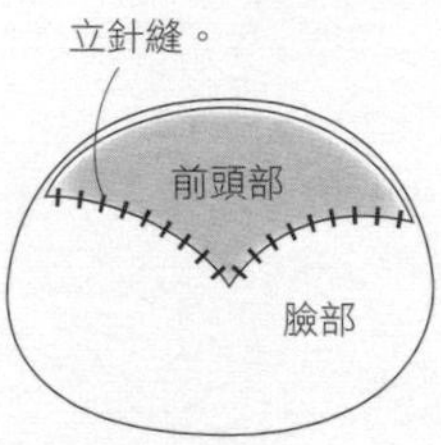
立針縫。
前頭部
臉部

2. 接縫臉部＆後頭部，並填入棉花。

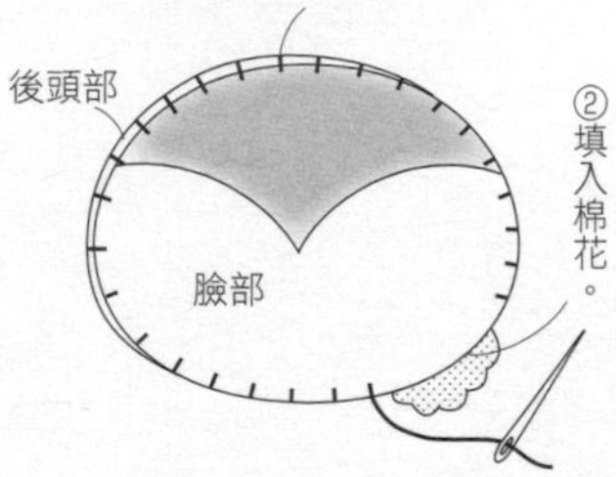
①以捲針縫縫合。
後頭部
②填入棉花。
臉部

3. 貼上眼珠，繡上鼻子＆嘴巴。

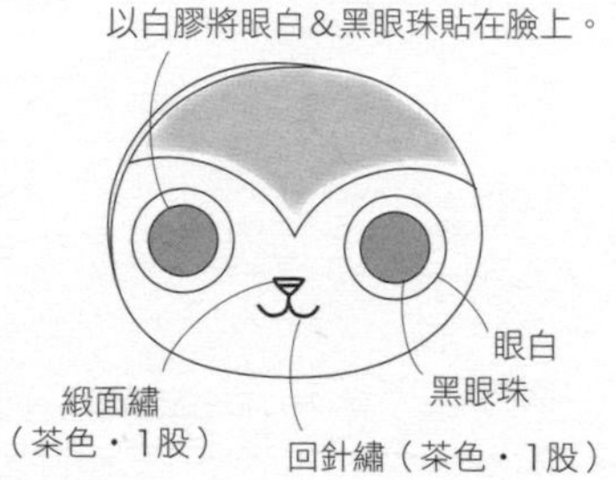
以白膠將眼白＆黑眼珠貼在臉上。
眼白
黑眼珠
緞面繡（茶色・1股）
回針繡（茶色・1股）

4. 縫製＆貼上耳朵。

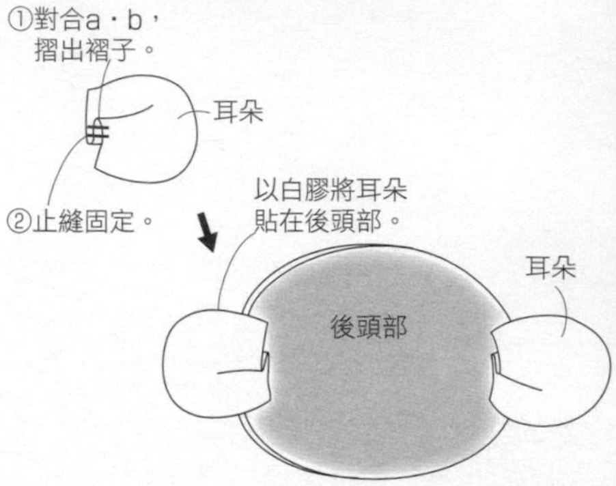
①對合a・b，摺出褶子。
耳朵
②止縫固定。
以白膠將耳朵貼在後頭部。
耳朵
後頭部

5. 縫合身體前後片＆填入棉花。

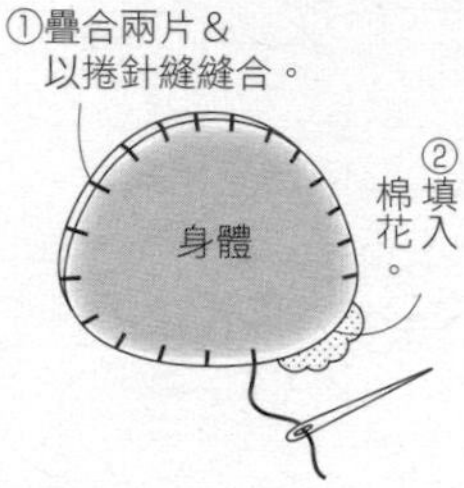
①疊合兩片＆以捲針縫縫合。
②填入棉花。
身體

6. 縫製尾巴，並將身體與後頭部接縫＆貼上尾巴。

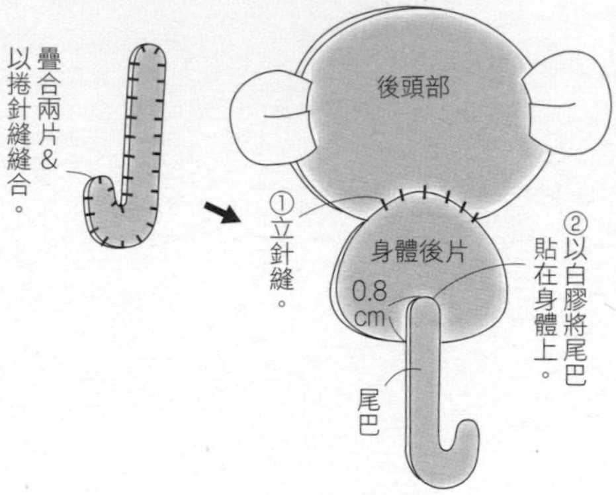
以疊合兩片＆捲針縫縫合。
後頭部
①立針縫。
身體後片
0.8cm
②以白膠將尾巴貼在身體上。
尾巴

7. 縫製香蕉。

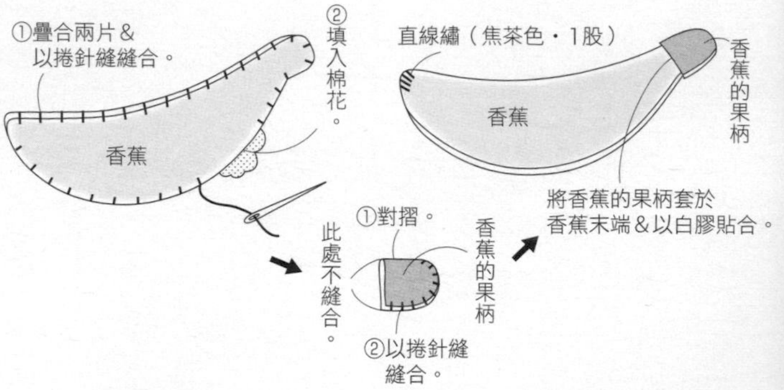
①疊合兩片＆以捲針縫縫合。
②填入棉花。
香蕉
直線繡（焦茶色・1股）
香蕉
香蕉的果柄
①對摺。
此處不縫合。
香蕉的果柄
②以捲針縫縫合。
將香蕉的果柄套於香蕉末端＆以白膠貼合。

8. 將香蕉貼在身體前片上。

香蕉
以白膠將香蕉貼在身體上。

37 完成！
＊高約10cm

9. 貼上手＆腳。

將手自身體前片貼到香蕉上。
將腳自身體後片貼到香蕉上。

34 作法

※詳細作法參見no.37。

1. 接縫頭部＆身體，並將腳＆尾巴貼在身體後片上。

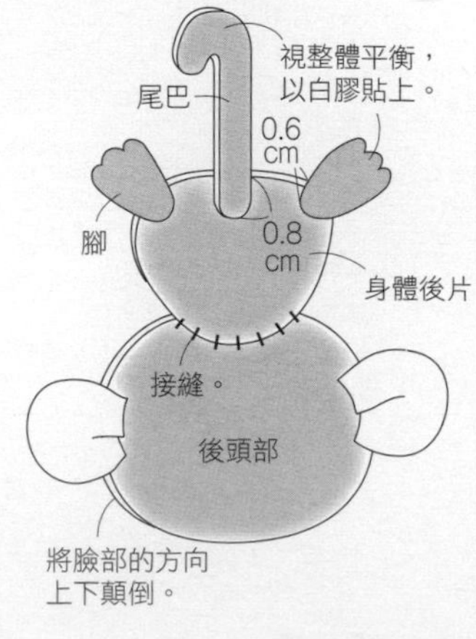
尾巴
視整體平衡，以白膠貼上。
0.6cm
腳
0.8cm
身體後片
接縫。
後頭部
將臉部的方向上下顛倒。

34 完成！

2. 貼上雙手。

＊高約9.5cm

手
以白膠將手貼在臉上。

35 作法

※詳細作法參見no.37。

1. 接縫頭部＆身體，並將身體後片貼上手・腳・尾巴。

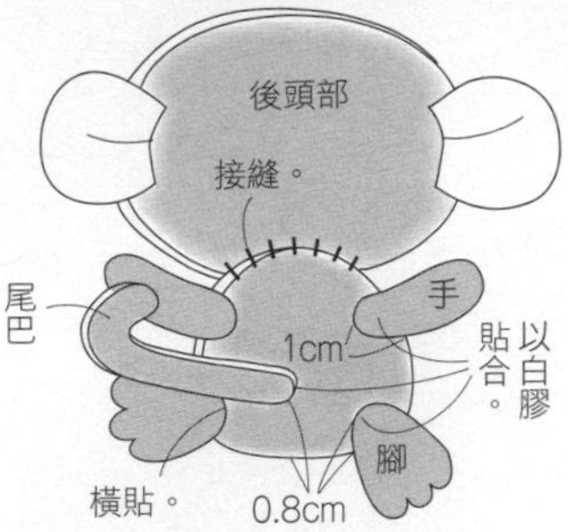

後頭部
接縫。
尾巴
手
1cm
以白膠貼合。
腳
橫貼。
0.8cm

2. 縫製雞蛋花，並貼在身體＆頭部處。

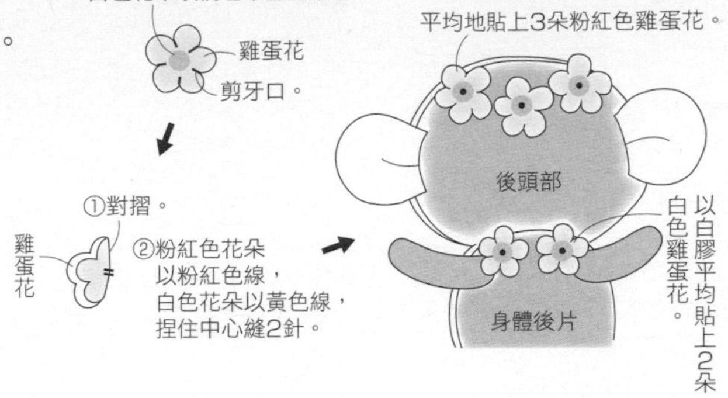

粉紅色花朵以深粉紅色筆、
白色花朵以橘色筆畫上顏色。
雞蛋花
剪牙口。
①對摺。
雞蛋花
②粉紅色花朵
以粉紅色線，
白色花朵以黃色線，
捏住中心縫2針。
平均地貼上3朵粉紅色雞蛋花。
後頭部
身體後片
以白膠平均貼上2朵白色雞蛋花。

35 完成！

＊高約7cm

平均地貼上3朵
粉紅色雞蛋花。
以白膠平均貼上4朵白色雞蛋花。

36 完成！

※詳細作法參見no.37。

1. 接縫頭部＆身體，並將身體後片貼上手・腳・尾巴。

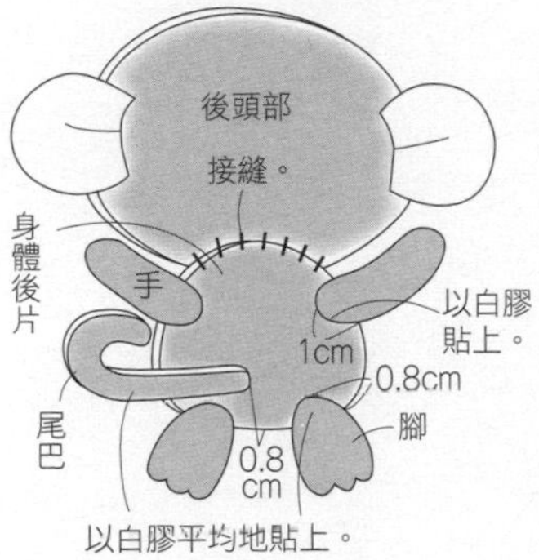

後頭部
接縫。
身體後片
手
以白膠貼上。
1cm
0.8cm
尾巴
腳
0.8cm
以白膠平均地貼上。

2. 製作草裙。

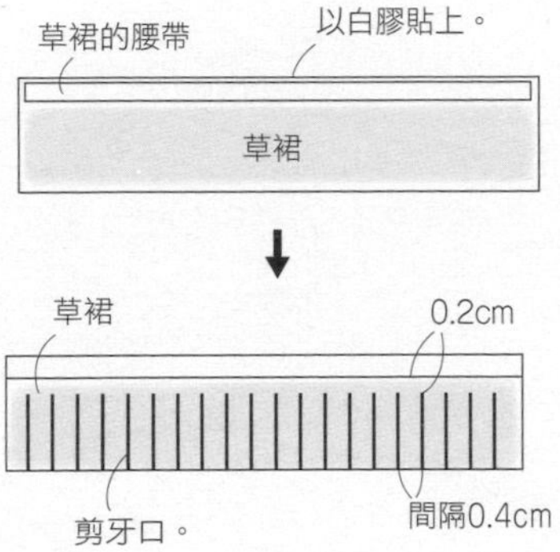

草裙的腰帶
以白膠貼上。
草裙
草裙
0.2cm
剪牙口。
間隔0.4cm

3. 製作朱槿花。

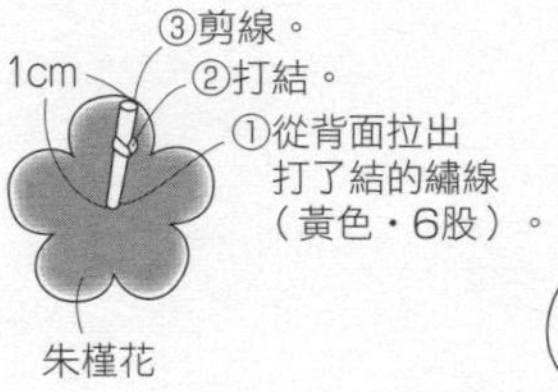

③剪線。
1cm
②打結。
①從背面拉出
打了結的繡線
（黃色・6股）。
朱槿花

4. 將朱槿花貼在前頭部，身體捲上草裙。

＊高約7.5cm

以白膠將朱槿花
貼在前頭部。
將草裙捲繞身體後，以白膠黏貼固定。

34至37 原寸紙型

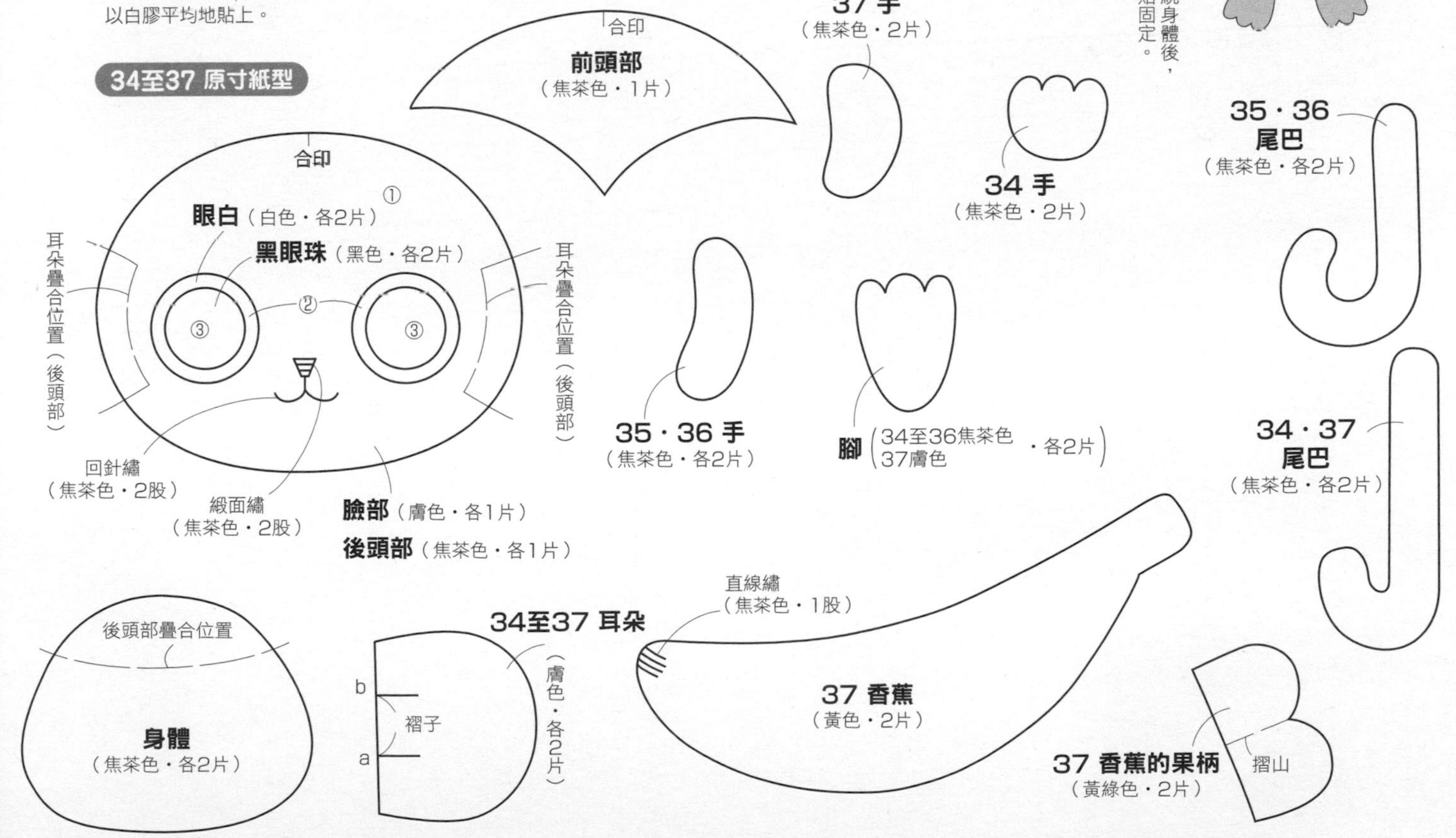

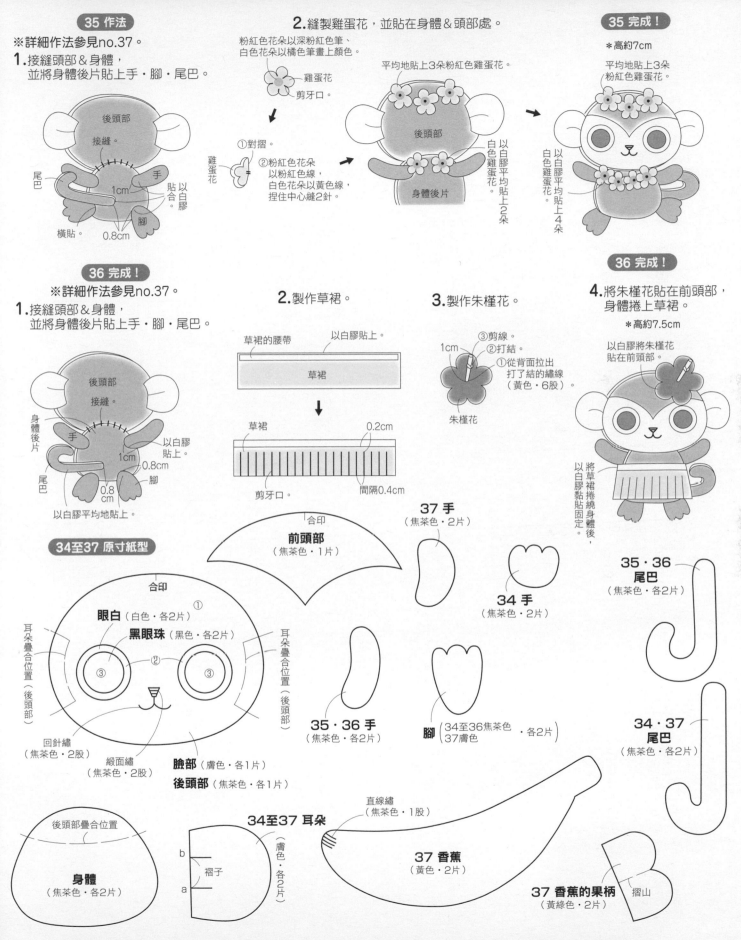

合印
前頭部
（焦茶色・1片）
37 手
（焦茶色・2片）
34 手
（焦茶色・2片）
35・36
尾巴
（焦茶色・各2片）
合印
①
眼白（白色・各2片）
黑眼珠（黑色・各2片）
②
③
③
耳朵疊合位置（後頭部）
耳朵疊合位置（後頭部）
回針繡
（焦茶色・2股）
緞面繡
（焦茶色・2股）
臉部（膚色・各1片）
後頭部（焦茶色・各1片）
35・36 手
（焦茶色・各2片）
腳（34至36焦茶色 37膚色・各2片）
34・37
尾巴
（焦茶色・各2片）
後頭部疊合位置
身體
（焦茶色・各2片）
34至37 耳朵
（膚色・各2片）
b
褶子
a
直線繡
（焦茶色・1股）
37 香蕉
（黃色・2片）
37 香蕉的果柄
（黃綠色・2片）
摺山

35・36 原寸紙型

剪牙口位置

35 雞蛋花
(粉紅色 白色・各6片)

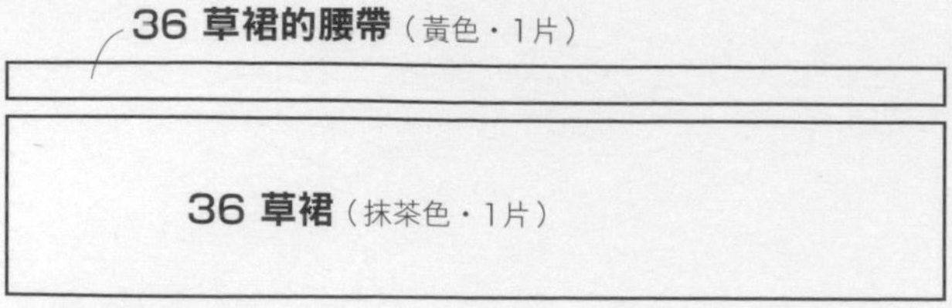
36 草裙的腰帶（黃色・1片）
36 草裙（抹茶色・1片）

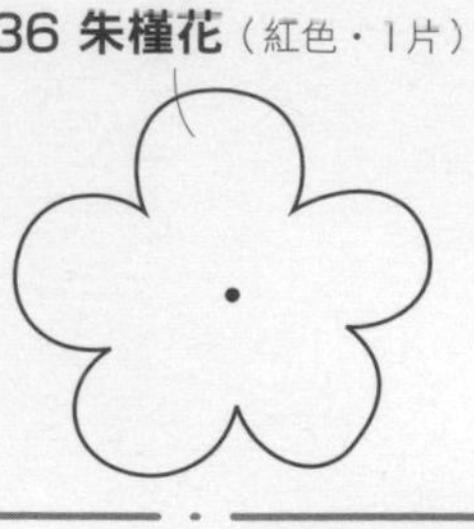
36 朱槿花（紅色・1片）

P.13 no.42至45 刺蝟偵探團

※縫線除了特別指定之外，
皆取與不織布同色的1股線。

42材料
- 不織布
  （奶油色）16cm×7cm
  （黃綠色）10cm×7cm
  （抹茶色・深綠色）各8cm×6cm
- 木頭珠（4mm 黑色）1個
- 大圓珠（黑色）2個
- 25號繡線
  （奶油色・黃綠色・抹茶色・深綠色・黑色）
- 手工藝用棉花　適量
- 手工藝用白膠

43材料
- 不織布
  （霜降灰）18cm×9cm
  （白色）14cm×5cm
  （紅色）3cm×3cm
  （深綠色）少許
- 木頭珠（4mm 黑色）1個
- 大圓珠（黑色）2個
- 25號繡線（灰色・白色・黑色）
- 手工藝用棉花　適量
- 手工藝用白膠

44材料
- 不織布
  （奶油色）16cm×7cm
  （橘色）10cm×7cm
  （紅色・胭脂色）各8cm×6cm
- 木頭珠（4mm 黑色）1個
- 大圓珠（黑色）2個
- 25號繡線
  （奶油色・橘色・紅色・胭脂色・黑色）
- 手工藝用棉花　適量
- 手工藝用白膠

45材料
- 不織布
  （茶色）18cm×9cm
  （膚色）14cm×5cm
  （黃色）3cm×3cm
  （抹茶色）少許
- 木頭珠（4mm 黑色）1個
- 大圓珠（黑色）2個
- 25號繡線（茶色・膚色・黑色）
- 手工藝用棉花　適量
- 手工藝用白膠

42・44 作法

1. 疊合身體前後片，並以捲針縫縫合＆填入棉花。

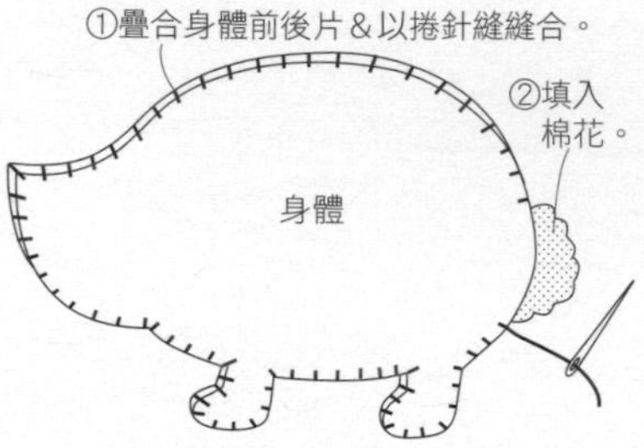
①疊合身體前後片＆以捲針縫縫合。
②填入棉花。
身體

2. 分別接縫背部A・B・C的前後片。

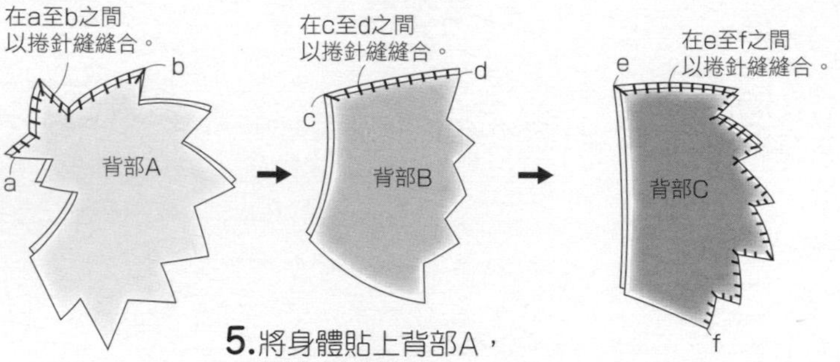
在a至b之間以捲針縫縫合。
a
b
背部A
在c至d之間以捲針縫縫合。
c
d
背部B
在e至f之間以捲針縫縫合。
e
f
背部C

3. 縫製耳朵。

①對摺。
耳朵
②捲針縫。
打開。

4. 將身體貼上背部C，再重疊貼上背部B。

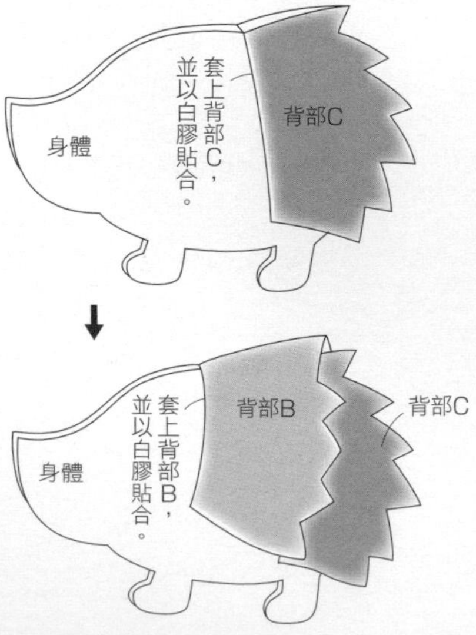
身體
套上背部C，並以白膠貼合。
背部C
身體
套上背部B，並以白膠貼合。
背部B
背部C

5. 將身體貼上背部A，再貼上耳朵。

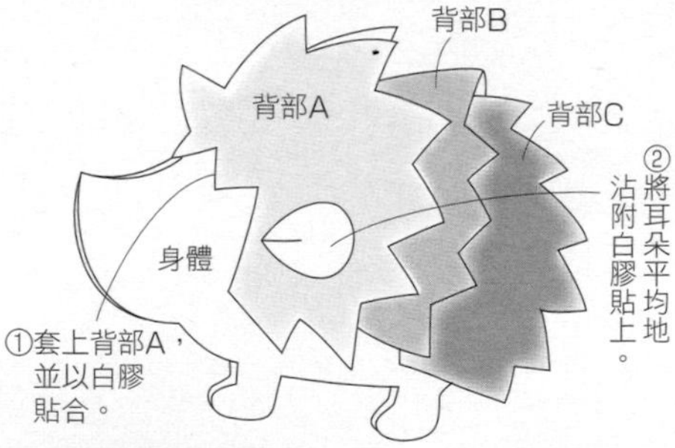
背部B
背部A
背部C
身體
②將耳朵平均地沾附白膠貼上。
①套上背部A，並以白膠貼合。

42・44 完成！

6. 縫上眼睛＆鼻子的珠珠，並繡上嘴巴。

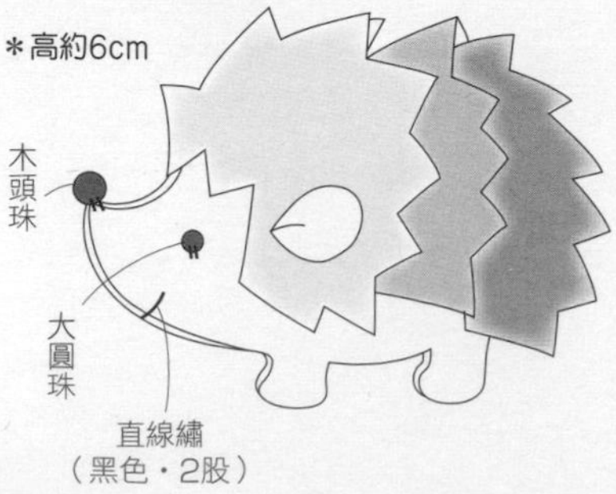
*高約6cm
木頭珠
大圓珠
直線繡（黑色・2股）

43・45 作法

1. 將身體前片接縫上腹部＆臉部，並分別填入棉花。

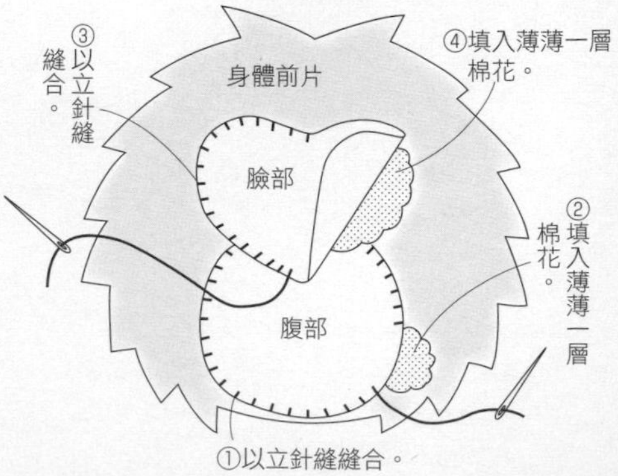
③以立針縫縫合。
身體前片
④填入薄薄一層棉花。
臉部
②填入薄薄一層棉花。
腹部
①以立針縫縫合。

2. 縫上眼睛＆鼻子的珠珠。
3. 疊合身體前後片，
並以捲針縫縫合＆填入棉花。

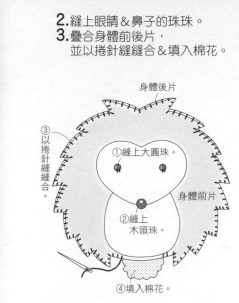

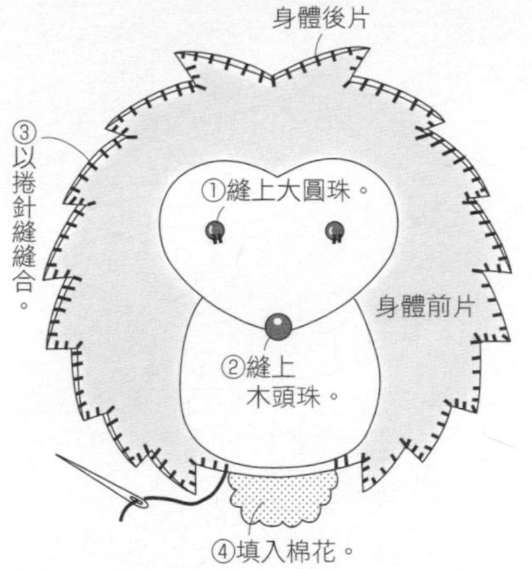
身體後片
③以捲針縫縫合。
①縫上大圓珠。
身體前片
②縫上
木頭珠。
④填入棉花。

43 完成！

＊高約7cm

4. 貼上耳朵＆在腹部貼上蘋果
（no.45則貼上洋梨），
並在腹部周圍貼上手＆腳。

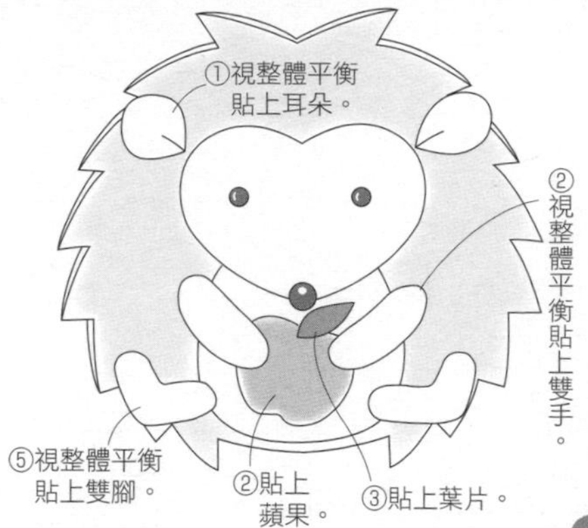
①視整體平衡
貼上耳朵。
②視整體平衡貼上雙手。
⑤視整體平衡
貼上雙腳。
②貼上
蘋果。
③貼上葉片。

45 完成！

＊高約7cm

貼上洋梨＆葉片。

42至45 原寸紙型

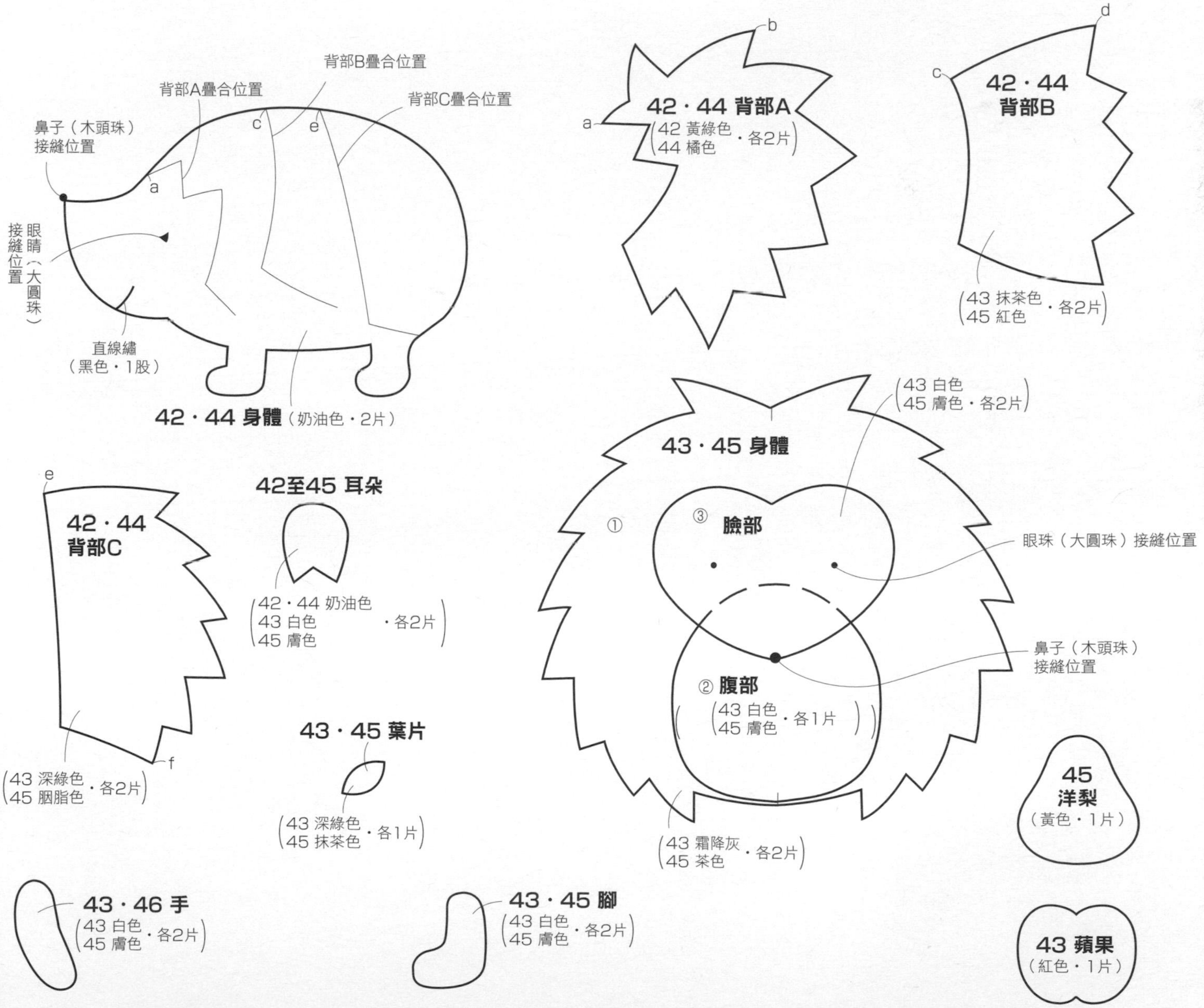
背部B疊合位置
背部A疊合位置
背部C疊合位置
鼻子（木頭珠）
接縫位置
眼睛（大圓珠）接縫位置
直線繡
（黑色・1股）
42・44 身體（奶油色・2片）
42・44 背部A
（42 黃綠色
44 橘色・各2片）
42・44
背部B
（43 抹茶色
45 紅色・各2片）
43 白色
45 膚色・各2片
43・45 身體
①
③
臉部
眼珠（大圓珠）接縫位置
鼻子（木頭珠）
接縫位置
② 腹部
（43 白色
45 膚色・各1片）
（43 霜降灰
45 茶色・各2片）
42・44
背部C
（43 深綠色
45 胭脂色・各2片）
42至45 耳朵
（42・44 奶油色
43 白色
45 膚色・各2片）
43・45 葉片
（43 深綠色
45 抹茶色・各1片）
45
洋梨
（黃色・1片）
43・46 手
（43 白色
45 膚色・各2片）
43・45 腳
（43 白色
45 膚色・各2片）
43 蘋果
（紅色・1片）

※縫線除了特別指定之外，
皆取與不織布同色的1股線。

46材料
- 不織布
  （白色）15cm×15cm
  （膚色）5cm×5cm
  （綠色）3cm×3cm
- 香菇釦（4mm黑色）2個
- 25號繡線
  （白色・黑色・膚色・綠色）
- 手工藝用棉花　適量
- 手工藝用白膠

47材料
- 不織布
  （茶色）15cm×15cm
  （膚色）5cm×5cm
  （黃綠色）3cm×3cm
- 香菇釦（4mm黑色）2個
- 25號繡線
  （茶色・黑色・膚色・綠色）
- 手工藝用棉花　適量
- 手工藝用白膠

48材料
- 不織布
  （淺茶色）13cm×12cm
  （膚色）8cm×5cm
  （黃綠色）5cm×5cm
  （綠色）5cm×3cm
- 香菇釦（4mm黑色）2個
- 25號繡線
  （淺茶色・黑色・膚色・綠色）
- 手工藝用棉花　適量
- 手工藝用白膠

48 作法

1. 接縫臉部＆身體。

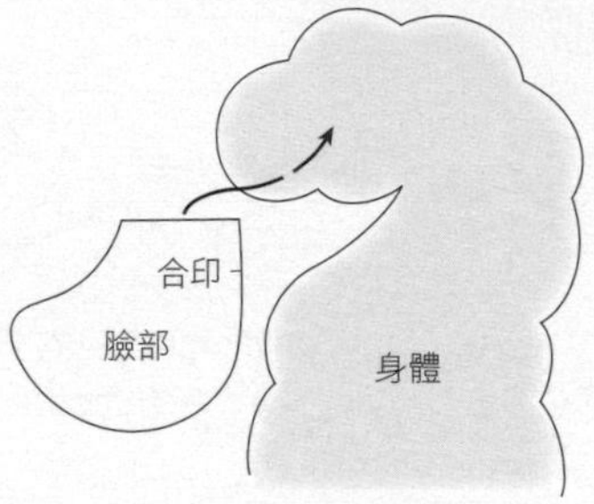
合印
臉部
身體

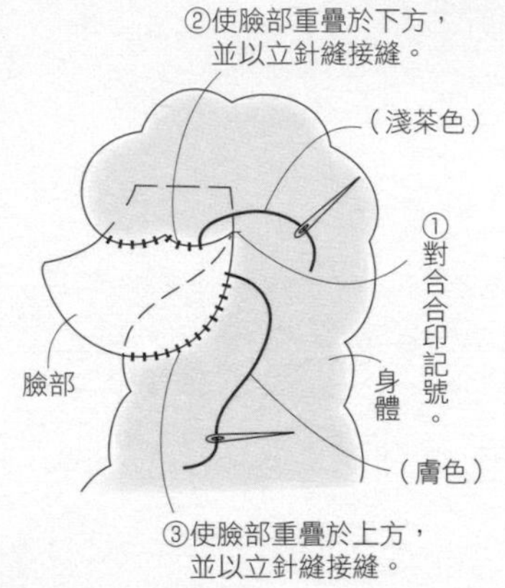
②使臉部重疊於下方，
並以立針縫接縫。
（淺茶色）
①對合合印記號。
臉部
身體
（膚色）
③使臉部重疊於上方，
並以立針縫接縫。

♥對稱地製作2片。

2. 疊合身體前後片，
夾入耳朵＆腳，
並以捲針縫縫合＆
填入棉花。

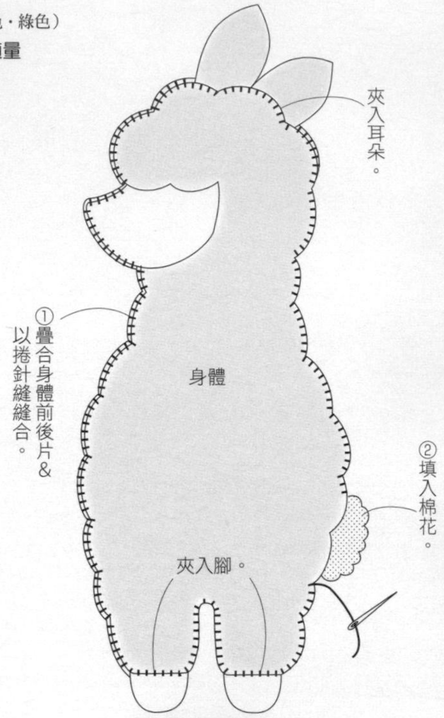
夾入耳朵。
①疊合身體前後片＆以捲針縫縫合。
身體
②填入棉花。
夾入腳。

48 完成！
*高約12cm

3. 將臉部縫上眼睛，
繡上鼻子＆嘴巴。

香菇釦
身體
兩眼一次接上，
並拉緊線
作出凹陷狀。

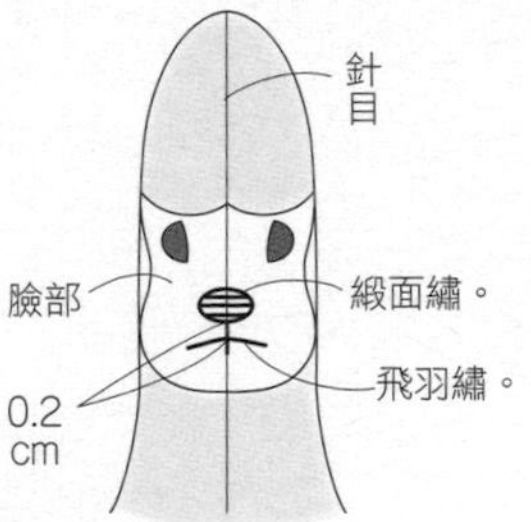
針目
臉部
緞面繡。
飛羽繡。
0.2
cm

4. 在葉片上作刺繡，
並接縫作成項圈。

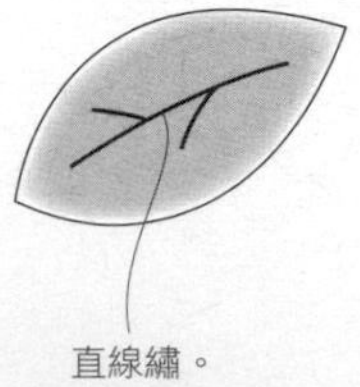
直線繡。

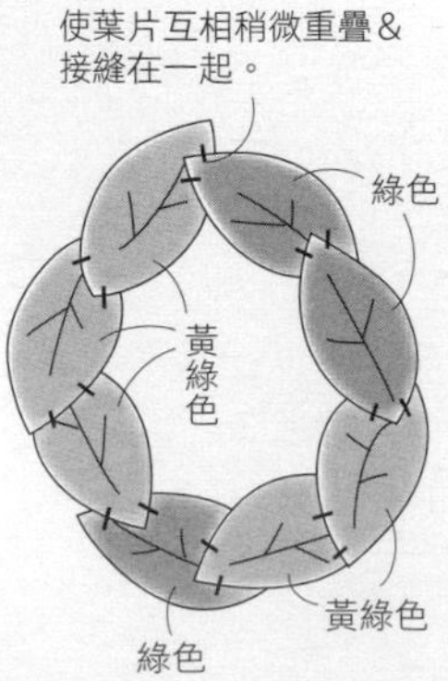
使葉片互相稍微重疊＆
接縫在一起。
綠色
黃綠色
黃綠色
綠色

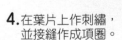

5. 套上項圈。

套上項圈。

46・47 作法

※no.47作成相反方向。

1. 將身體前片的臉部剪下。

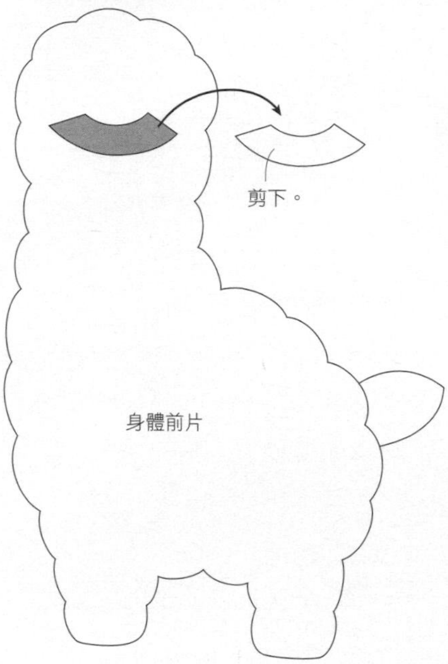

剪下。
身體前片

2. 身體前片接縫上臉部。

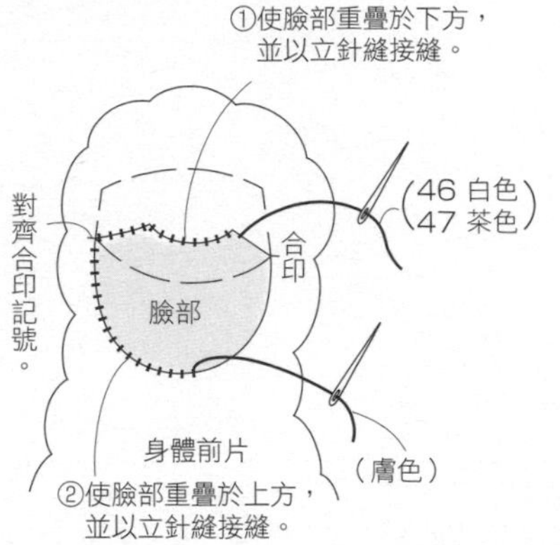

①使臉部重疊於下方，並以立針縫接縫。
(46 白色 47 茶色)
對齊合印記號。
合印
臉部
身體前片
(膚色)
②使臉部重疊於上方，並以立針縫接縫。

3. 疊合身體前後片，夾入耳朵・腳・尾巴，並以捲針縫縫合＆填入棉花。

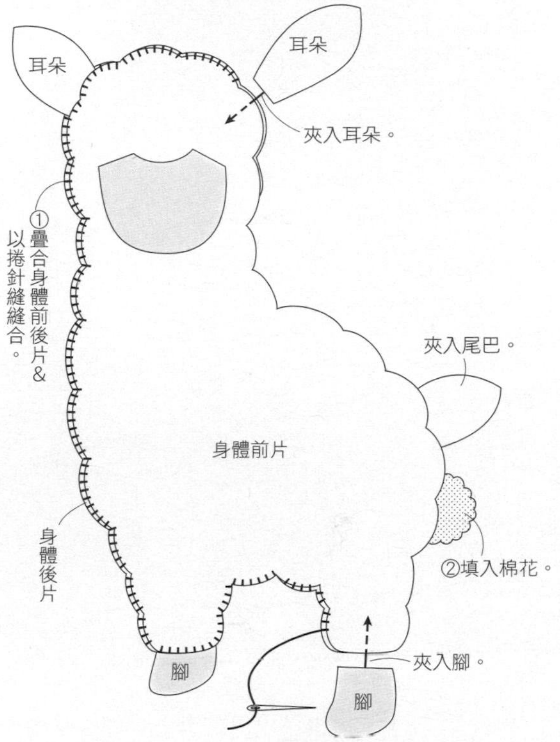

耳朵
耳朵
夾入耳朵。
①疊合身體前後片＆以捲針縫縫合。
夾入尾巴。
身體前片
②填入棉花。
身體後片
腳
腳
夾入腳。

4. 將臉部接縫上眼睛＆繡上鼻子。

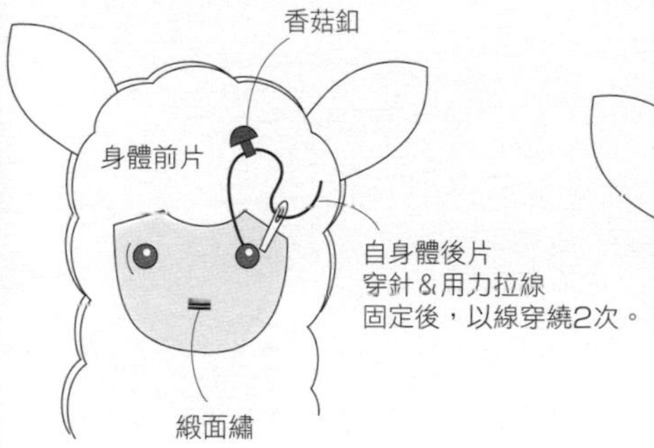

香菇釦
身體前片
自身體後片
穿針＆用力拉線
固定後，以線穿繞2次。
緞面繡

5. 將葉片繡上葉脈。

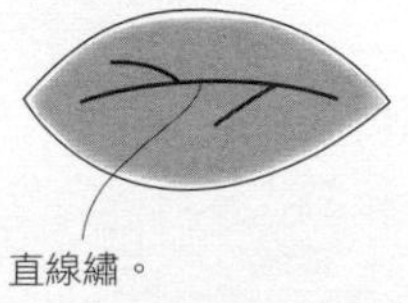

直線繡。

46 完成！

＊高約11cm

6. 將葉片接縫於頭部。

綠色
自葉片背面挑針，接縫於身體上。

47 完成！

＊高約11cm

黃綠色

46至48 原寸紙型

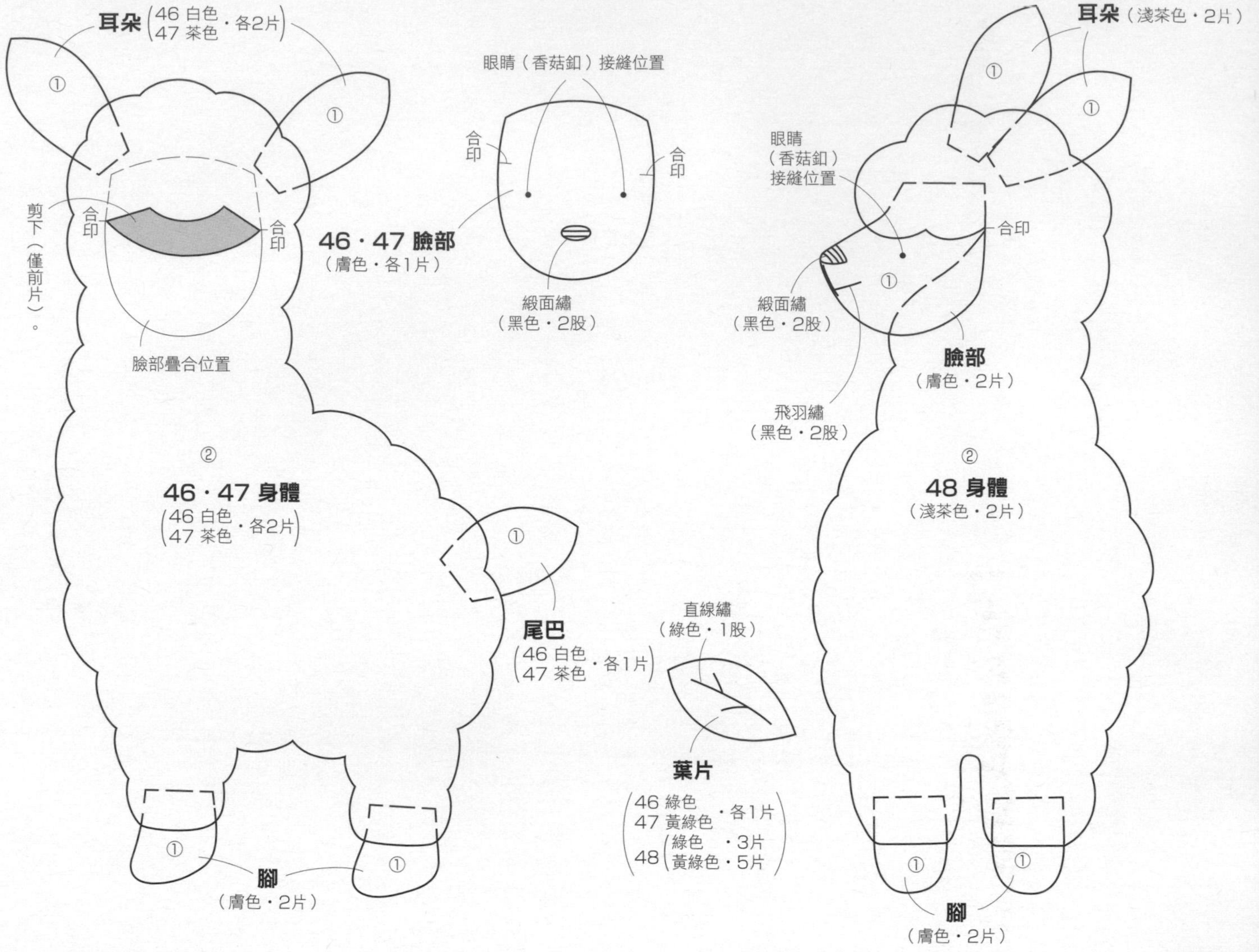
耳朵（46 白色・47 茶色・各2片）
①
眼睛（香菇釦）接縫位置
合印
剪下（僅前片）。
46・47 臉部
（膚色・各1片）
緞面繡
（黑色・2股）
臉部疊合位置
②
46・47 身體
（46 白色・47 茶色・各2片）
尾巴
（46 白色・47 茶色・各1片）
腳
（膚色・2片）
直線繡
（綠色・1股）
葉片
（46 綠色・47 黃綠色・各1片
48 綠色・3片 黃綠色・5片）
耳朵（淺茶色・2片）
眼睛
（香菇釦）
接縫位置
飛羽繡
（黑色・2股）
臉部
（膚色・2片）
48 身體
（淺茶色・2片）
腳
（膚色・2片）

67・68 原寸紙型

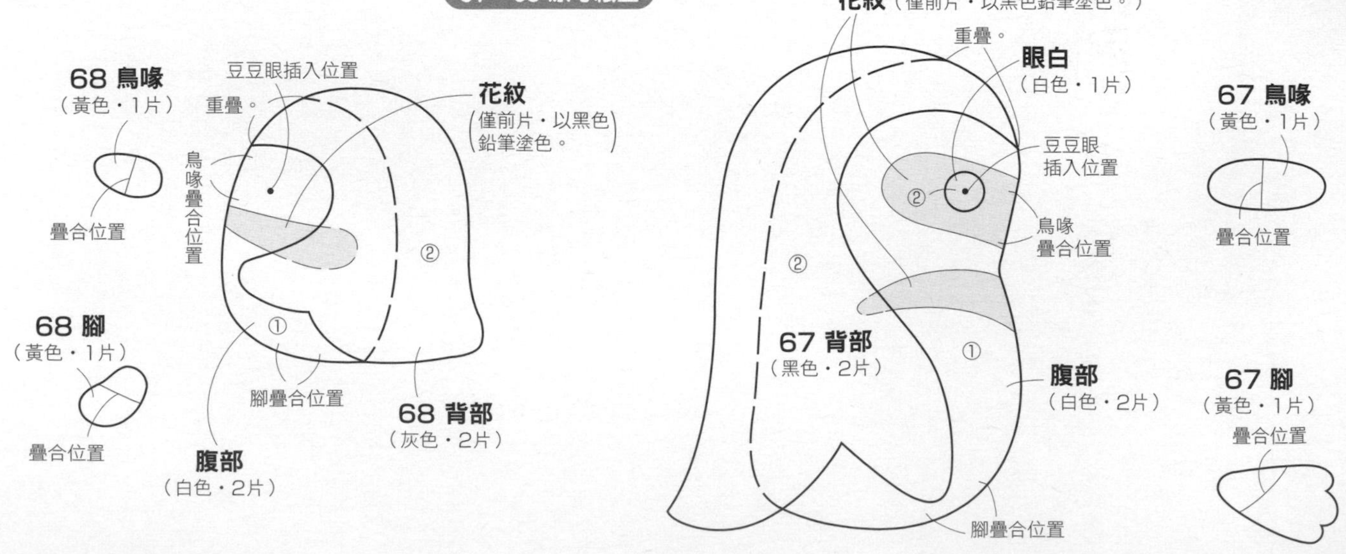
68 鳥喙
（黃色・1片）
疊合位置
豆豆眼插入位置
重疊。
花紋
（僅前片・以黑色鉛筆塗色。）
鳥喙疊合位置
②
①
68 腳
（黃色・1片）
疊合位置
腳疊合位置
68 背部
（灰色・2片）
腹部
（白色・2片）
花紋（僅前片・以黑色鉛筆塗色。）
重疊。
眼白
（白色・1片）
豆豆眼
插入位置
鳥喙
疊合位置
67 背部
（黑色・2片）
腹部
（白色・2片）
腳疊合位置
67 鳥喙
（黃色・1片）
疊合位置
67 腳
（黃色・1片）
疊合位置

69至72 原寸紙型

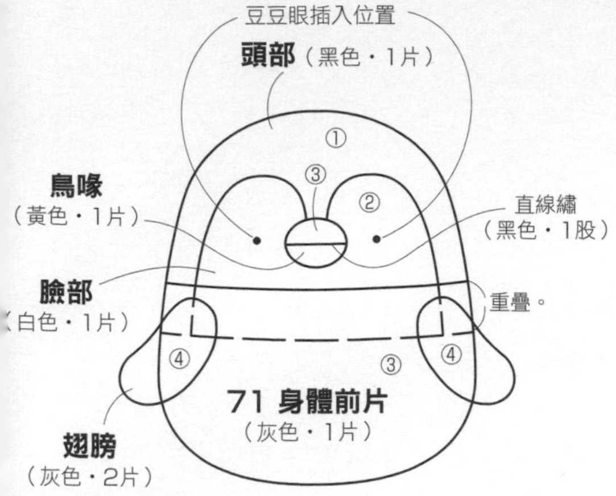

豆豆眼插入位置
頭部（黑色・1片）
①
③
②
鳥喙
（黃色・1片）
直線繡
（黑色・1股）
臉部
（白色・1片）
重疊。
④
③
④
71 身體前片
（灰色・1片）
翅膀
（灰色・2片）

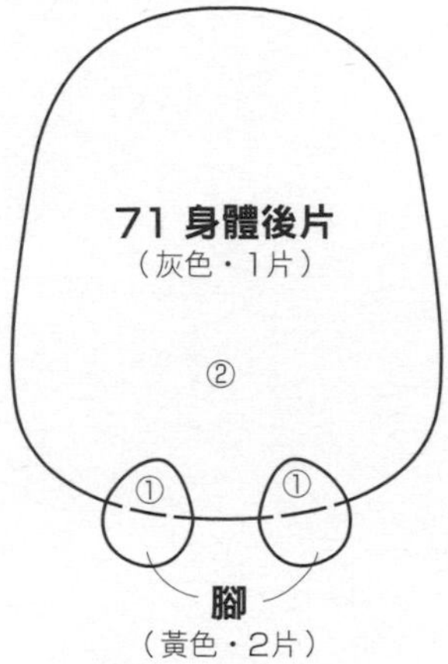

71 身體後片
（灰色・1片）
②
①
①
腳
（黃色・2片）

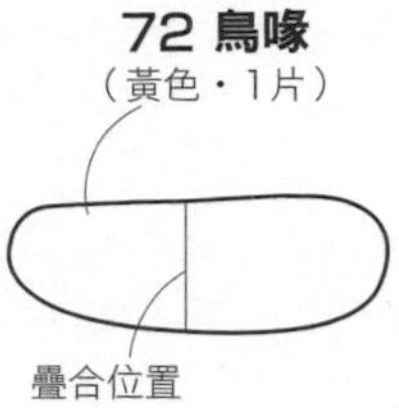

72 鳥喙
（黃色・1片）
疊合位置

疊合位置
72 腳（黃色・1片）

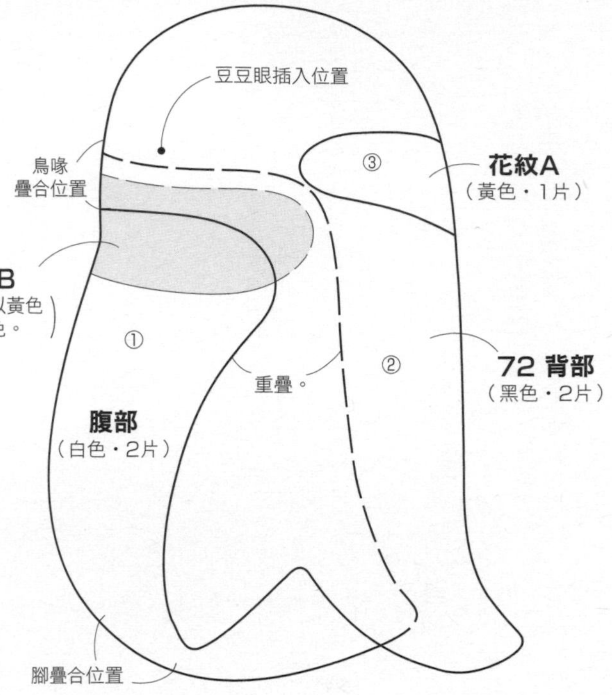

豆豆眼插入位置
鳥喙
疊合位置
③
花紋A
（黃色・1片）
花紋B
（僅前片・以黃色
色鉛筆塗色。）
①
重疊。
②
72 背部
（黑色・2片）
腹部
（白色・2片）
腳疊合位置

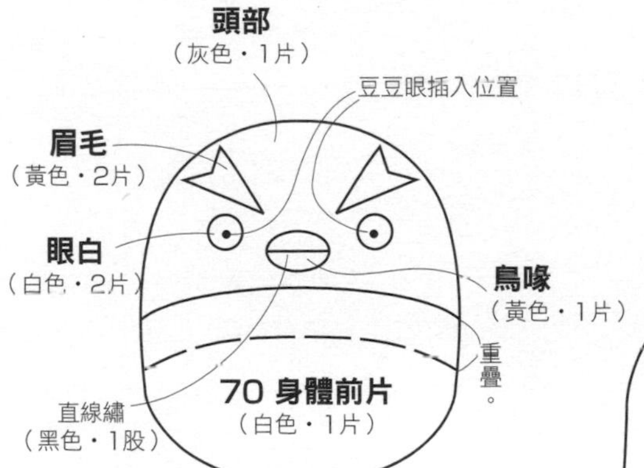

頭部
（灰色・1片）
豆豆眼插入位置
眉毛
（黃色・2片）
眼白
（白色・2片）
鳥喙
（黃色・1片）
重
疊
。
直線繡
（黑色・1股）
70 身體前片
（白色・1片）

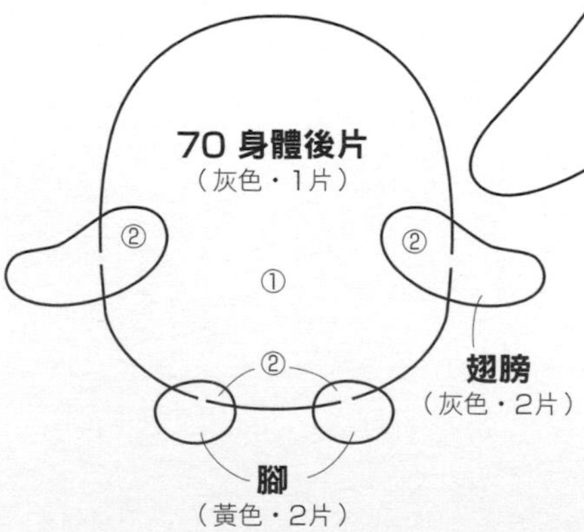

70 身體後片
（灰色・1片）
②
①
②
②
翅膀
（灰色・2片）
腳
（黃色・2片）

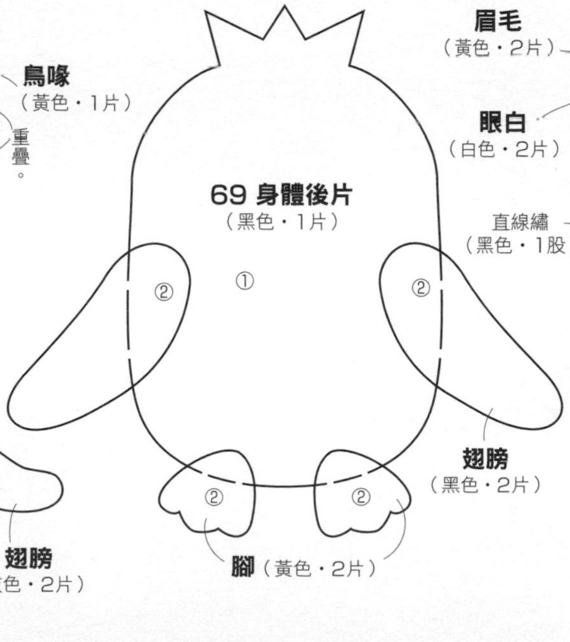

69 身體後片
（黑色・1片）
②
①
②
翅膀
（黑色・2片）
②
②
腳（黃色・2片）

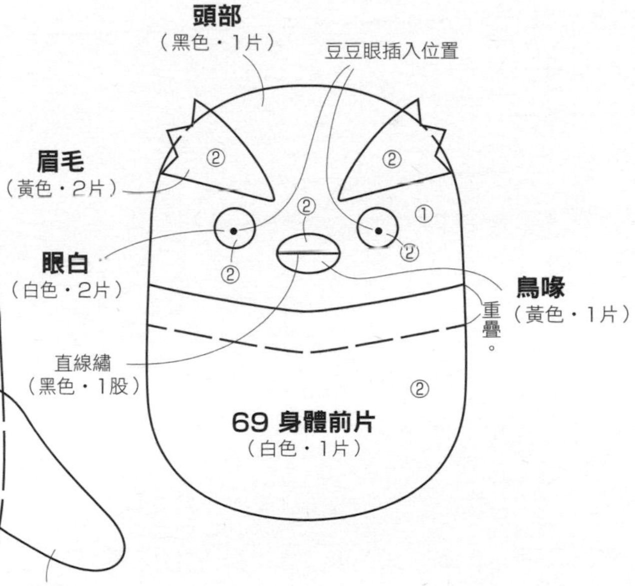

頭部
（黑色・1片）
豆豆眼插入位置
眉毛
（黃色・2片）
②
②
②
①
②
眼白
（白色・2片）
②
鳥喙
（黃色・1片）
重
疊
。
直線繡
（黑色・1股）
②
69 身體前片
（白色・1片）

企鵝母子 ＊紙型參見P.64・P.65。

※縫線除了特別指定之外，皆取與不織布同色的1股線。

67材料
- 不織布
  （黑色・白色）各10cm×8cm
  （黃色）3cm×3cm
- 插入式豆豆眼
  （4mm黑色）1個
- 25號繡線（白色・黑色）
- 色鉛筆（黑色）
- 手工藝用棉花　適量
- 手工藝用白膠

68材料
- 不織布
  （灰色）8cm×5cm
  （白色）6cm×5cm
  （黃色）3cm×3cm
- 插入式豆豆眼
  （3mm黑色）1個
- 25號繡線（白色・灰色）
- 色鉛筆（黑色）
- 手工藝用棉花　適量
- 手工藝用白膠

69材料
- 不織布
  （黑色）10cm×7cm
  （白色）5cm×4cm
  （黃色）5cm×3cm
- 插入式豆豆眼
  （4mm黑色）1個
- 25號繡線（白色・黑色）
- 手工藝用棉花　適量
- 手工藝用白膠

70材料
- 不織布
  （灰色）8cm×5cm
  （白色）5cm×3cm
  （黃色）4cm×2cm
- 插入式豆豆眼
  （3mm黑色）2個
- 25號繡線（白色・灰色）
- 手工藝用棉花　適量
- 手工藝用白膠

71材料
- 不織布
  （灰色）9cm×5cm
  （黑色・白色）各5cm×4cm
  （黃色）3cm×3cm
- 插入式豆豆眼
  （3mm黑色）2個
- 25號繡線
  （白色・黑色・灰色）
- 手工藝用棉花　適量
- 手工藝用白膠

72材料
- 不織布
  （黑色）13cm×10cm
  （白色）11cm×8cm
  （黃色）5cm×3cm
- 插入式豆豆眼
  （4mm黑色）1個
- 25號繡線（白色・黑色）
- 色鉛筆（黃色）
- 手工藝用棉花　適量
- 手工藝用白膠

67 作法

1. 將前腹部以色鉛筆畫上花紋。

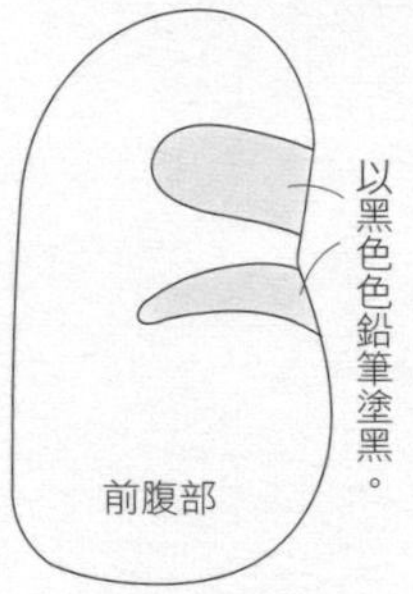
以黑色色鉛筆塗黑。
前腹部

2. 將背部疊放在腹部上，以立針縫接縫。

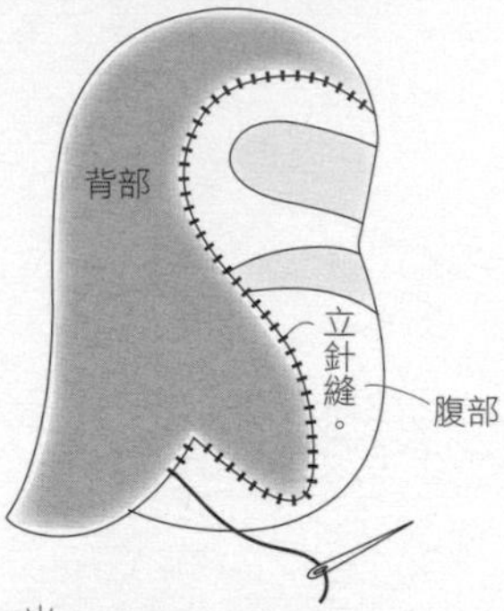
背部
立針縫。
腹部

♥對稱地製作身體後片。

3. 疊合身體前後片，夾入鳥喙＆腳，再縫合＆填入棉花。

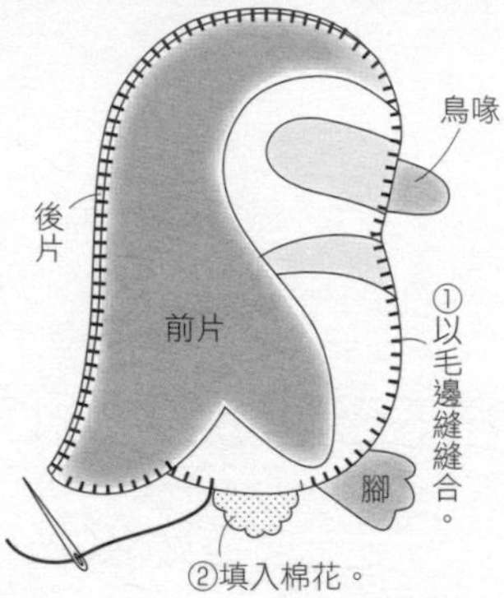
鳥喙
後片
前片
①以毛邊縫縫合。
腳
②填入棉花。

4. 加上眼睛。

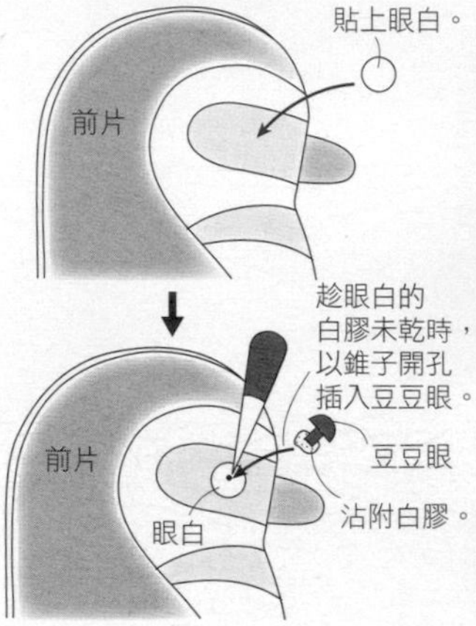
貼上眼白。
前片
趁眼白的白膠未乾時，以錐子開孔插入豆豆眼。
前片
豆豆眼
沾附白膠。
眼白

67 完成！

＊高約6.5cm

68 作法

※詳細作法參見no.67。

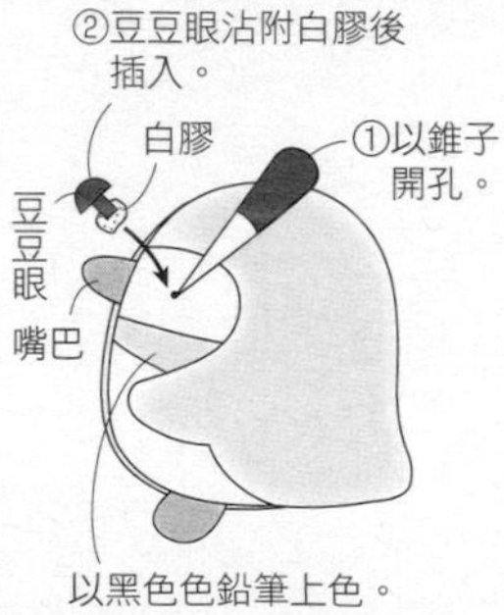
②豆豆眼沾附白膠後插入。
白膠
①以錐子開孔。
豆豆眼
嘴巴
以黑色色鉛筆上色。

68 完成！

＊高約4cm

69 作法

1. 接縫臉部＆身體前片。

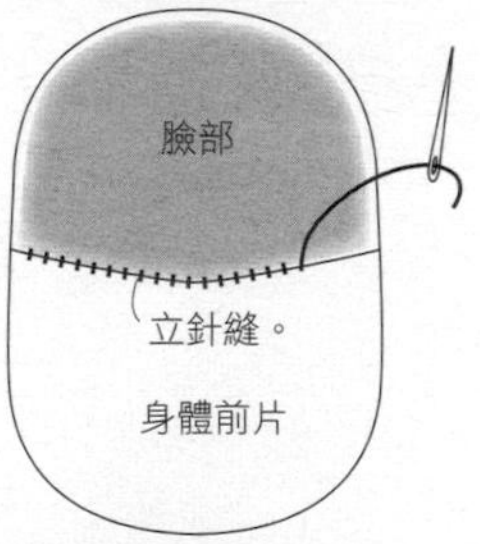
臉部
立針縫。
身體前片

2. 縫合身體前後片＆填入棉花。

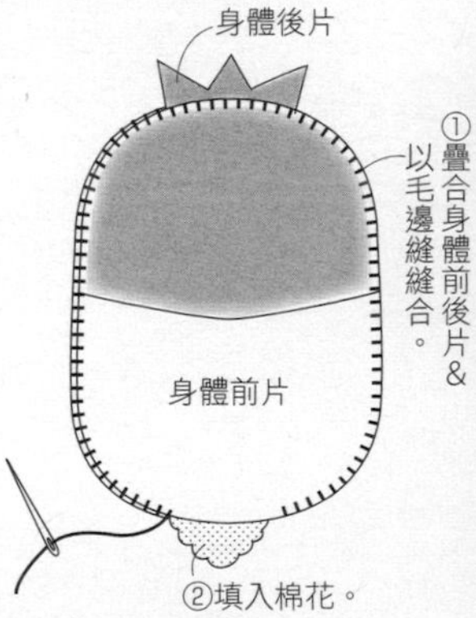
身體後片
①疊合身體前後片＆以毛邊縫縫合。
身體前片
②填入棉花。

3. 加上眉毛・鳥喙・眼珠。

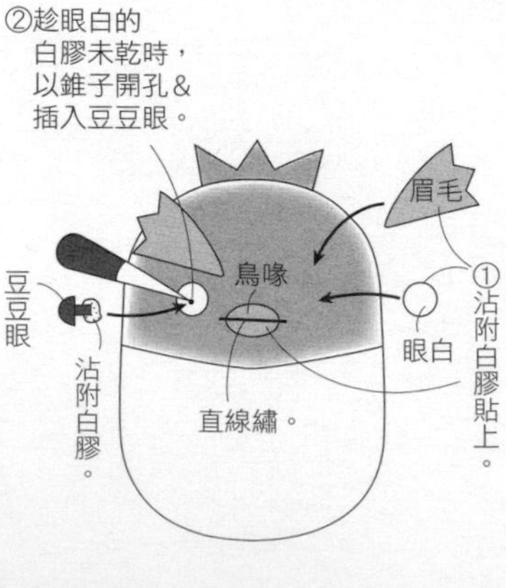
②趁眼白的白膠未乾時，以錐子開孔＆插入豆豆眼。
眉毛
鳥喙
①沾附白膠貼上。
豆豆眼
眼白
沾附白膠。
直線繡。

4. 將身體後片貼上翅膀＆腳。

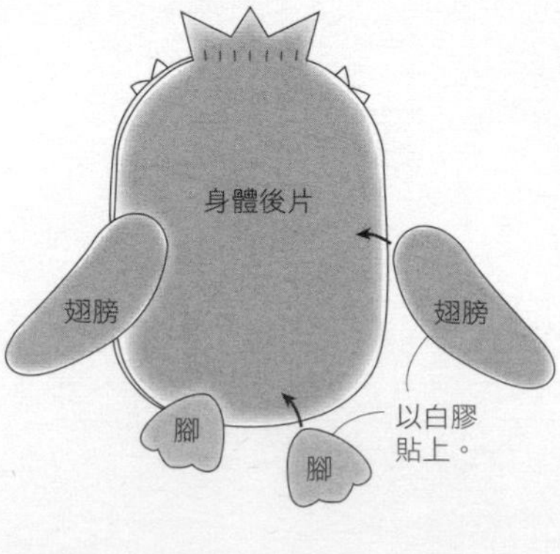
身體後片
翅膀
翅膀
腳
腳
以白膠貼上。

69 完成！

＊高約7cm

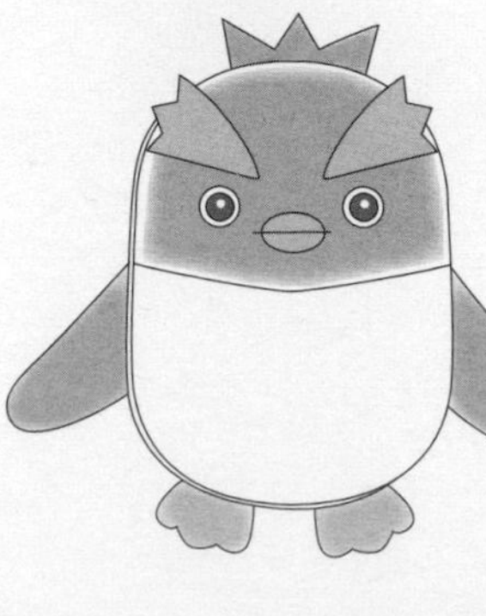

70 完成！

＊高約4cm

※詳細作法參見no.69。

72 作法

1. 將前腹部以色鉛筆畫上花紋B。

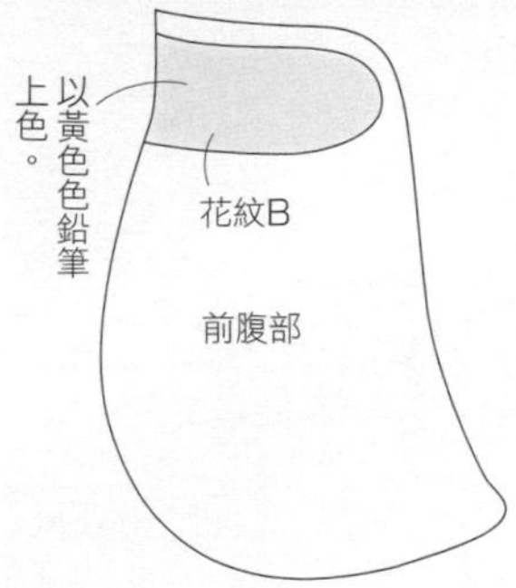
以黃色色鉛筆上色。
花紋B
前腹部

2. 將背部疊放在腹部上，以立針縫接縫。

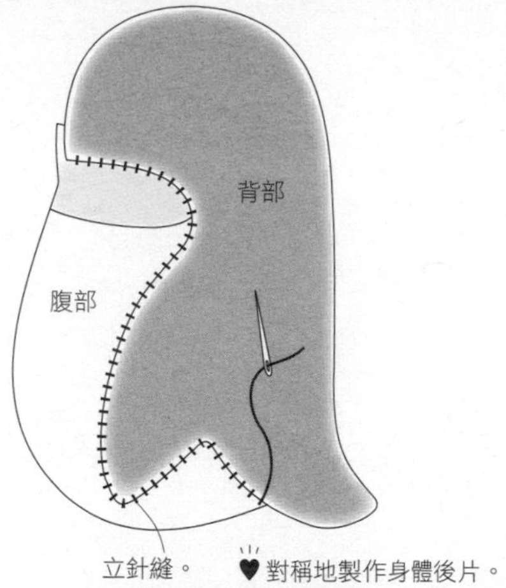
背部
腹部
立針縫。
♥對稱地製作身體後片。

3. 疊合身體前後片＆夾入鳥喙後，縫合並填入棉花。

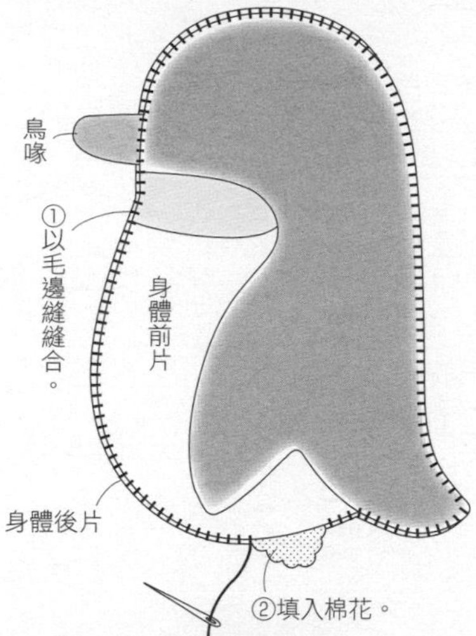
鳥喙
①以毛邊縫縫合。
身體前片
身體後片
②填入棉花。

4. 將身體前片加上眼睛＆花紋A。

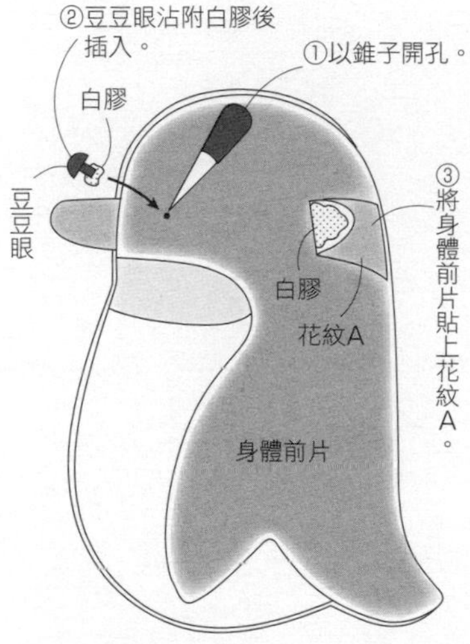
②豆豆眼沾附白膠後插入。
①以錐子開孔。
白膠
豆豆眼
③將身體前片貼上花紋A。
白膠
花紋A
身體前片

5. 將身體後片貼上腳。

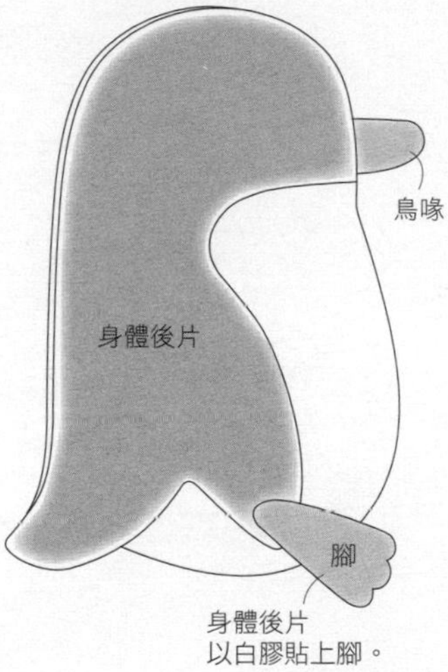
鳥喙
身體後片
腳
身體後片以白膠貼上腳。

72 完成！

＊高約9.5cm

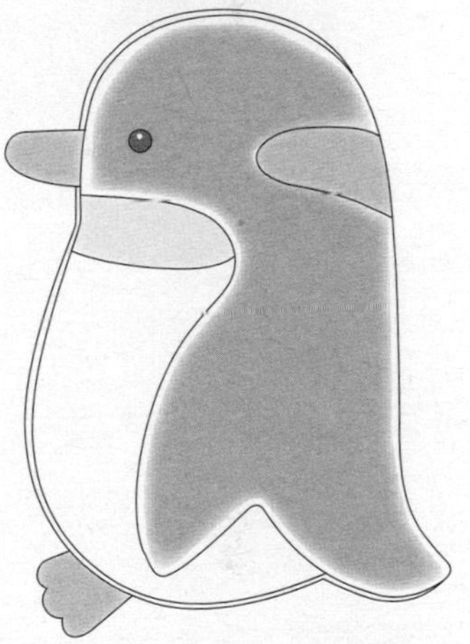

71 作法

1. 將頭部接縫上臉部。

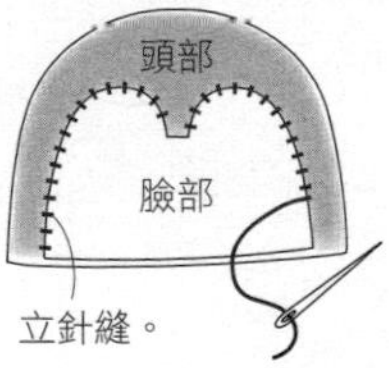
頭部
臉部
立針縫。

2. 接縫頭部＆身體前片。

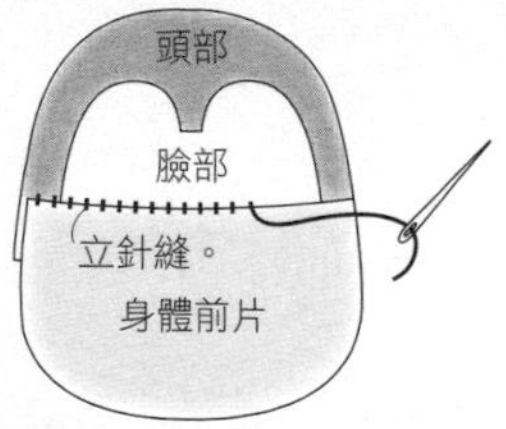
頭部
臉部
立針縫。
身體前片

3. 縫合身體前後片＆填入棉花。

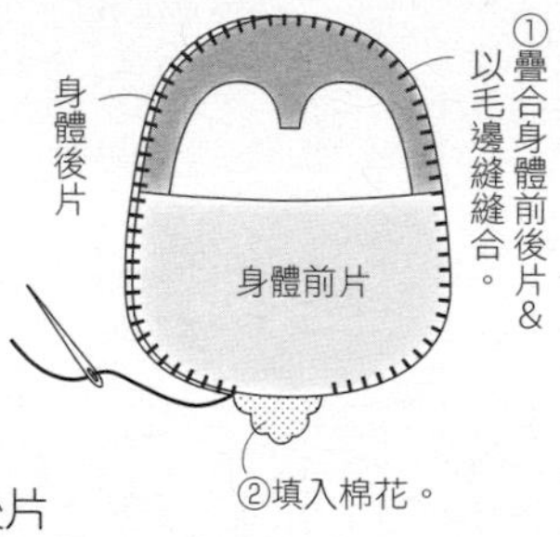
身體後片
①疊合身體前後片＆以毛邊縫縫合。
身體前片
②填入棉花。

4. 加上鳥喙。

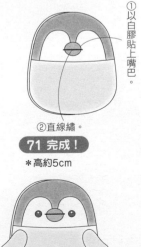

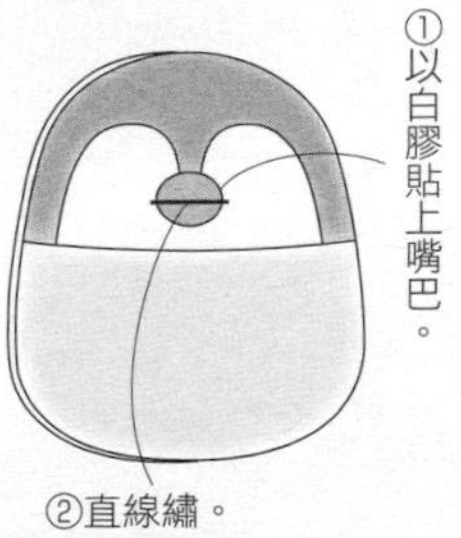
①以白膠貼上嘴巴。
②直線繡。

5. 將身體前片加上眼睛＆翅膀。

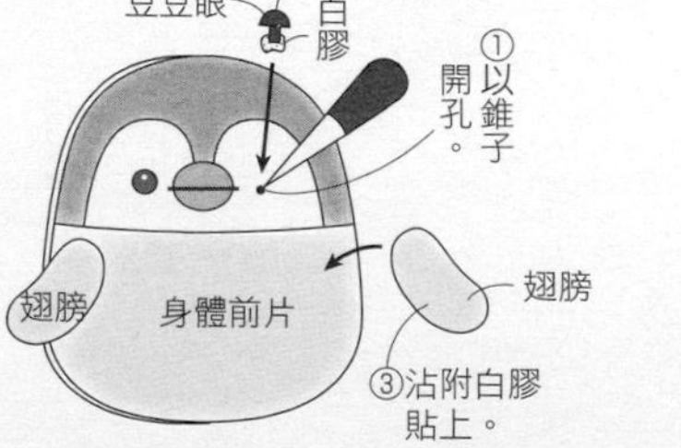
②豆豆眼沾附白膠後插入。
豆豆眼
白膠
①以錐子開孔。
翅膀
身體前片
翅膀
③沾附白膠貼上。

6. 將身體後片貼上腳。

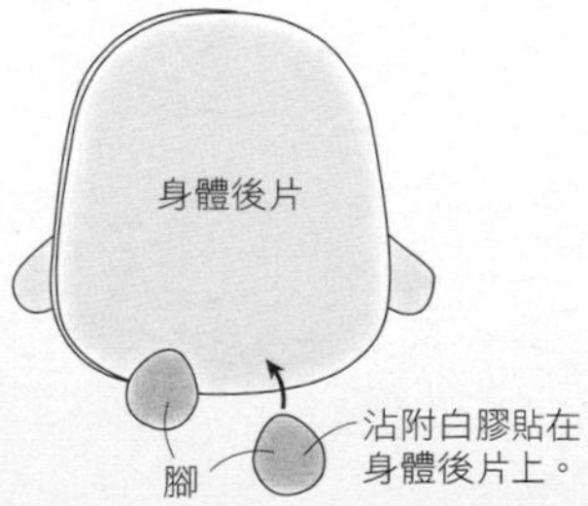
身體後片
腳
沾附白膠貼在身體後片上。

71 完成！

＊高約5cm

※縫線除了特別指定之外，
皆取與不織布同色的1股線。

49材料
・不織布
（白色）18cm×10cm
（米黃色）12cm×4cm
（膚色）7cm×4cm
・香菇釦（4mm黑色）2個
・25號繡線
（白色・茶色・米黃色・膚色）
・手工藝用棉花　適量
・手工藝用白膠

50材料
・不織布
（白色）14cm×10cm
（米黃色）10cm×4cm
（膚色）5cm×4cm
・香菇釦（4mm黑色）2個
・25號繡線
（白色・茶色・米黃色・膚色）
・手工藝用棉花　適量
・手工藝用白膠

51材料
・不織布
（灰色）18cm×10cm
（白色）15cm×5cm
・香菇釦（4mm黑色）2個
・25號繡線（白色・灰色・茶色）
・手工藝用棉花　適量
・手工藝用白膠

49・51 作法

1. 接縫臉部＆身體，
並將身體貼上腳＆尾巴。

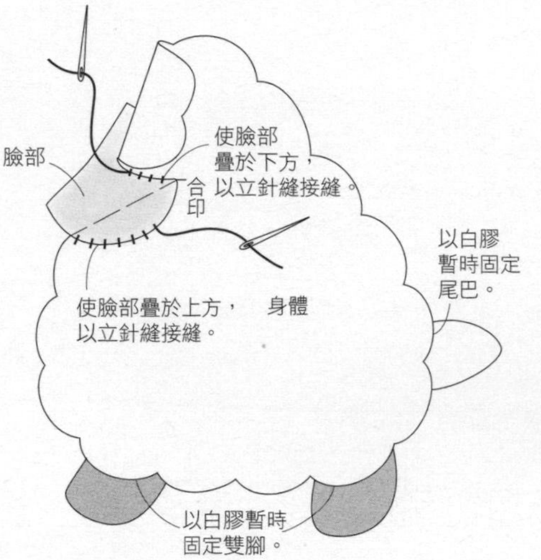
臉部
使臉部
疊於下方，
以立針縫接縫。
合印
以白膠
暫時固定
尾巴。
使臉部疊於上方，
以立針縫接縫。
身體
以白膠暫時
固定雙腳。

♥對稱地製作2片。

2. 疊合身體後，
以捲針縫縫合＆填入棉花。

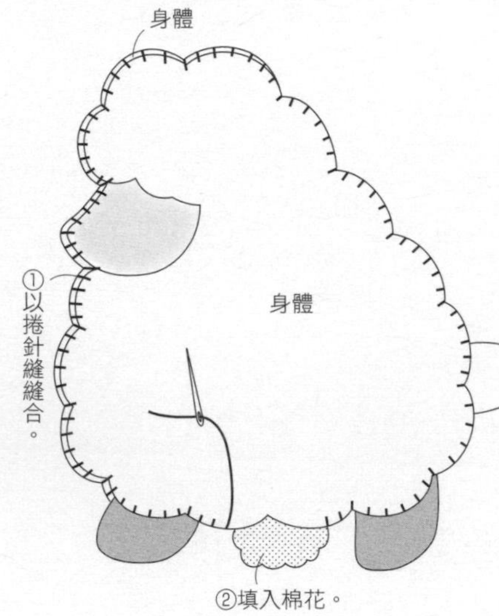
身體
①以捲針縫縫合。
身體
②填入棉花。

3. 將臉部縫上眼睛，
繡出鼻子＆嘴巴。

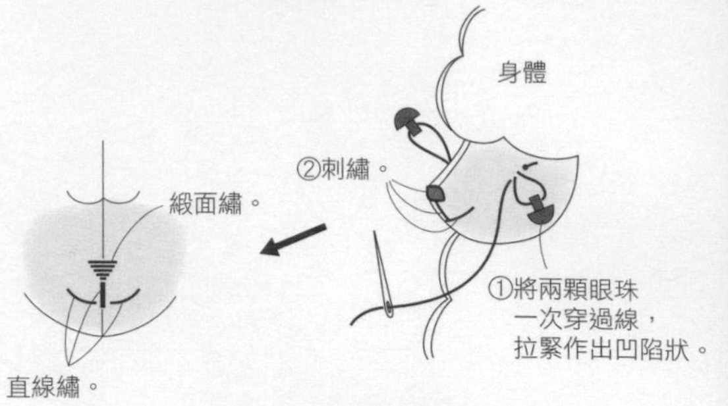
身體
②刺繡。
緞面繡。
①將兩顆眼珠
一次穿過線，
拉緊作出凹陷狀。
直線繡。

49・51 完成！

4. 製作羊角＆接縫在臉部旁。

＊高約9cm

②在此區段
以立針縫
接縫。
耳朵
①刺繡。

50 作法

1. 裁去身體前片的臉部
部分，並貼上腳。

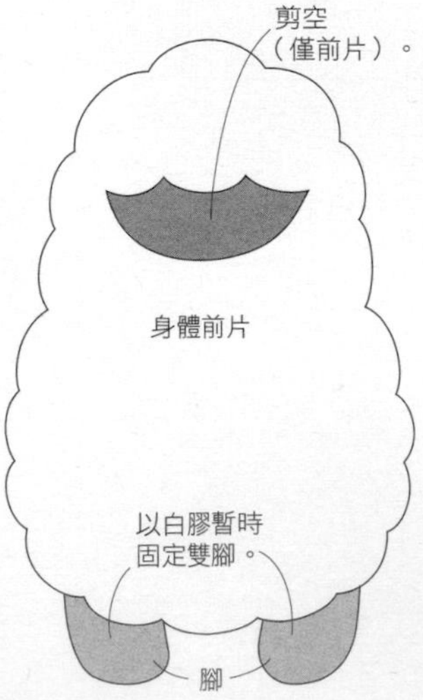
剪空
（僅前片）。
身體前片
以白膠暫時
固定雙腳。
腳

2. 將身體前片
接縫上臉部。

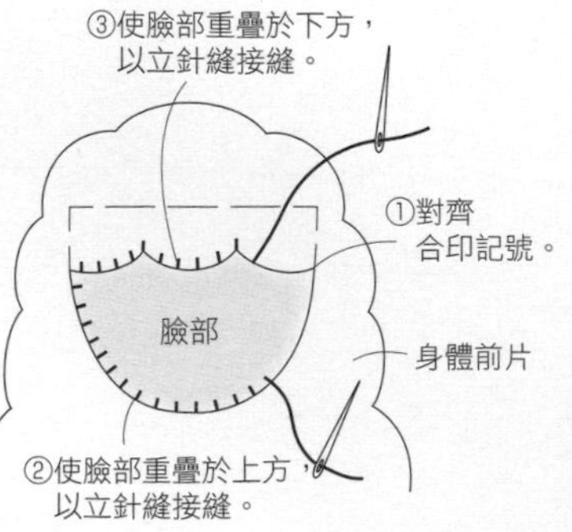
③使臉部重疊於下方，
以立針縫接縫。
①對齊
合印記號。
臉部
身體前片
②使臉部重疊於上方，
以立針縫接縫。

3. 疊合身體前後片，
再以捲針縫縫合＆填入棉花。

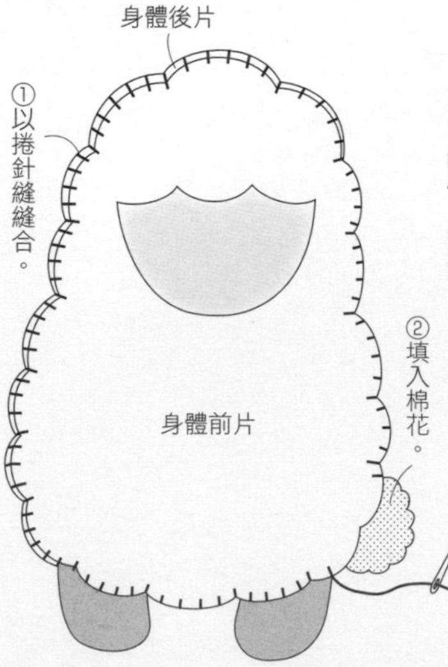
身體後片
①以捲針縫縫合。
②填入棉花。
身體前片

50 完成！

4. 將臉部縫上眼睛，繡出鼻子＆
嘴巴，並製作＆接縫上羊角。

＊高約9.5cm

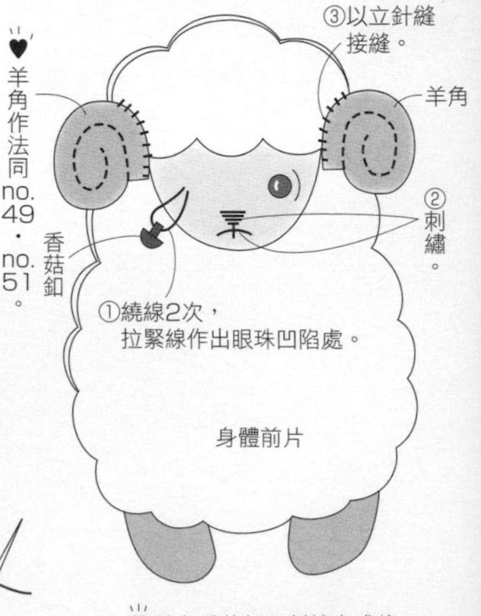
♥羊角作法同no.49・no.51。
③以立針縫
接縫。
羊角
②刺繡。
香菇釦
①繞線2次，
拉緊線作出眼珠凹陷處。
身體前片

♥縫上香菇釦＆刺繡完成後，
自身體後片出入針。

27至29 原寸紙型

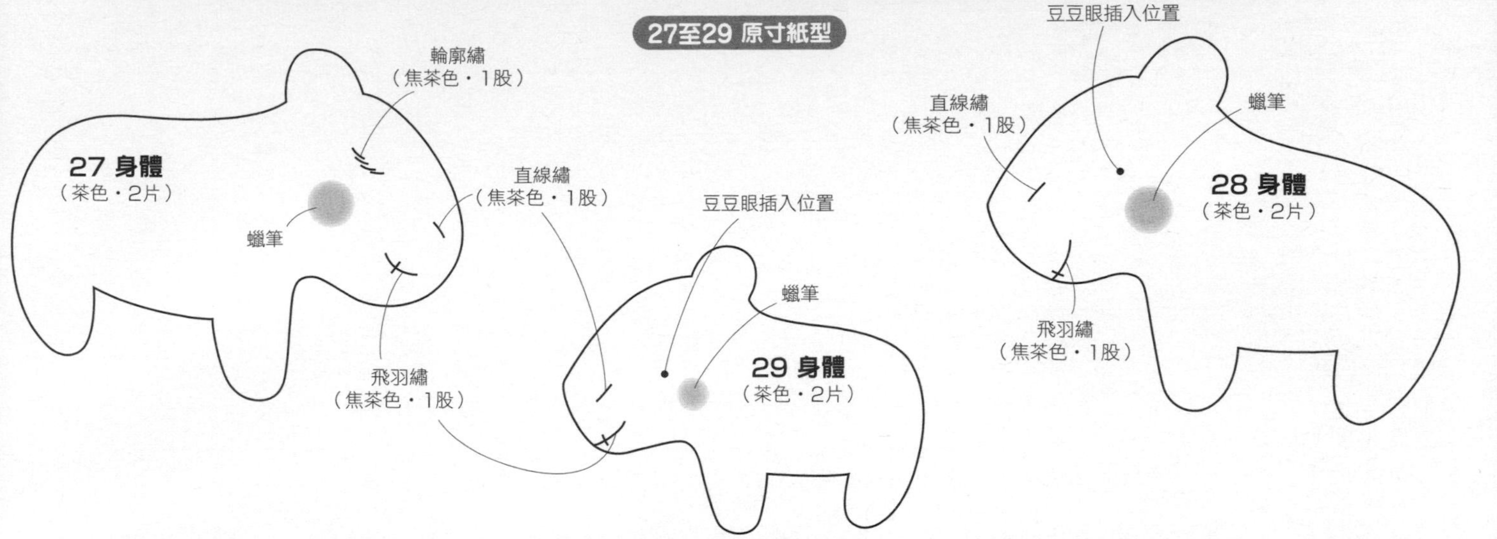
27 身體
（茶色・2片）
輪廓繡
（焦茶色・1股）
直線繡
（焦茶色・1股）
蠟筆
飛羽繡
（焦茶色・1股）
豆豆眼插入位置
蠟筆
29 身體
（茶色・2片）
豆豆眼插入位置
直線繡
（焦茶色・1股）
蠟筆
28 身體
（茶色・2片）
飛羽繡
（焦茶色・1股）

49・50・51 原寸紙型

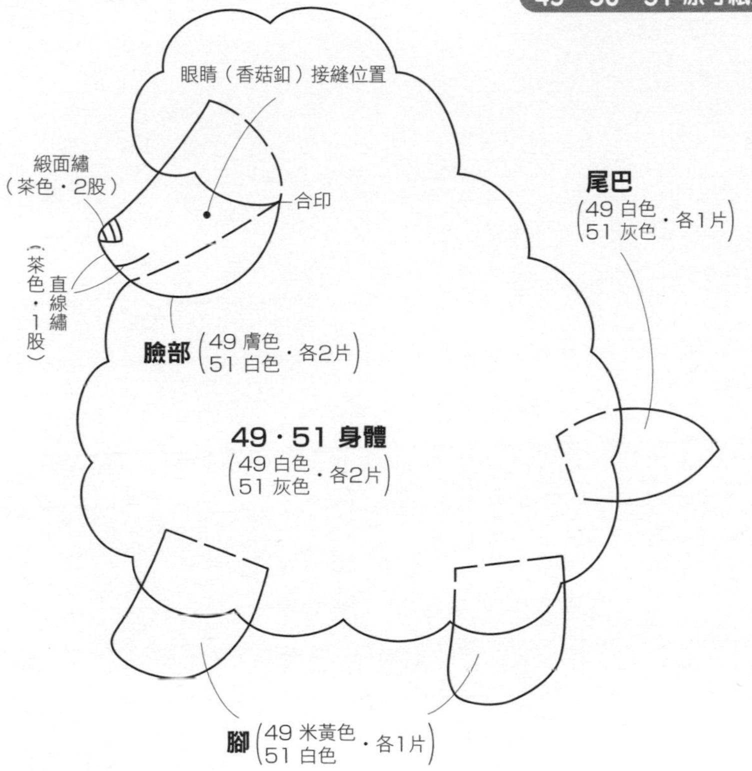
眼睛（香菇釦）接縫位置
緞面繡
（茶色・2股）
合印
直線繡
（茶色・1股）
尾巴
（49 白色
51 灰色・各1片）
臉部（49 膚色
51 白色・各2片）
49・51 身體
（49 白色
51 灰色・各2片）
腳（49 米黃色
51 白色・各1片）

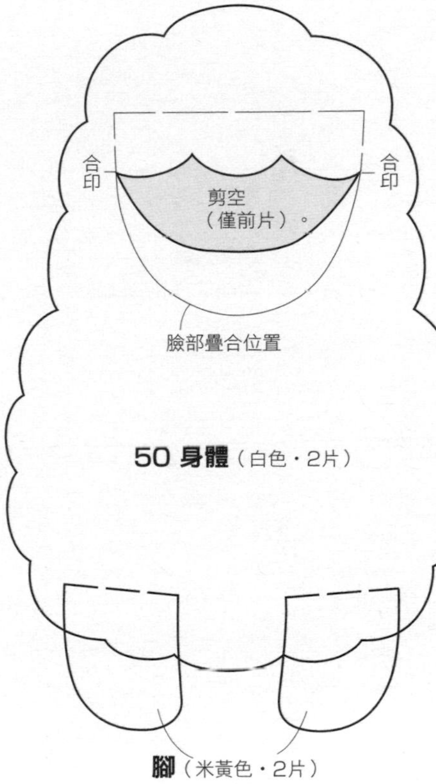
合印
合印
剪空
（僅前片）。
臉部疊合位置
50 身體（白色・2片）
腳（米黃色・2片）

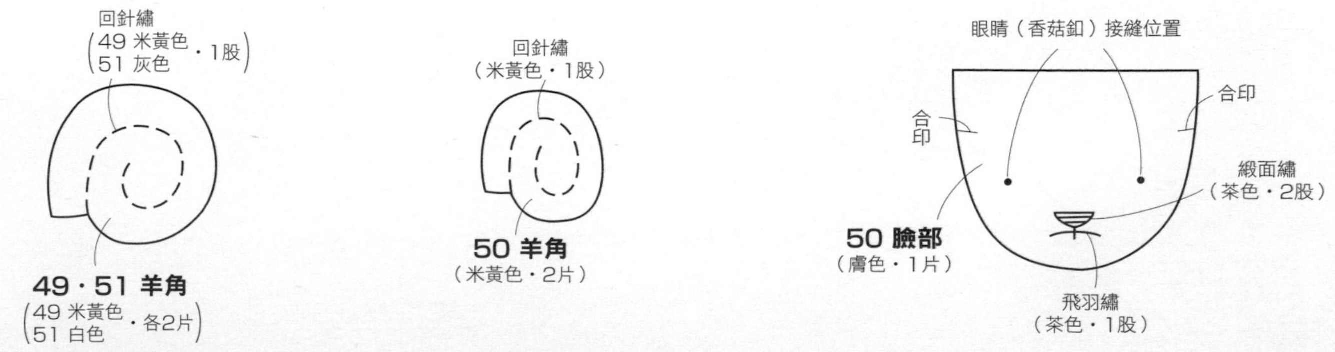
回針繡
（49 米黃色
51 灰色・1股）
49・51 羊角
（49 米黃色
51 白色・各2片）
回針繡
（米黃色・1股）
50 羊角
（米黃色・2片）
眼睛（香菇釦）接縫位置
合印
合印
緞面繡
（茶色・2股）
50 臉部
（膚色・1片）
飛羽繡
（茶色・1股）

※縫線除了特別指定之外，
皆取與不織布同色的1股線。

＊紙型參見P.71・P.72。

52材料
・不織布
（水藍色）20cm×11cm
（白色）3cm×3cm
・香菇釦（4mm黑色）2個
・25號繡線（水藍色・黑色）
・手工藝用棉花　適量
・手工藝用白膠

53材料
・不織布
（霜降灰）20cm×14cm
（灰色）7cm×4cm
（白色）3cm×3cm
・香菇釦（4mm黑色）2個
・25號繡線（灰色・黑色）
・手工藝用棉花　適量
・手工藝用白膠

54材料
・不織布
（灰色）20cm×14cm
（白色）3cm×3cm
・香菇釦（4mm黑色）2個
・25號繡線（灰色・黑色）
・手工藝用棉花　適量
・手工藝用白膠

52・54 作法

1. 製作耳朵，並暫時固定在身體前片。

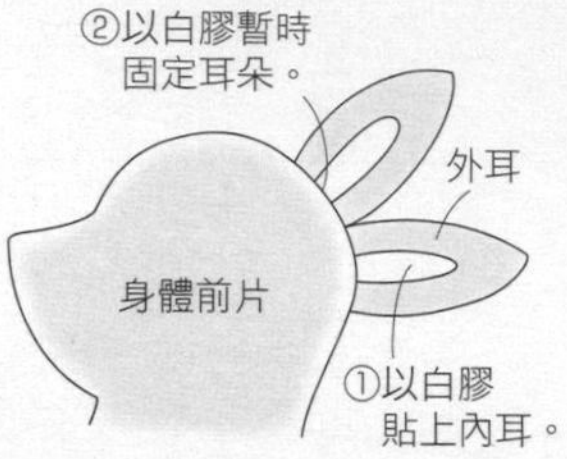
②以白膠暫時
固定耳朵。
外耳
身體前片
①以白膠
貼上內耳。

2. 疊合身體後，以捲針縫縫合＆填入棉花。

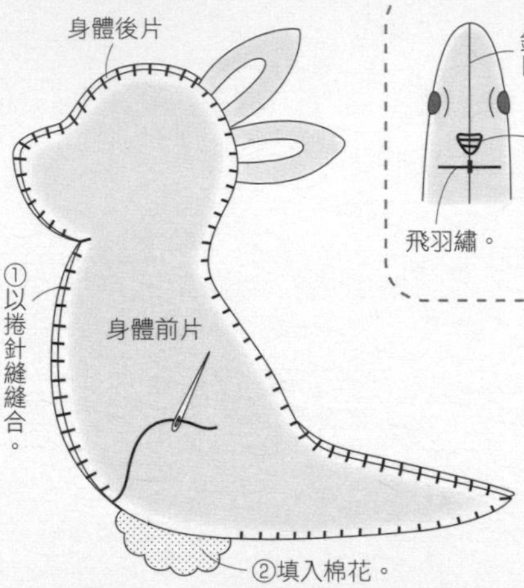
身體後片
①以捲針縫縫合。
身體前片
②填入棉花。

3. 縫上眼睛的香菇釦，並繡出鼻子＆嘴巴。

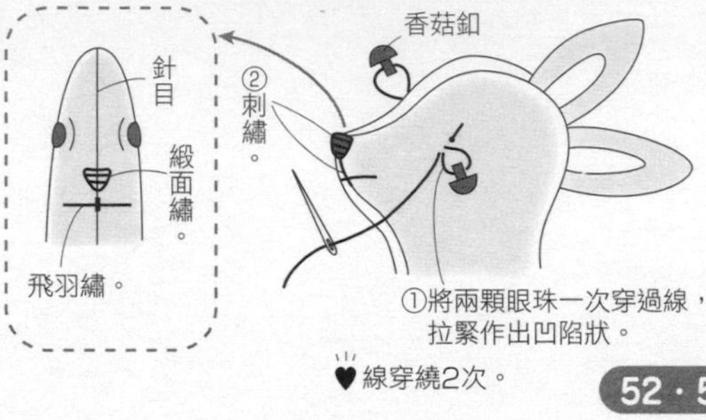
針目
緞面繡。
飛羽繡。
香菇釦
②刺繡。
①將兩顆眼珠一次穿過線，
拉緊作出凹陷狀。
線穿繞2次。

4. 縫製手。

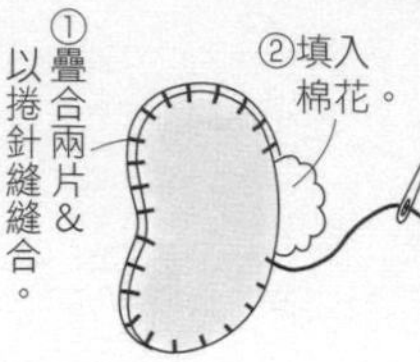
①疊合兩片＆以捲針縫縫合。
②填入
棉花。

5. 縫製腳。

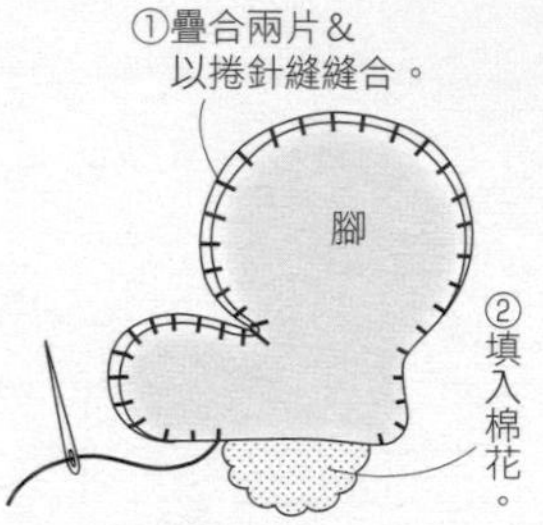
①疊合兩片＆
以捲針縫縫合。
腳
②填入棉花。

6. 接縫上手＆腳。

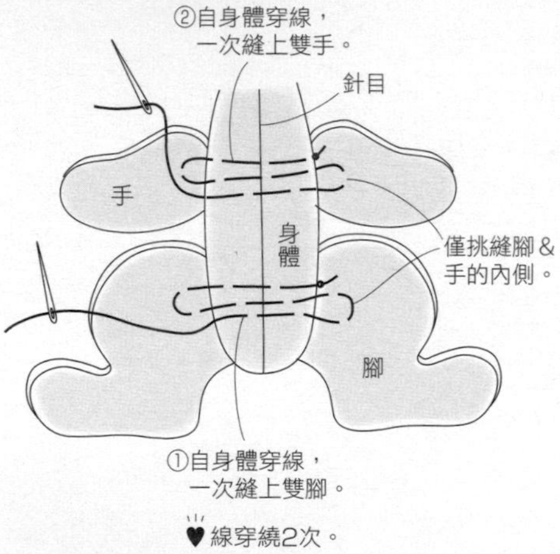
②自身體穿線，
一次縫上雙手。
針目
手
身體
僅挑縫腳＆
手的內側。
腳
①自身體穿線，
一次縫上雙腳。
線穿繞2次。

52・54 完成！

＊52＝高約8.5cm
＊54＝高約9.5cm

53 作法

1. 將身體前片接縫上口袋後，疊合身體前後片，再以捲針縫縫合＆填入棉花。

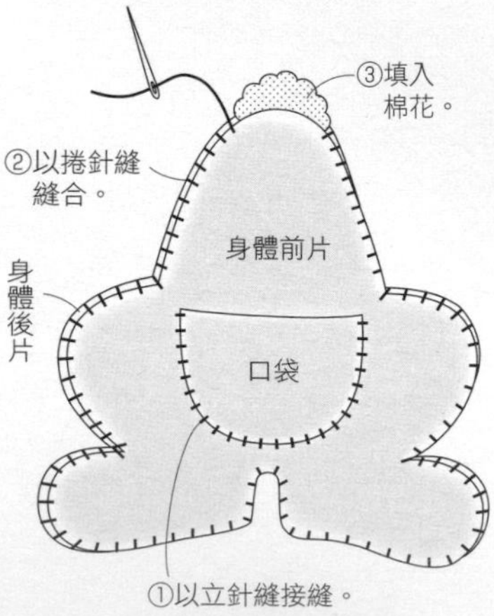
③填入
棉花。
②以捲針縫
縫合。
身體前片
身體後片
口袋
①以立針縫接縫。

2. 製作耳朵，並暫時固定在臉部。

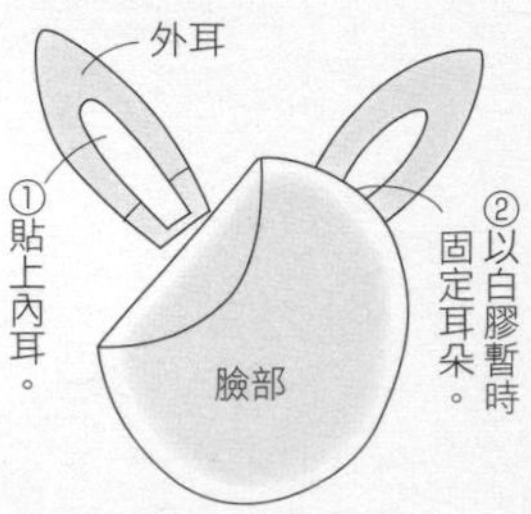
外耳
①貼上內耳。
②以白膠暫時固定耳朵。
臉部

3. 疊合臉部＆頭部，再以捲針縫縫合＆填入棉花。

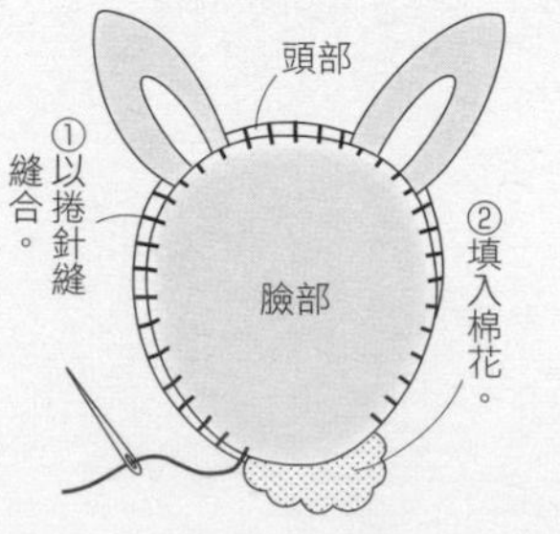
頭部
①以捲針縫縫合。
臉部
②填入棉花。

4. 縫上眼睛。

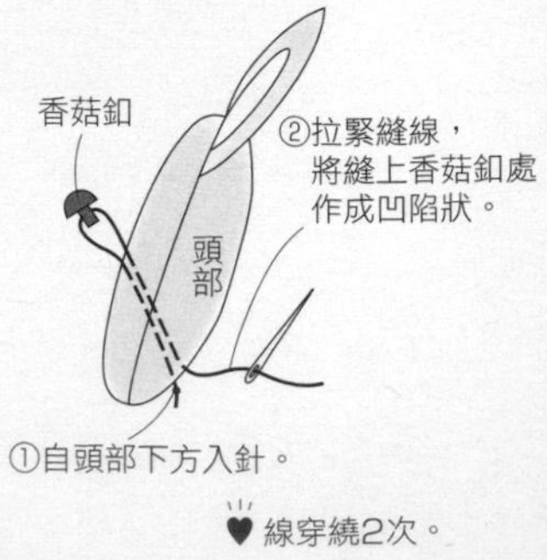
香菇釦
②拉緊縫線，
將縫上香菇釦處
作成凹陷狀。
頭部
①自頭部下方入針。
線穿繞2次。

5.繡上鼻子＆嘴巴。

刺繡。

6.接縫上頭部。

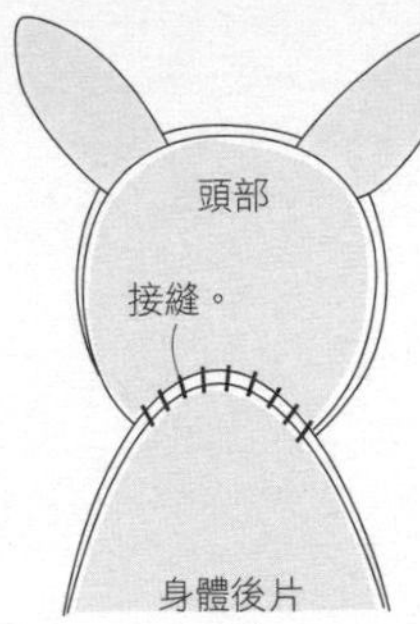
頭部
接縫。
身體後片

7.製作＆接縫上雙手
（手的作法參見P.70）。

僅挑縫
手內側。
自身體穿線，
一次接縫上
雙手。
手
♥線穿繞2次。

8.製作尾巴，
並接縫在身體後片。

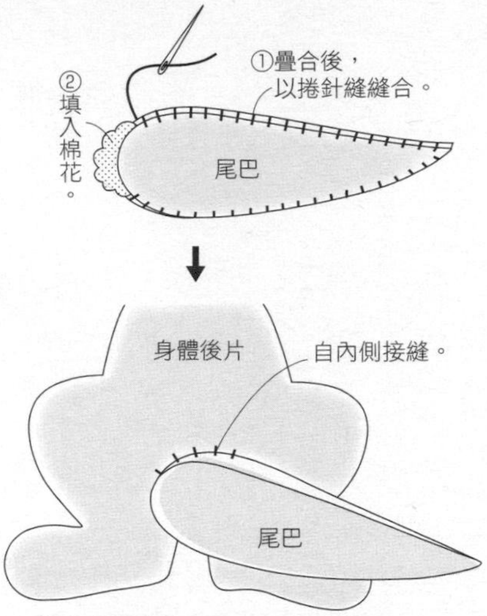
①疊合後，
以捲針縫縫合。
②填入棉花。
尾巴
身體後片
自內側接縫。
尾巴

9.縫製袋鼠寶寶。

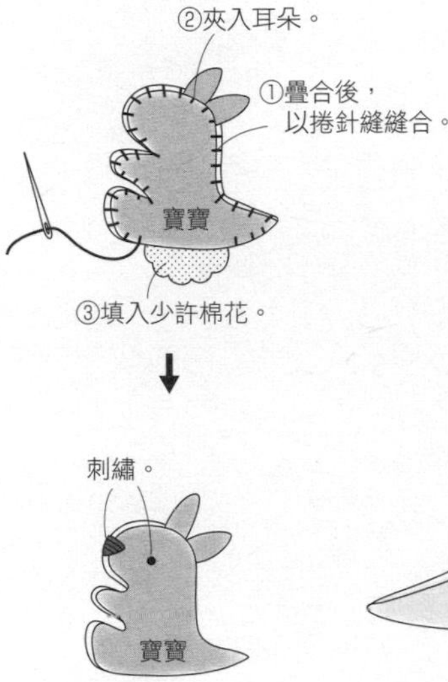
②夾入耳朵。
①疊合後，
以捲針縫縫合。
寶寶
③填入少許棉花。
刺繡。
寶寶

53 完成！

＊高約10.5cm

放入袋鼠寶寶。

52・53・54 原寸紙型

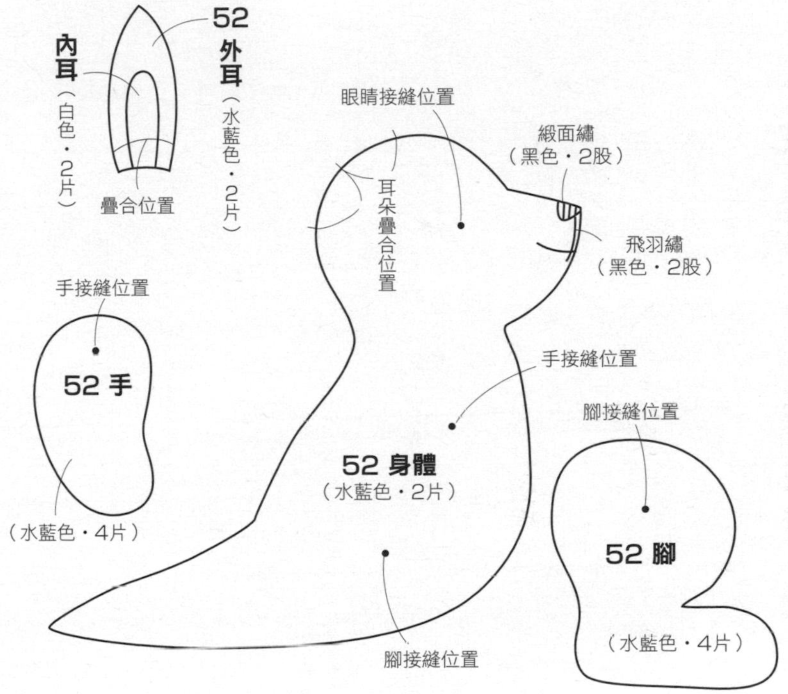
52 外耳（水藍色・2片）
內耳（白色・2片）
疊合位置
眼睛接縫位置
緞面繡（黑色・2股）
耳朵疊合位置
飛羽繡（黑色・2股）
手接縫位置
52 手
（水藍色・4片）
手接縫位置
腳接縫位置
52 身體（水藍色・2片）
52 腳（水藍色・4片）
腳接縫位置

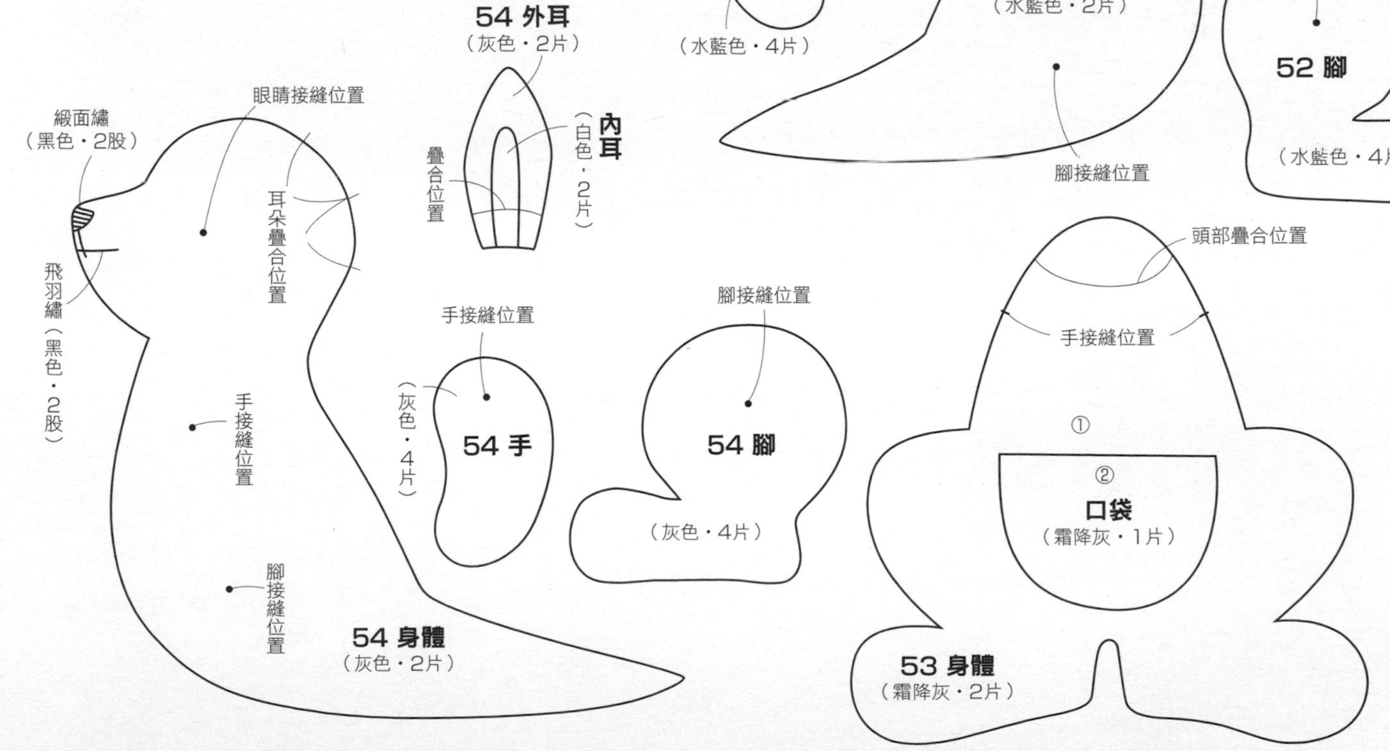
54 外耳（灰色・2片）
內耳（白色・2片）
疊合位置
緞面繡（黑色・2股）
眼睛接縫位置
耳朵疊合位置
飛羽繡（黑色・2股）
手接縫位置
腳接縫位置
54 身體（灰色・2片）
手接縫位置
54 手（灰色・4片）
腳接縫位置
54 腳（灰色・4片）
頭部疊合位置
手接縫位置
①
②
口袋（霜降灰・1片）
53 身體（霜降灰・2片）

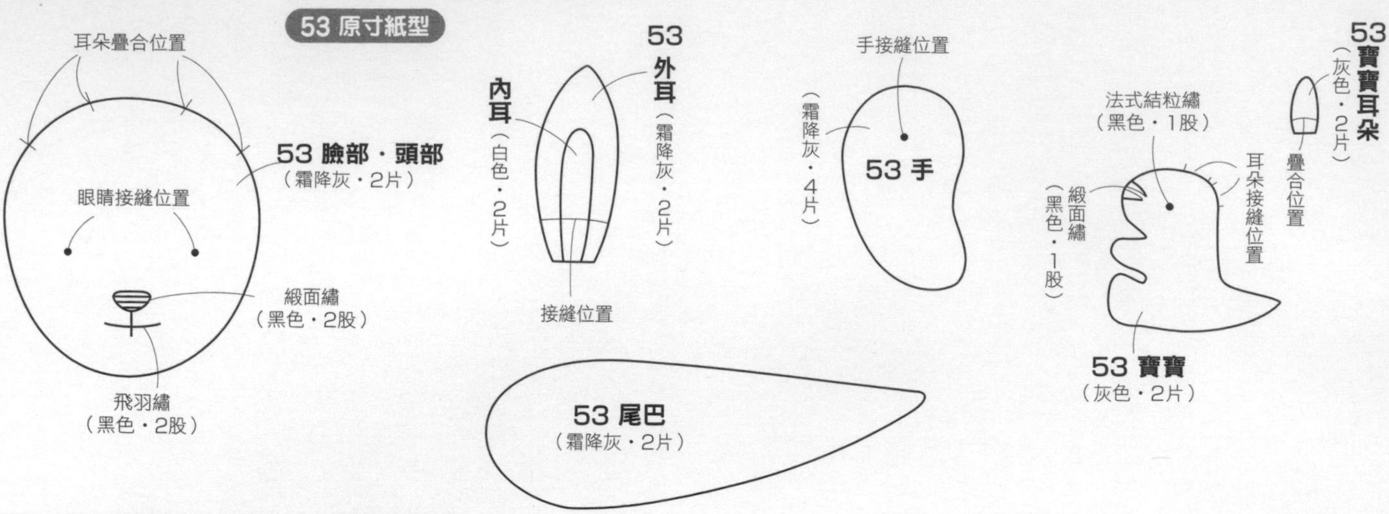
53 原寸紙型
耳朵疊合位置
53 臉部・頭部
（霜降灰・2片）
眼睛接縫位置
緞面繡
（黑色・2股）
飛羽繡
（黑色・2股）
內耳
（白色・2片）
53
外耳
（霜降灰・2片）
接縫位置
手接縫位置
（霜降灰・4片）
53 手
53
寶寶耳朵
（灰色・2片）
疊合位置
法式結粒繡
（黑色・1股）
緞面繡
（黑色・1股）
耳朵接縫位置
53 寶寶
（灰色・2片）
53 尾巴
（霜降灰・2片）

P.17 no.55・56・57 愛撒嬌的孩子們 無尾熊篇

※縫線除了特別指定之外，
皆取與不織布同色的1股線。

55材料
- 不織布
  （灰色）16cm×10cm
  （白色）4cm×3cm
  （黑色）少許
- 香菇釦（3.5mm黑色）2個
- 25號繡線（灰色）
- 手工藝用棉花　適量
- 手工藝用白膠

56材料
- 不織布
  （茶色）18cm×12cm
  （白色）4cm×3cm
  （黑色）少許
- 香菇釦（3.5mm黑色）2個
- 25號繡線（茶色）
- 手工藝用棉花　適量
- 手工藝用白膠

57材料
- 不織布
  （灰色）19cm×8cm
  （白色）4cm×3cm
  （黑色）少許
- 香菇釦（3.5mm黑色）2個
- 25號繡線（灰色）
- 手工藝用棉花　適量
- 手工藝用白膠

55・56 作法

1. 製作耳朵。

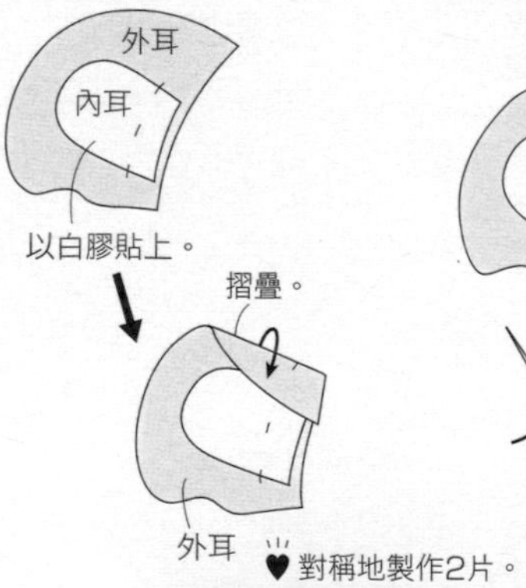
外耳
內耳
以白膠貼上。
摺疊。
外耳
對稱地製作2片。

2. 疊合臉部＆頭部，夾入耳朵，再以捲針縫縫合，填入棉花＆貼上鼻子。

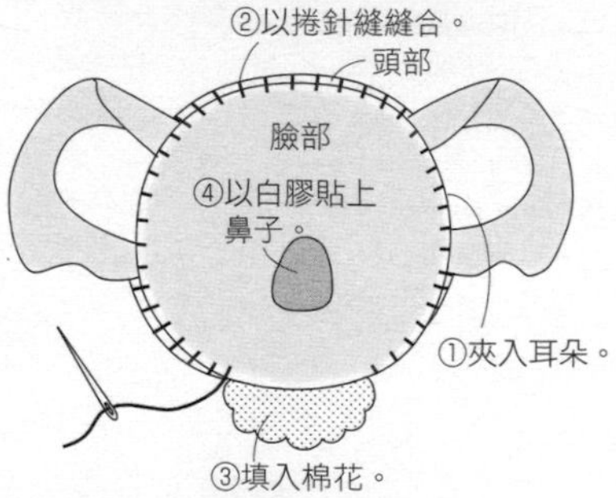
②以捲針縫縫合。
頭部
臉部
④以白膠貼上鼻子。
①夾入耳朵。
③填入棉花。

3. 縫上當作眼睛的香菇釦。

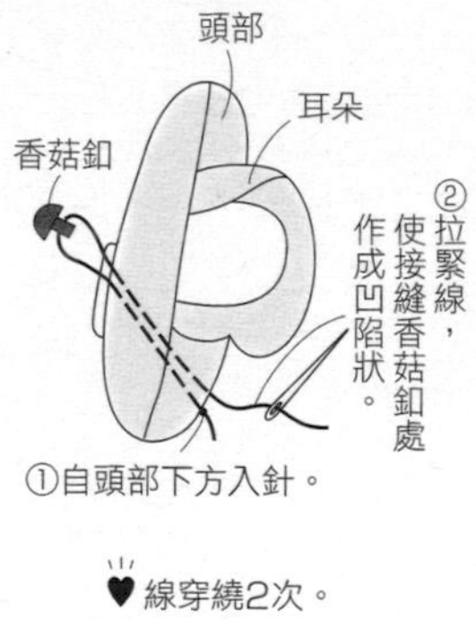
頭部
耳朵
香菇釦
②拉緊線，使接縫香菇釦處作成凹陷狀。
①自頭部下方入針。
線穿繞2次。

4. 以捲針縫縫合身體＆填入棉花。

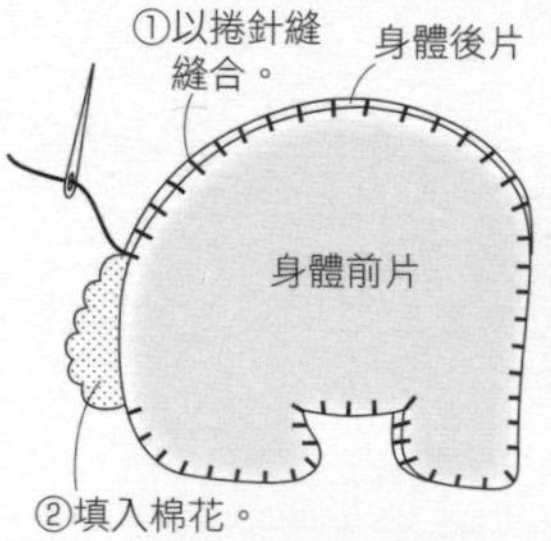
①以捲針縫縫合。
身體後片
身體前片
②填入棉花。

5. 將身體接縫於頭部上。

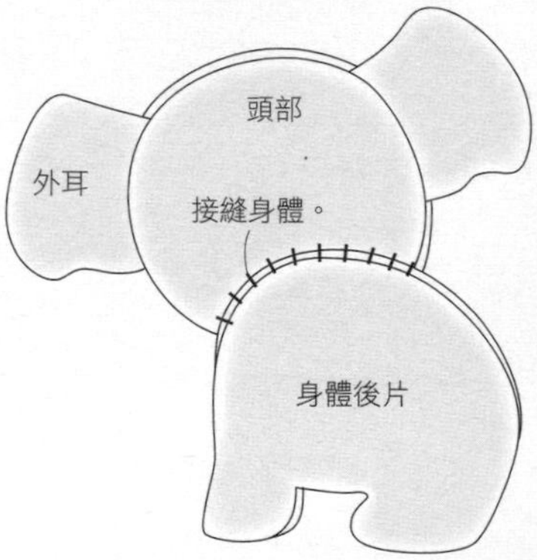
頭部
外耳
接縫身體。
身體後片

55・56 完成！

＊55=高約7cm
＊56=高約8cm

57 作法

1. 製作耳朵。

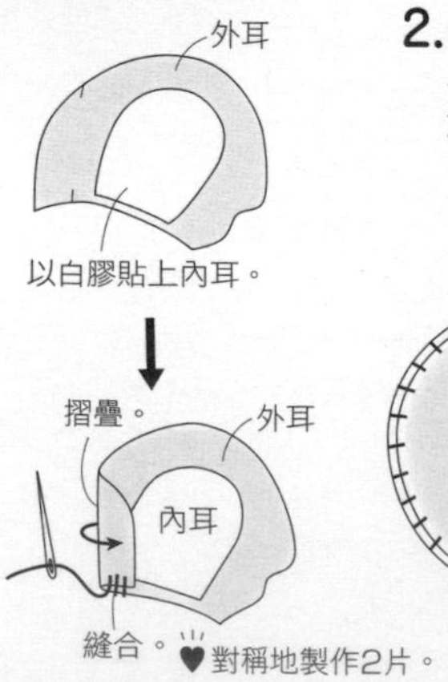
外耳
以白膠貼上內耳。
摺疊。
外耳
內耳
縫合。
對稱地製作2片。

2. 疊合臉部＆頭部，再以捲針縫縫合＆填入棉花。

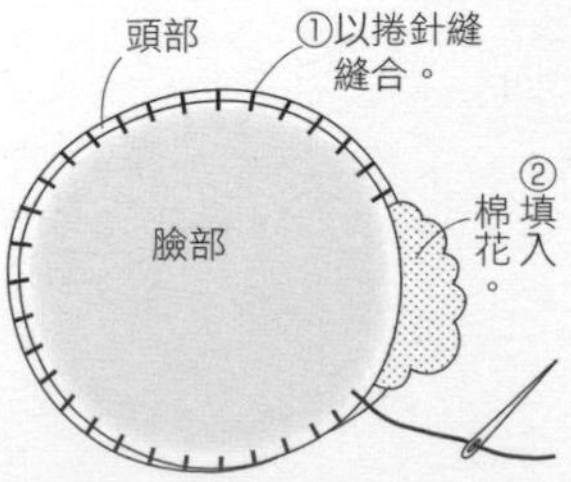
頭部
①以捲針縫縫合。
臉部
②填入棉花。

3. 縫上作為眼睛的香菇釦，並接縫上耳朵。

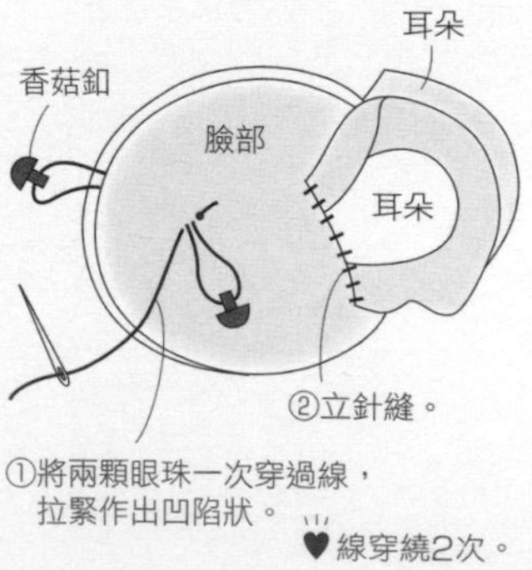
耳朵
香菇釦
臉部
耳朵
②立針縫。
①將兩顆眼珠一次穿過線，拉緊作出凹陷狀。
線穿繞2次。

4. 貼上鼻子。

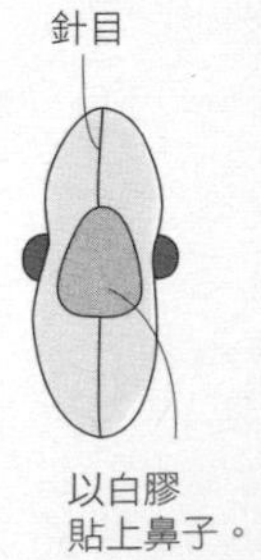
針目
以白膠貼上鼻子。

5.以捲針縫接縫身體＆填入棉花。

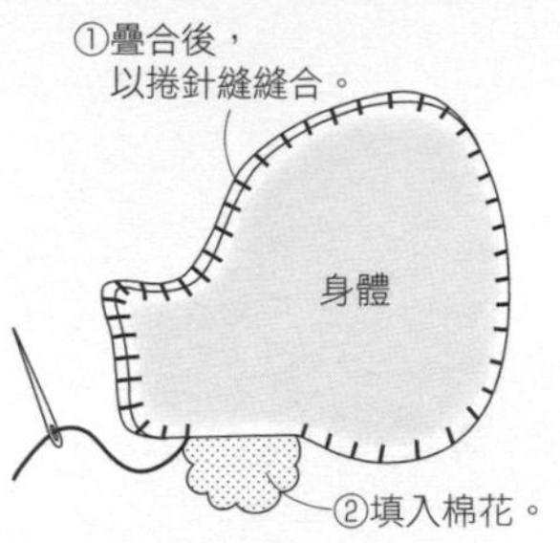
①疊合後，
以捲針縫縫合。
身體
②填入棉花。

6.將身體接縫上頭部。

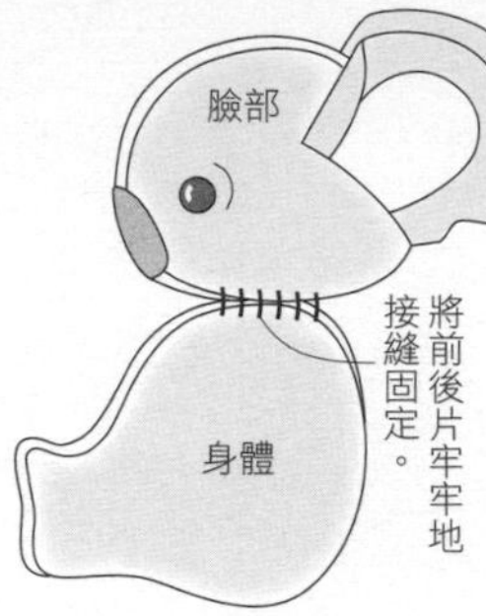
臉部
身體
將前後片牢牢地接縫固定。

7.縫製手＆接縫於身體上。

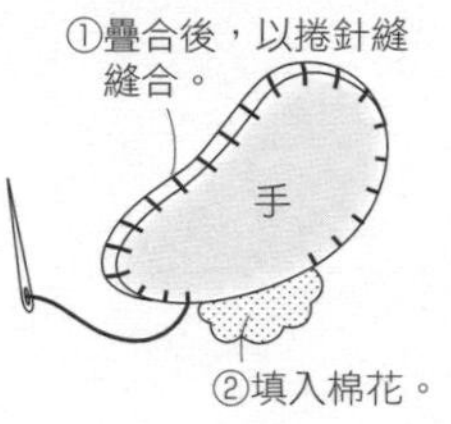
①疊合後，以捲針縫
縫合。
手
②填入棉花。

57 完成！

＊高約6cm

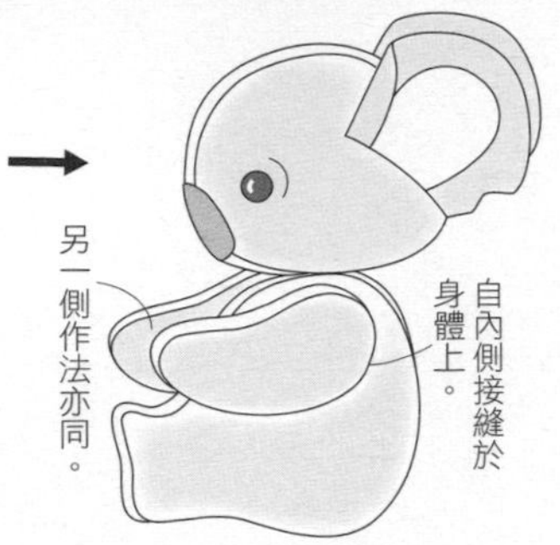
另一側作法亦同。
自內側接縫於身體上。

55・56・57 原寸紙型

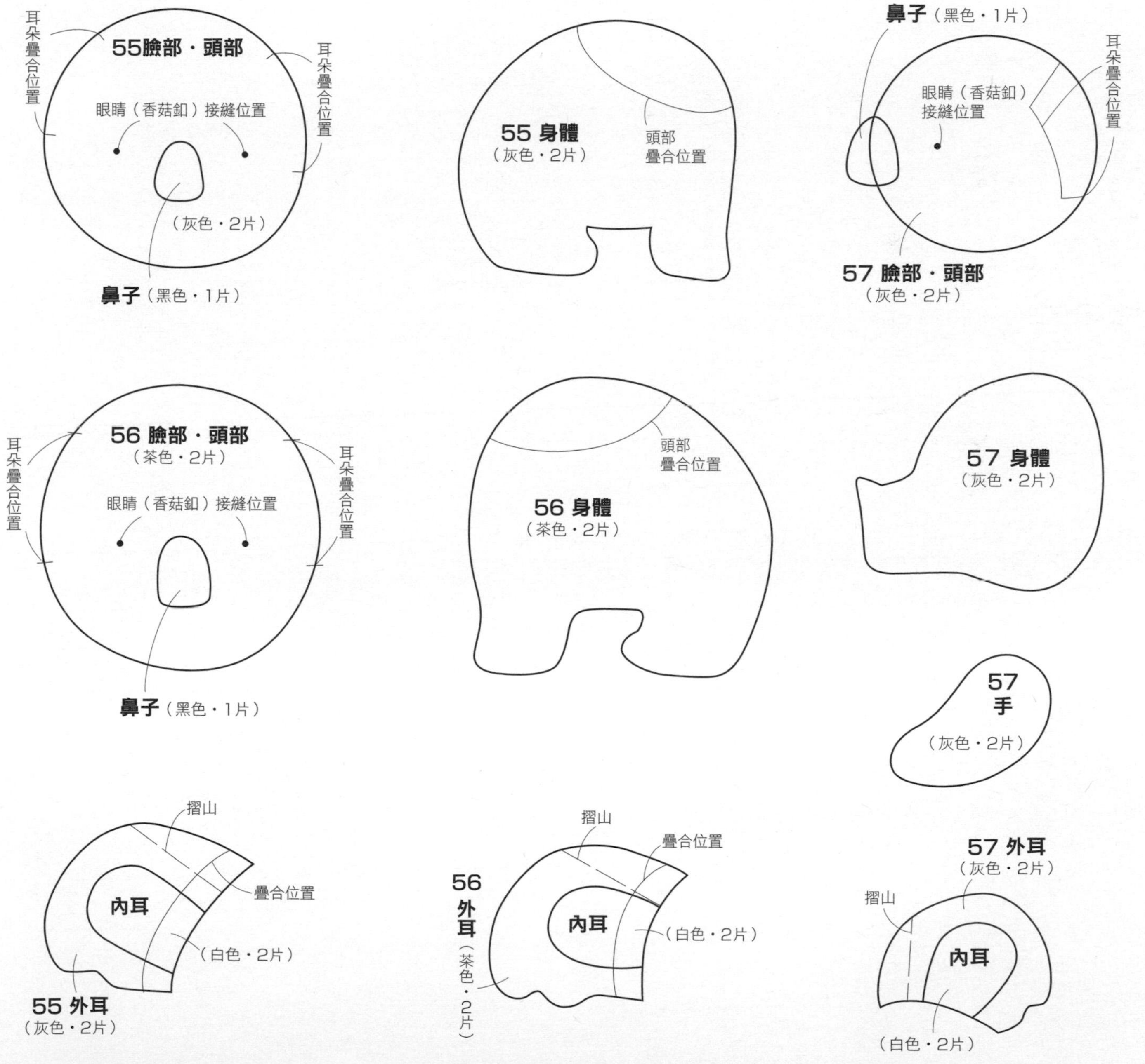
55臉部・頭部
耳朵疊合位置
耳朵疊合位置
眼睛（香菇釦）接縫位置
（灰色・2片）
鼻子（黑色・1片）
55 身體
（灰色・2片）
頭部
疊合位置
鼻子（黑色・1片）
耳朵疊合位置
眼睛（香菇釦）
接縫位置
57 臉部・頭部
（灰色・2片）
56 臉部・頭部
（茶色・2片）
耳朵疊合位置
耳朵疊合位置
眼睛（香菇釦）接縫位置
鼻子（黑色・1片）
56 身體
（茶色・2片）
頭部
疊合位置
57 身體
（灰色・2片）
57
手
（灰色・2片）
摺山
內耳
疊合位置
（白色・2片）
55 外耳
（灰色・2片）
摺山
疊合位置
56
外耳
（茶色・2片）
內耳
（白色・2片）
57 外耳
（灰色・2片）
摺山
內耳
（白色・2片）

花嘴鴨母子的散步

※縫線除了特別指定之外，
皆取與不織布同色的1股線。

58材料
- 不織布
  （米黃色）15cm×9cm
  （茶色）12cm×7cm
  （焦茶色）10cm×5cm
  （橘色）5cm×4cm
  （黑色・淺黃色）各3cm×3cm
- 特大串珠（4mm黑色）1個
- 25號繡線
  （米黃色・茶色・黑色・淺黃色）
- 手工藝用棉花　適量
- 手工藝用白膠

59材料
- 不織布
  （茶色）14cm×4cm
  （淺黃色・黑色・橘色）各2cm×2cm
- 特大串珠（3mm黑色）1個
- 25號繡線
  （茶色・黑色・淺黃色）
- 手工藝用棉花　適量
- 手工藝用白膠

60材料
- 不織布
  （米黃色）14cm×4cm
  （淺黃色・黑色・橘色）各2cm×2cm
- 特大串珠（3mm黑色）1個
- 25號繡線
  （米黃色・黑色・淺黃色・焦茶色）
- 手工藝用棉花　適量
- 手工藝用白膠

61材料
- 不織布
  （淺茶色）14cm×4cm
  （淺黃色・黑色・橘色）各2cm×2cm
- 特大串珠（3mm黑色）1個
- 25號繡線
  （淺茶色・黑色・淺黃色・焦茶色）
- 手工藝用棉花　適量
- 手工藝用白膠

58 作法

1. 縫合身體前後片&填入棉花。

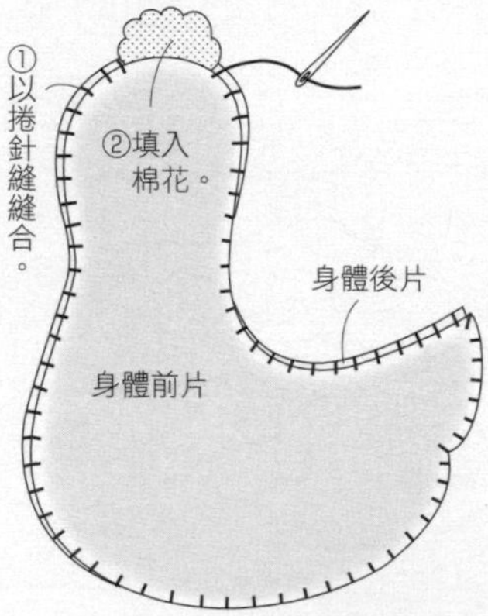

①以捲針縫縫合。
②填入棉花。
身體後片
身體前片

2. 將前頭部接縫上臉部，再疊合後頭部&進行縫合。

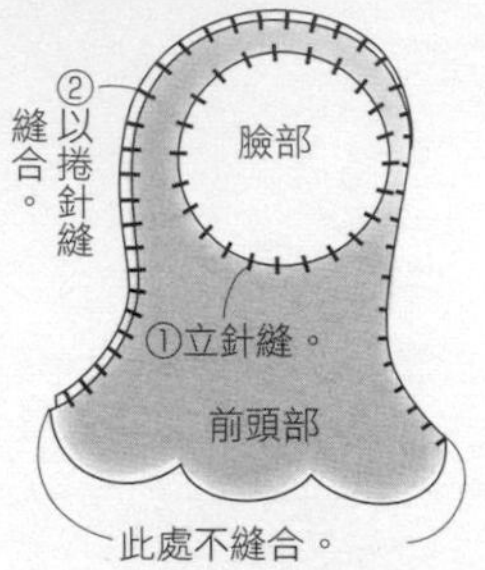

②以捲針縫縫合。
臉部
①立針縫。
前頭部
此處不縫合。

3. 疊合鳥喙後縫合。

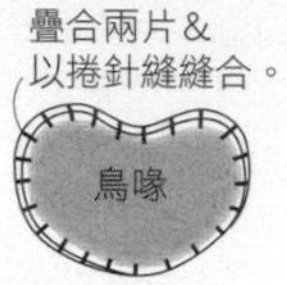

疊合兩片&以捲針縫縫合。
鳥喙

4. 將身體貼上翅膀後，套上頭部&以白膠貼合。

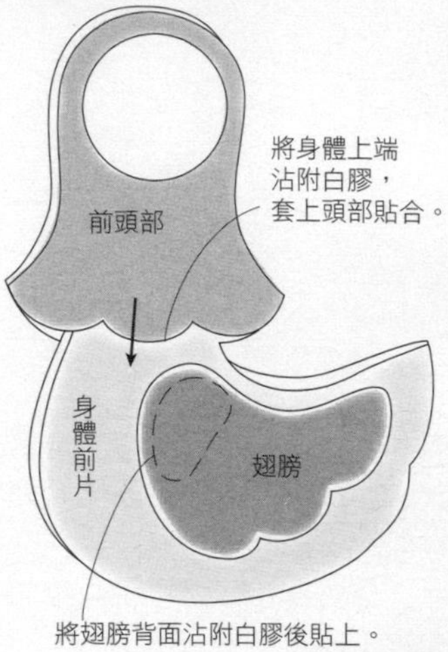

前頭部
將身體上端沾附白膠，套上頭部貼合。
身體前片
翅膀
將翅膀背面沾附白膠後貼上。

5. 將身體後片貼上腳。

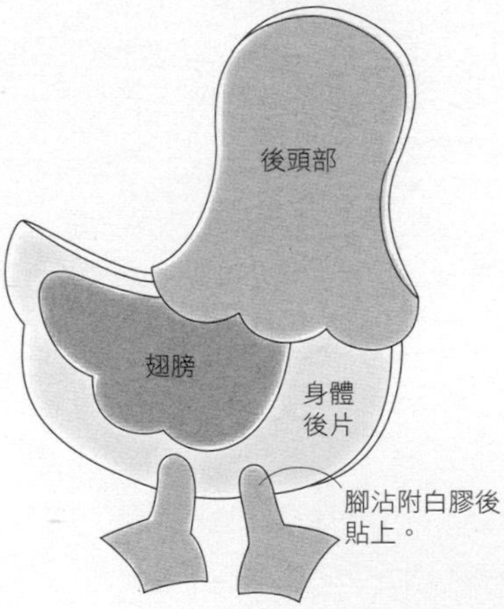

後頭部
翅膀
身體後片
腳沾附白膠後貼上。

6. 縫上當作眼睛的串珠&貼上鳥喙。

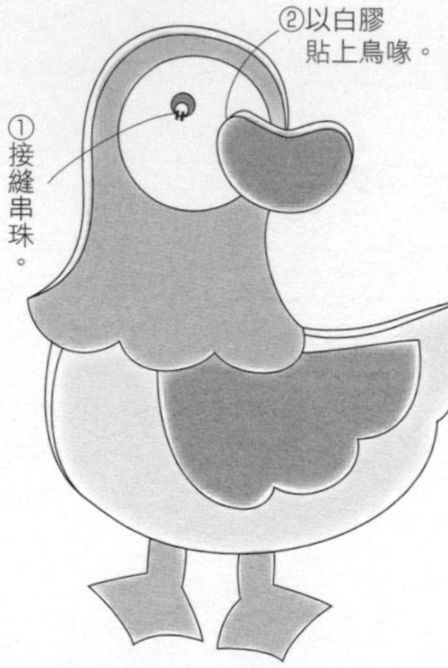

②以白膠貼上鳥喙。
①接縫串珠。

58 完成！
＊高約9.5cm

59・60 作法

1. 將頭部接縫上臉部，再縫合頭部&填入棉花。

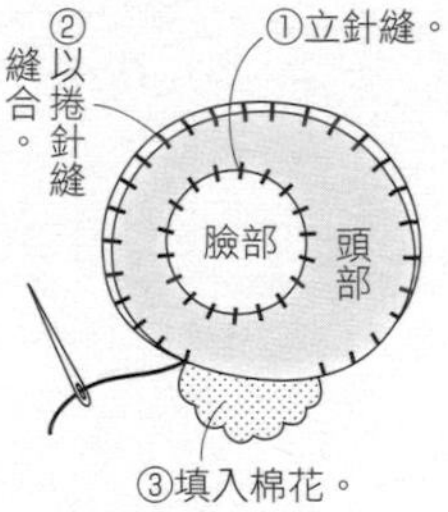

②以捲針縫縫合。
①立針縫。
臉部
頭部
③填入棉花。

2. 縫上作為眼睛的香菇釦，再貼上鳥喙&繡上花紋。

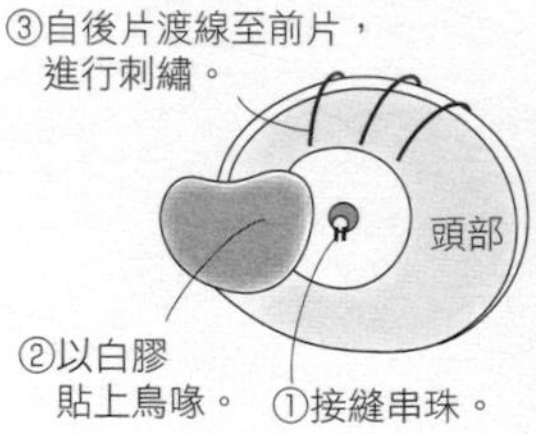

③自後片渡線至前片，進行刺繡。
頭部
②以白膠貼上鳥喙。
①接縫串珠。

3. 接縫身體&填入棉花。

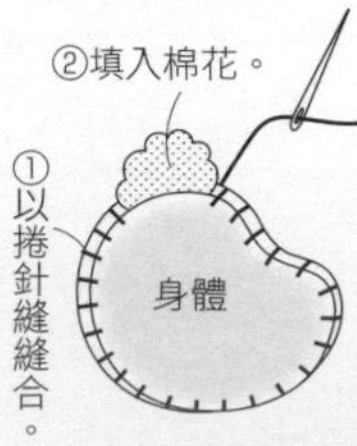

②填入棉花。
①以捲針縫縫合。
身體

4. 將身體貼上頭部&腳。

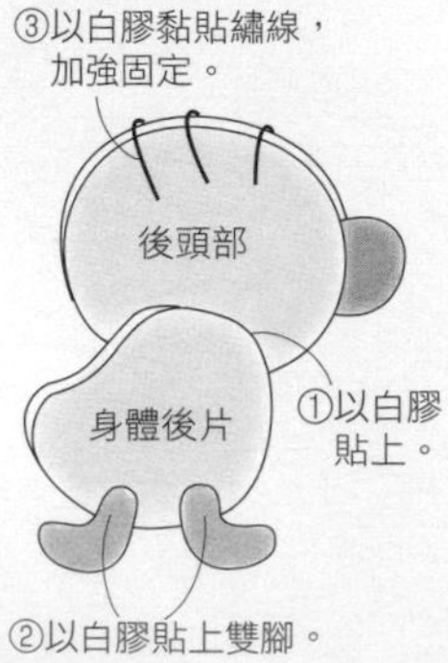

③以白膠黏貼繡線，加強固定。
後頭部
身體後片
①以白膠貼上。
②以白膠貼上雙腳。

5. 將身體繡上花紋。

刺繡。

59・60 完成！
＊高約4.5cm

61 完成！
※詳細作法參見no.59・no.60。
＊長約5cm

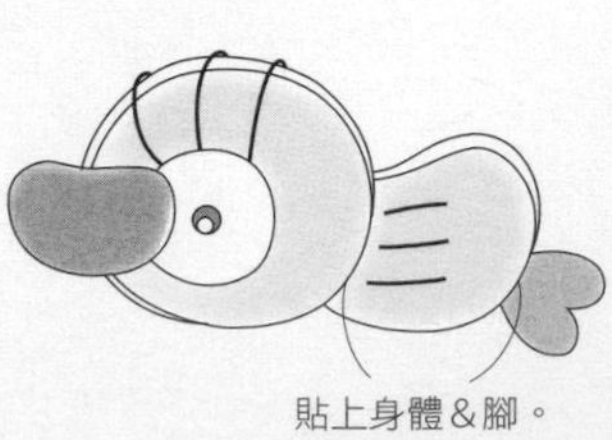

貼上身體&腳。

58至61 原寸紙型

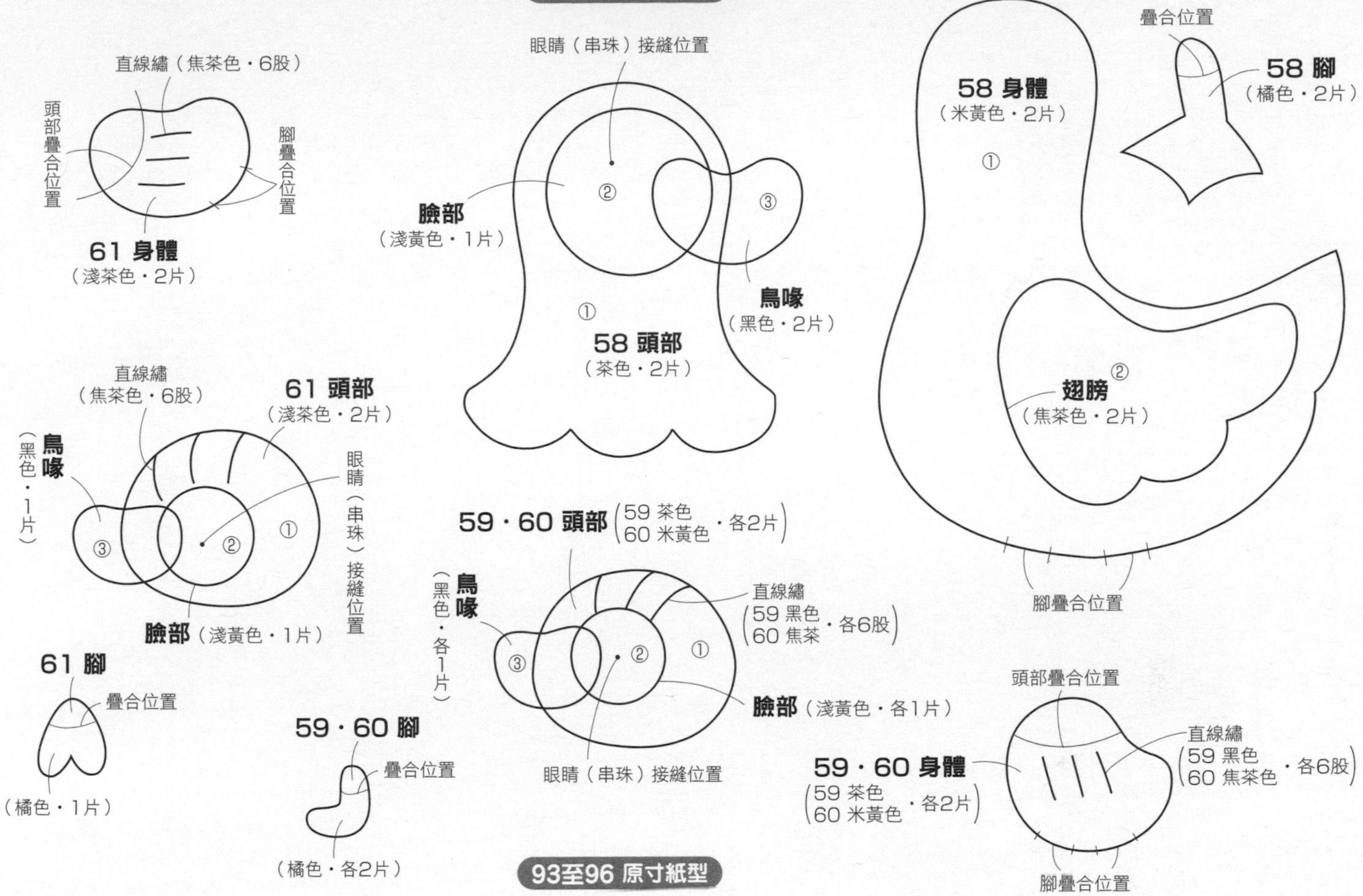
眼睛（串珠）接縫位置
直線繡（焦茶色・6股）
頭部疊合位置
腳疊合位置
61 身體
（淺茶色・2片）
臉部
（淺黃色・1片）
②
③
①
鳥喙
（黑色・2片）
58 頭部
（茶色・2片）
58 身體
（米黃色・2片）
疊合位置
58 腳
（橘色・2片）
翅膀
（焦茶色・2片）
腳疊合位置
直線繡
（焦茶色・6股）
61 頭部
（淺茶色・2片）
鳥喙
（黑色・1片）
眼睛（串珠）接縫位置
臉部（淺黃色・1片）
61 腳
疊合位置
（橘色・1片）
59・60 頭部（59 茶色 60 米黃色・各2片）
鳥喙
（黑色・各1片）
直線繡
（59 黑色 60 焦茶・各6股）
臉部（淺黃色・各1片）
眼睛（串珠）接縫位置
59・60 腳
疊合位置
（橘色・各2片）
頭部疊合位置
59・60 身體
（59 茶色 60 米黃色・各2片）
直線繡
（59 黑色 60 焦茶色・各6股）
腳疊合位置

93至96 原寸紙型

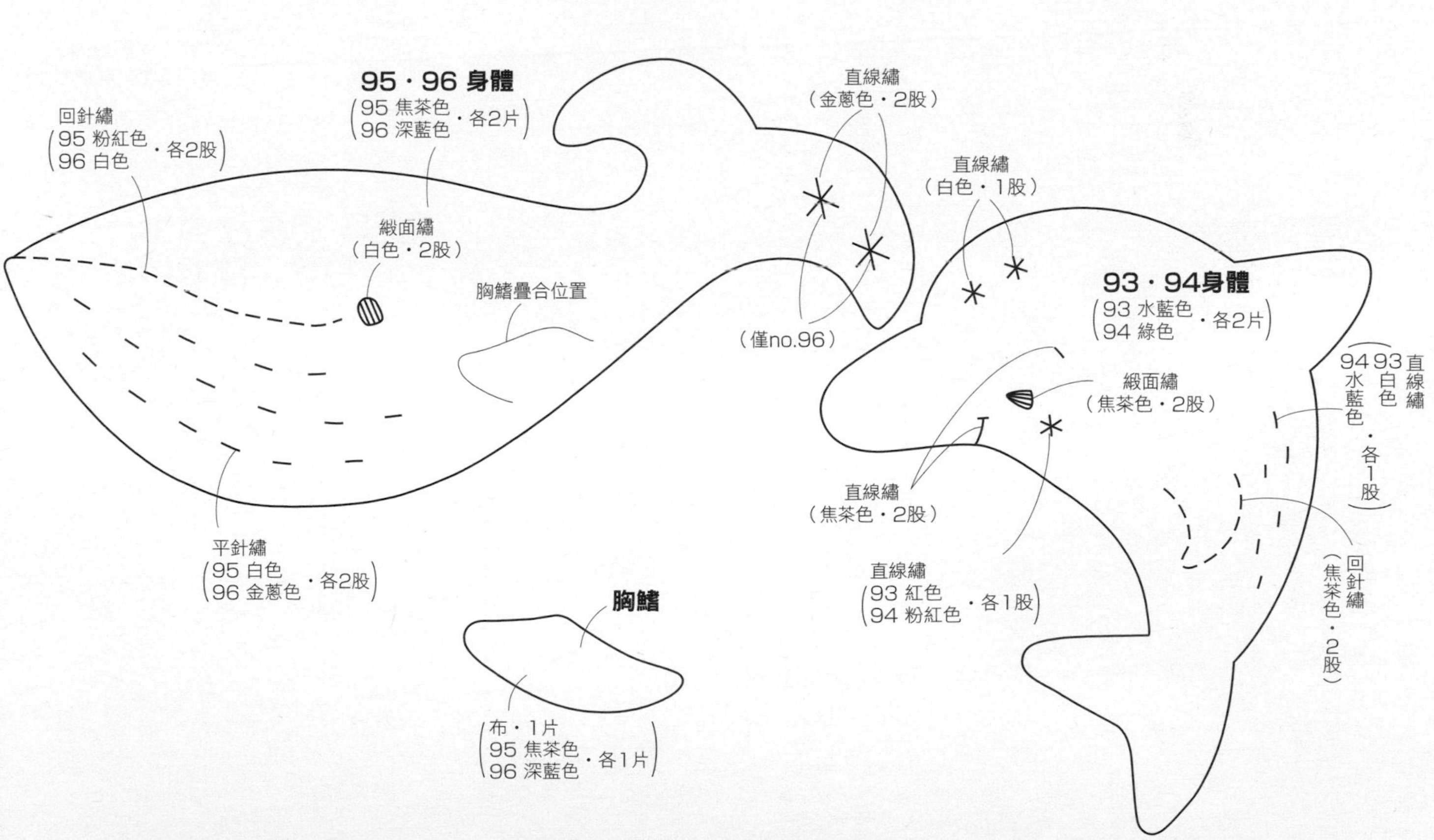
95・96 身體
（95 焦茶色 96 深藍色・各2片）
回針繡
（95 粉紅色 96 白色・各2股）
緞面繡
（白色・2股）
胸鰭疊合位置
直線繡
（金蔥色・2股）
（僅no.96）
平針繡
（95 白色 96 金蔥色・各2股）
胸鰭
（布・1片 95 焦茶色 96 深藍色・各1片）
直線繡
（白色・1股）
93・94身體
（93 水藍色 94 綠色・各2片）
緞面繡
（焦茶色・2股）
直線繡
（93 白色 94 水藍色・各1股）
直線繡
（焦茶色・2股）
直線繡
（93 紅色 94 粉紅色・各1股）
回針繡
（焦茶色・2股）

 公雞一家的假日

※縫線除了特別指定之外，皆取與不織布同色的1股線。

62材料
- 不織布
  （白色）15cm×10cm
  （黃色）5cm×5cm
  （紅色）4cm×4cm
- 特大串珠（4mm黑色）2個
- 25號繡線（白色・黃色）
- 手工藝用棉花　適量
- 手工藝用白膠

63材料
- 不織布
  （白色）15cm×10cm
  （黃色）4cm×4cm
  （紅色）3cm×3cm
- 特大串珠（4mm黑色）2個
- 25號繡線（白色・黃色）
- 手工藝用棉花　適量
- 手工藝用白膠

64材料
- 不織布
  （黃色）9cm×5cm
  （橘色）3cm×2cm
- 大圓珠（3mm黑色）2個
- 25號繡線（黃色）
- 手工藝用棉花　適量
- 手工藝用白膠

65材料
- 不織布
  （黃色・白色）各 7cm×5cm
  （橘色）少許
- 大圓珠（3mm黑色）2個
- 25號繡線（白色・黃色）
- 手工藝用棉花　適量
- 手工藝用白膠

66材料
- 不織布
  （黃色）7cm×5cm
  （橘色）3cm×2cm
- 大圓珠（3mm黑色）2個
- 25號繡線（黃色）
- 手工藝用棉花　適量
- 手工藝用白膠

62 作法

1.疊合身體前後片，並以捲針縫縫合＆填入棉花。

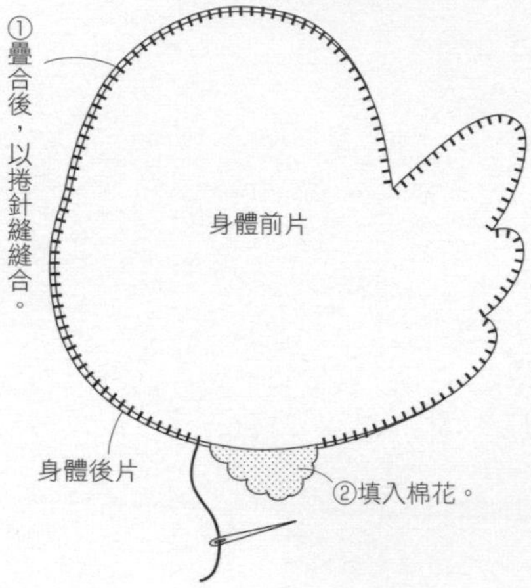
①疊合後，以捲針縫縫合。
身體前片
身體後片
②填入棉花。

2.將身體後片貼上雞冠・翅膀・腳。

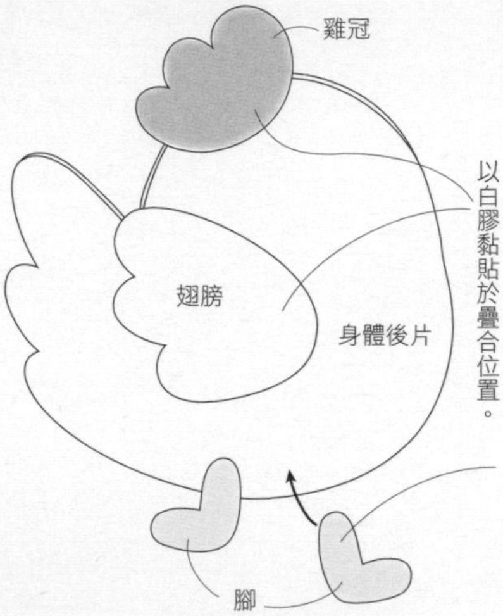
雞冠
以白膠黏貼於疊合位置。
翅膀
身體後片
腳

4.將身體前片貼上翅膀・肉垂・鳥喙。

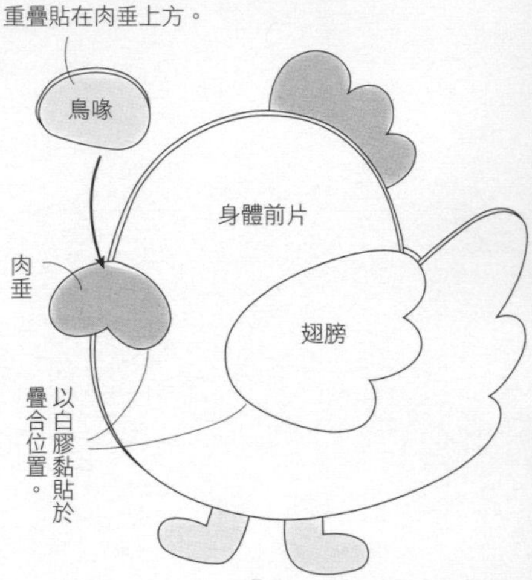
重疊貼在肉垂上方。
鳥喙
身體前片
肉垂
翅膀
以白膠黏貼於疊合位置。

3.縫製鳥喙。

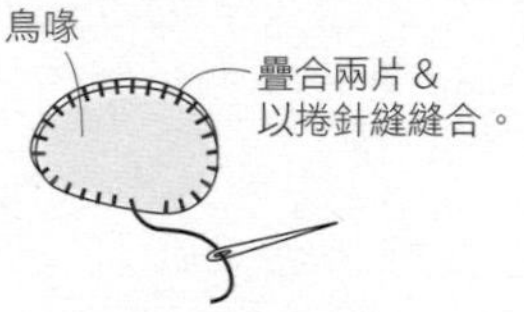
鳥喙
疊合兩片＆以捲針縫縫合。

5.縫上眼睛。

特大串珠
將兩顆串珠一次穿過線，拉緊作出凹陷狀。

62 完成！
＊高約8.5cm

63 完成！
※詳細作法参見no.62。
＊高約7.5cm

以白膠貼上腮紅。

64 作法

1.疊合身體前後片，並以捲針縫縫合&填入棉花。

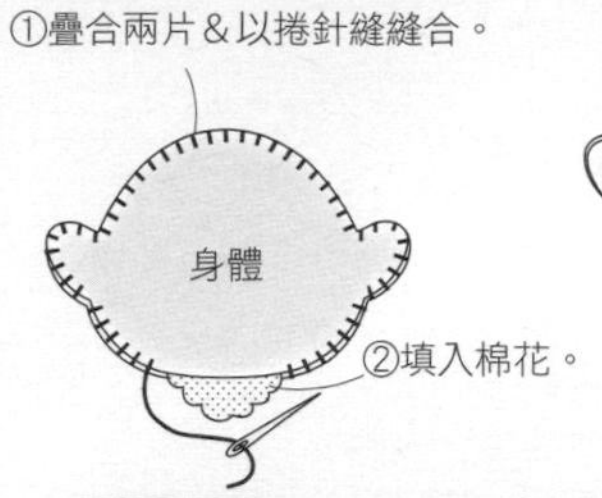
①疊合兩片&以捲針縫縫合。
身體
②填入棉花。

2.將身體前片貼上鳥喙。

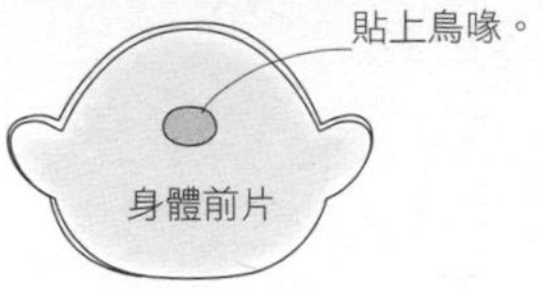
貼上鳥喙。
身體前片

3.縫上眼睛。

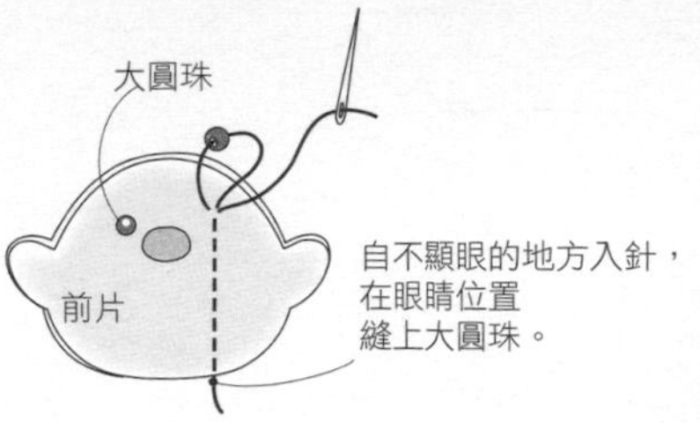
大圓珠
前片
自不顯眼的地方入針，
在眼睛位置
縫上大圓珠。

4.將身體後片貼上腳。

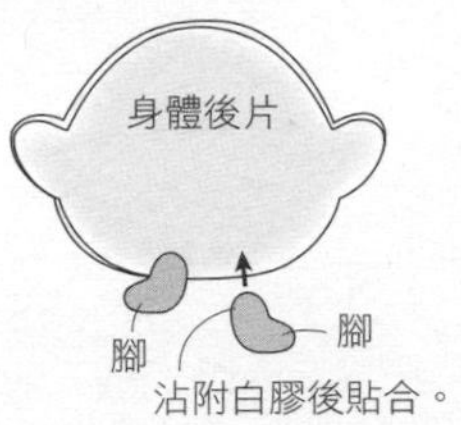
身體後片
腳
腳
沾附白膠後貼合。

64 完成！

＊高約3cm

65 作法

※詳細作法參見no.64。

1.疊合身體前後片，並以捲針縫縫合&填入棉花。

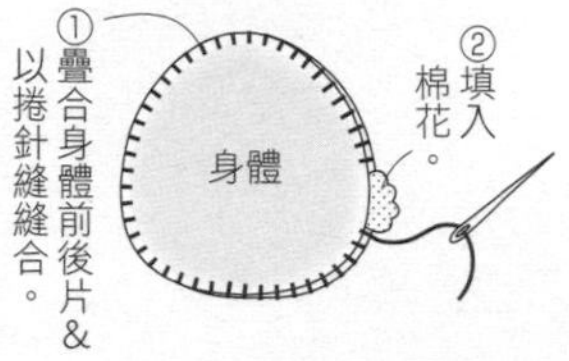
①疊合身體前後片&以捲針縫縫合。
身體
②填入棉花。

2.分別疊合蛋殼，共以捲針縫縫合。

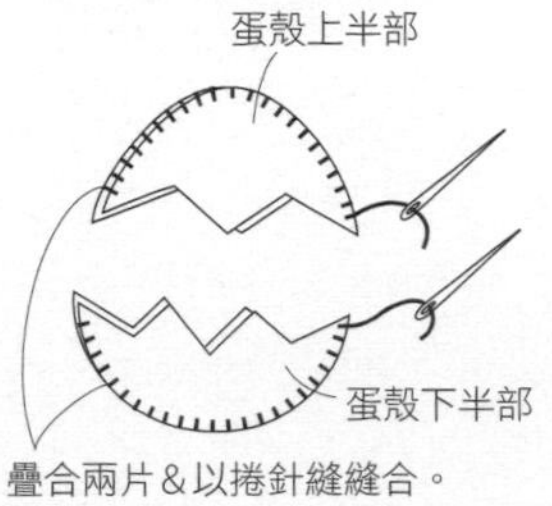
蛋殼上半部
蛋殼下半部
疊合兩片&以捲針縫縫合。

3.將身體前片貼上鳥喙&縫上眼睛，再將身體上下套上蛋殼後貼合。

①貼上鳥喙。
③身體上下沾附白膠，套上蛋殼。
②縫上作為眼睛的大圓珠
（參見no.64）。

65 完成！

＊高約3.5cm

66 完成！

※詳細作法參見no.64。

＊高約2.5cm

貼上腳。

62至66 原寸紙型

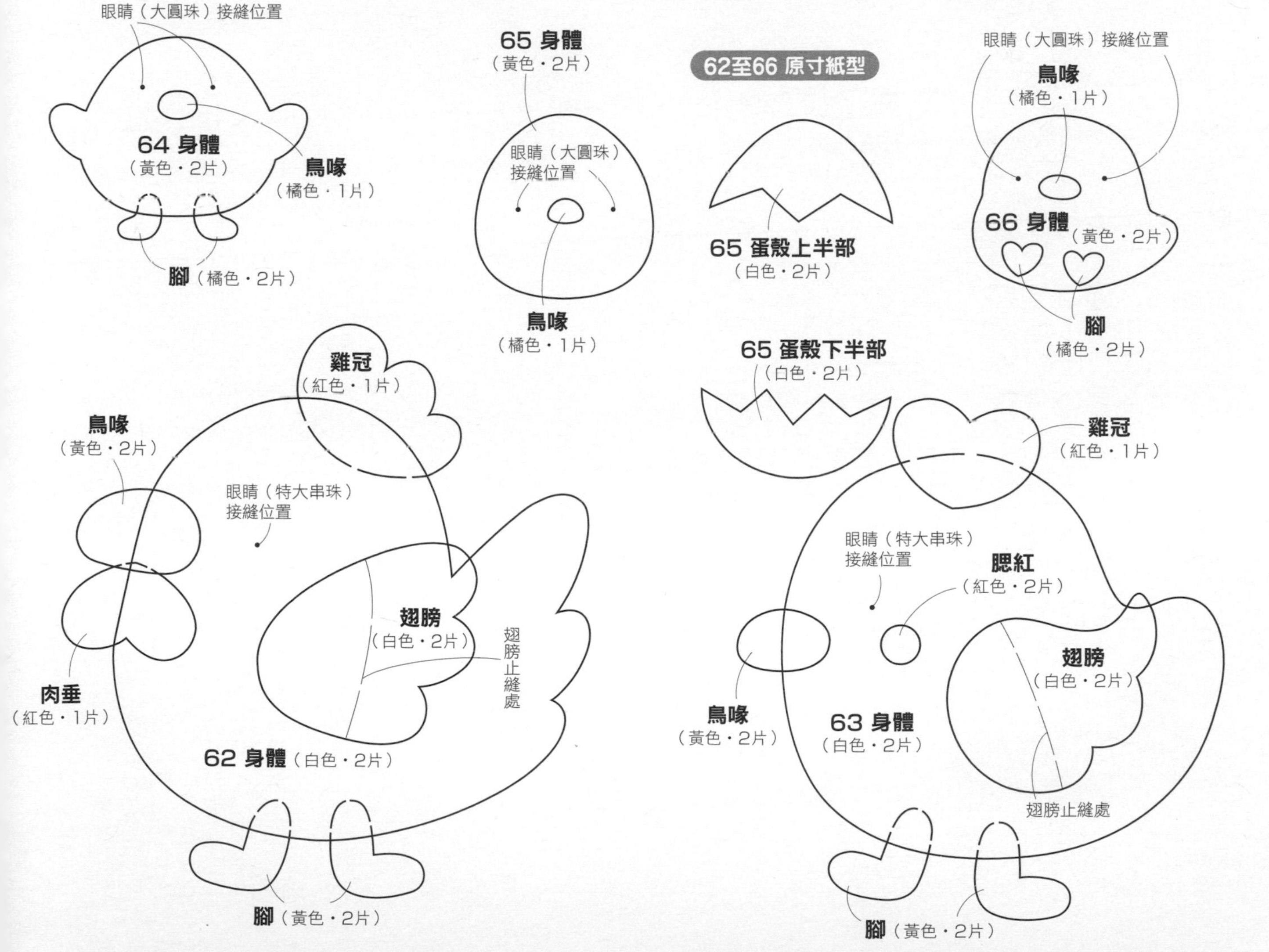
眼睛（大圓珠）接縫位置
64 身體
（黃色・2片）
鳥喙
（橘色・1片）
腳（橘色・2片）
65 身體
（黃色・2片）
眼睛（大圓珠）
接縫位置
鳥喙
（橘色・1片）
65 蛋殼上半部
（白色・2片）
65 蛋殼下半部
（白色・2片）
眼睛（大圓珠）接縫位置
鳥喙
（橘色・1片）
66 身體
（黃色・2片）
腳
（橘色・2片）
雞冠
（紅色・1片）
鳥喙
（黃色・2片）
眼睛（特大串珠）
接縫位置
翅膀
（白色・2片）
翅膀止縫處
肉垂
（紅色・1片）
62 身體（白色・2片）
腳（黃色・2片）
雞冠
（紅色・1片）
眼睛（特大串珠）
接縫位置
腮紅
（紅色・2片）
翅膀
（白色・2片）
鳥喙
（黃色・2片）
63 身體
（白色・2片）
翅膀止縫處
腳（黃色・2片）

白熊＆海豹母子

※縫線除了特別指定之外，
皆取與不織布同色的1股線。

73・75材料（1個）
・不織布
（白色）12cm×8cm
（米黃色）少許
・25號繡線
（白色・焦茶色・米黃色）
・手工藝用棉花　適量
・腮紅
・手工藝用白膠

74材料
・不織布
（白色）12cm×8cm
（米黃色）2cm×2cm
・25號繡線
（白色・焦茶色・米黃色）
・手工藝用棉花　適量
・腮紅
・手工藝用白膠

76材料
・不織布
（霜降灰）16cm×15cm
・25號繡線
（灰色・黑色・紅色）
・手工藝用棉花　適量
・手工藝用白膠

77材料
・不織布
（霜降灰）18cm×6cm
・25號繡線
（灰色・黑色・粉紅色）
・手工藝用棉花　適量
・手工藝用白膠

78材料
・不織布
（白色）18cm×6cm
・25號繡線
（白色・灰色・黑色・粉紅色）
・手工藝用棉花　適量
・手工藝用白膠

76至78 作法

1. 繡上臉部表情＆鰭足。

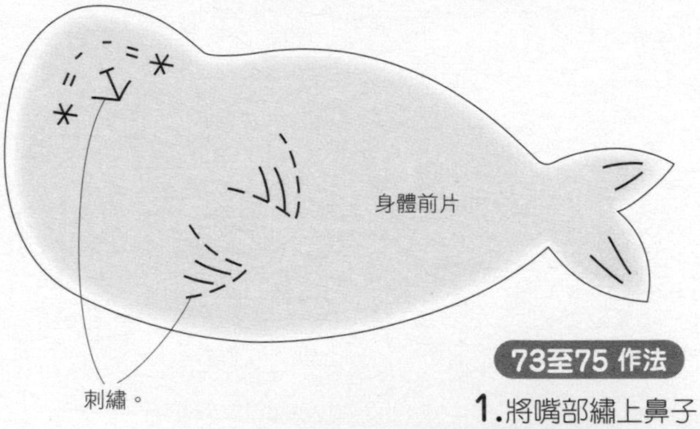
身體前片
刺繡。

76至78 完成！

＊76=長約12.5cm
＊77・78=長約7.5cm

2. 縫合身體前後片＆填入棉花。

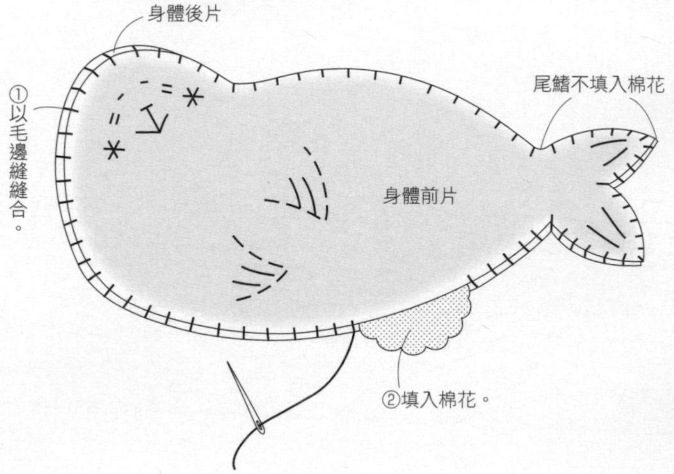
身體後片
①以毛邊縫縫合。
尾鰭不填入棉花
身體前片
②填入棉花。

73至75 作法

1. 將嘴部繡上鼻子＆嘴巴。

嘴部
刺繡。

2. 將身體前片接縫上嘴部，並繡上眼睛＆腳。

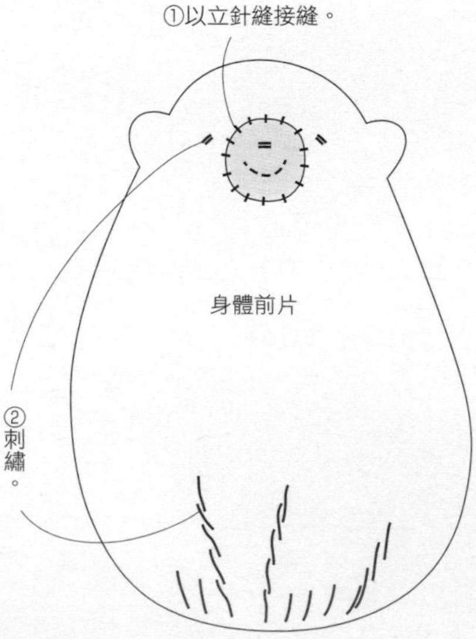
①以立針縫接縫。
身體前片
②刺繡。

3. 將身體後片繡上尾巴。

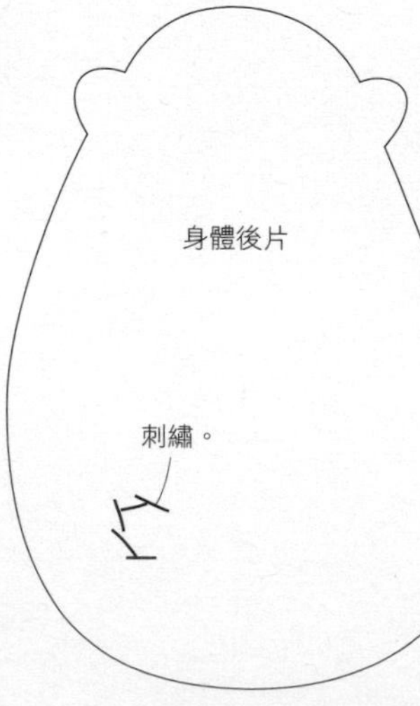
身體後片
刺繡。

4. 縫合身體前後片＆填入棉花。

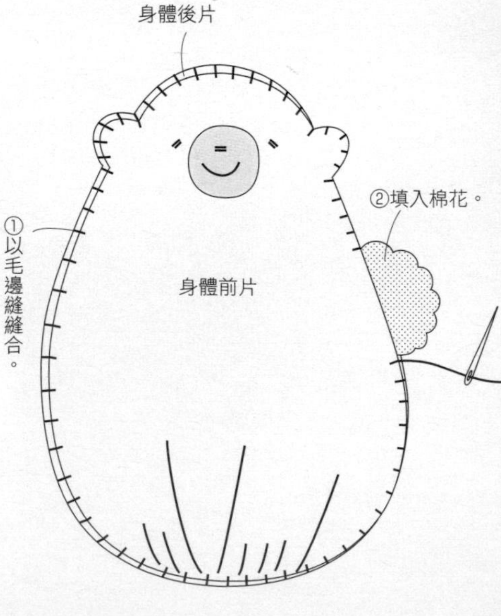
身體後片
②填入棉花。
①以毛邊縫縫合。
身體前片

73至75 完成！

＊74＝高約10.5cm
＊73・75＝高約6.5cm

塗上腮紅。

76至78 原寸紙型

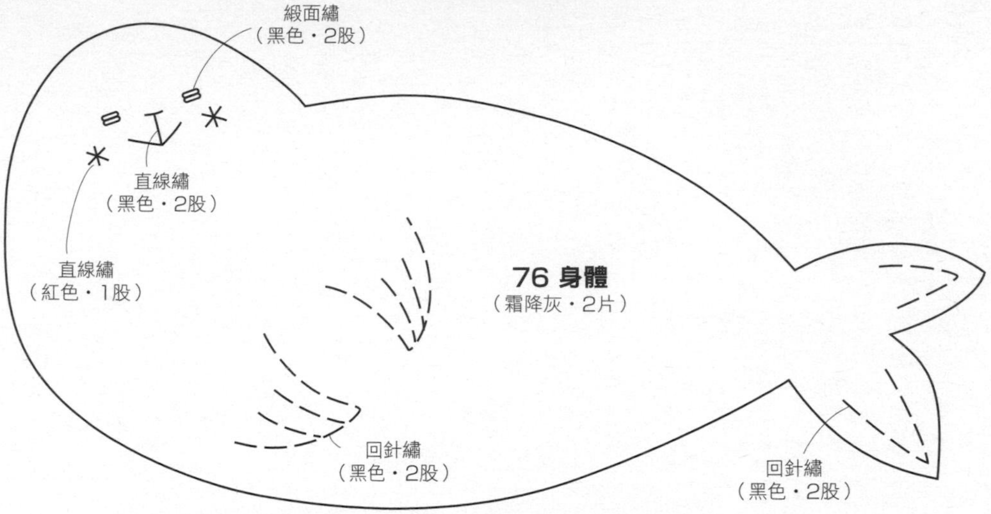

緞面繡
（黑色・2股）
直線繡
（黑色・2股）
直線繡
（紅色・1股）
76 身體
（霜降灰・2片）
回針繡
（黑色・2股）
回針繡
（黑色・2股）

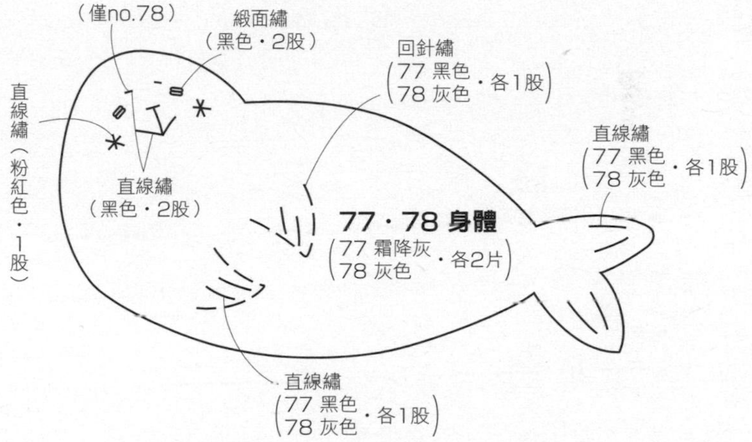

（僅no.78）
緞面繡
（黑色・2股）
回針繡
（77 黑色
78 灰色・各1股）
直線繡（粉紅色・1股）
直線繡
（黑色・2股）
直線繡
（77 黑色
78 灰色・各1股）
77・78 身體
（77 霜降灰
78 灰色・各2片）
直線繡
（77 黑色
78 灰色・各1股）

♥no.77改以相反方向製作。

73至75 原寸紙型

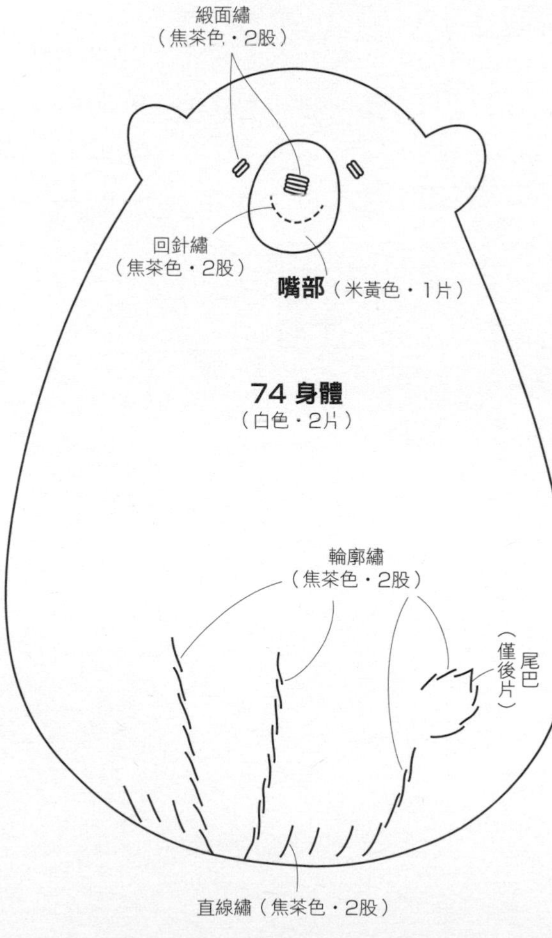

緞面繡
（焦茶色・2股）
回針繡
（焦茶色・2股）
嘴部（米黃色・1片）
74 身體
（白色・2片）
輪廓繡
（焦茶色・2股）
尾巴（僅後片）
直線繡（焦茶色・2股）

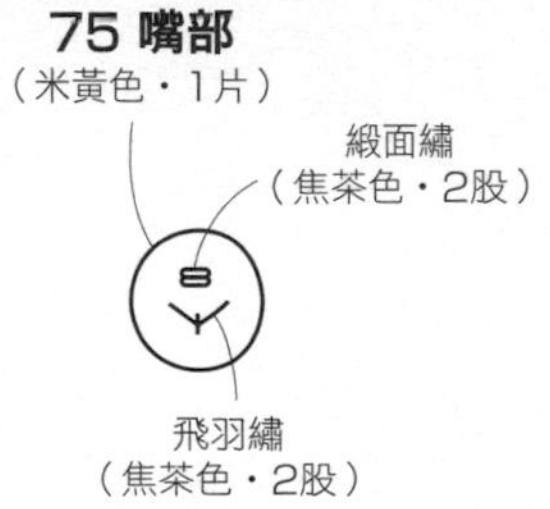

75 嘴部
（米黃色・1片）
緞面繡
（焦茶色・2股）
飛羽繡
（焦茶色・2股）

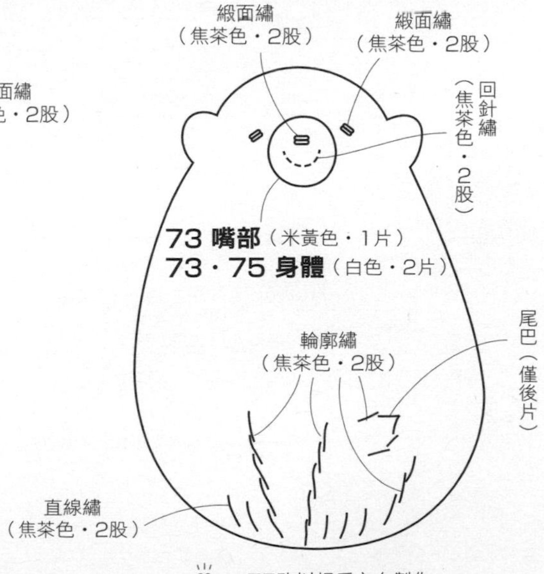

緞面繡
（焦茶色・2股）
緞面繡
（焦茶色・2股）
回針繡（焦茶色・2股）
73 嘴部（米黃色・1片）
73・75 身體（白色・2片）
輪廓繡
（焦茶色・2股）
尾巴（僅後片）
直線繡
（焦茶色・2股）

♥no.75改以相反方向製作。

 ＊紙型參見P.83。

※縫線除了特別指定之外，皆取與不織布同色的1股線。

79材料
- 不織布
  （茶色）14cm×7cm
  （焦茶色）13cm×5cm
- 插入式豆豆眼
  （4mm 黑色）2個
  （3.5mm 黑色）1個
- 25號繡線（茶色・焦茶色）
- 手工藝用棉花　適量
- 手工藝用白膠

80材料
- 不織布（粉紅色）20cm×10cm
- 插入式豆豆眼（4mm 黑色）2個
- 25號繡線（黃色・茶色・粉紅色）
- 手工藝用棉花　適量
- 手工藝用白膠

81材料
- 不織布
  （薄荷綠色）10cm×7cm
  （白色）6cm×6cm
- 插入式豆豆眼（3.5mm 黑色）2個
- 小圓串珠（珍珠）6個
- 25號繡線（白色・薄荷綠色・黃色）
- 手工藝用棉花　適量
- 手工藝用白膠

84材料
- 不織布
  （金黃色）15cm×10cm
  （焦茶色・白色）各5cm×5cm
- 插入式豆豆眼
  （4mm黑色）2個
  （3.5mm 黑色）1個
- 緞帶（紅色）3mm寬15cm
- 25號繡線（金黃色・白色・焦茶色）
- 手工藝用棉花　適量
- 手工藝用白膠

82材料
- 不織布
  （橘色）10cm×5cm
  （白色）5cm×3cm
- 水兵帶（白色）4mm寬5cm

83材料
- 不織布
  （紅色）13cm×7cm
  （白色）6cm×4cm
- 鈕釦（6mm 黃色・粉紅色・綠色）各1個
- 25號繡線（紅色・白色）

85材料
- 不織布
  （焦茶色）10cm×8cm
  （米黃色）5cm×2cm
- 25號繡線（茶色・米黃色）

81 作法

1. 將身體前後片接縫上臉部＆翅膀，再裁去重疊翅膀處的身體不織布。

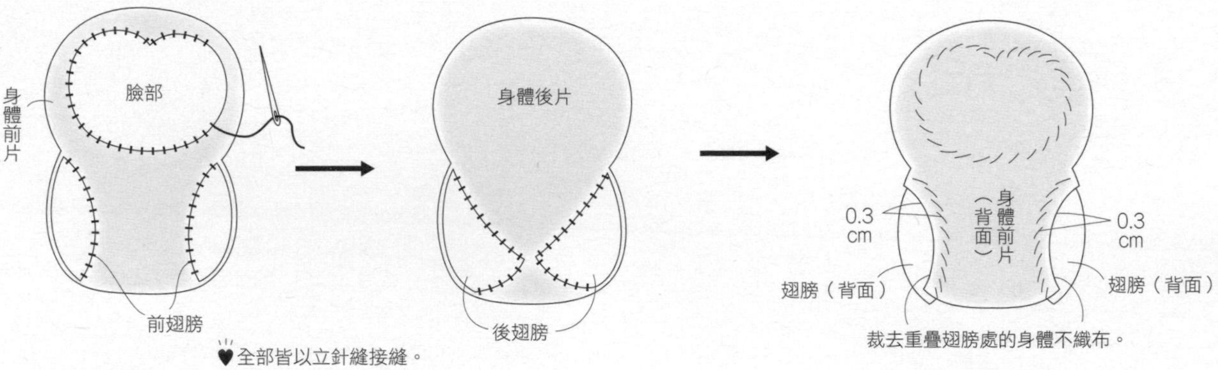
身體前片
臉部
前翅膀
身體後片
後翅膀
0.3 cm
身體前片（背面）
0.3 cm
翅膀（背面）
翅膀（背面）
裁去重疊翅膀處的身體不織布。

♥全部皆以立針縫接縫。

♥身體後片作法亦同。

接縫串珠的作法

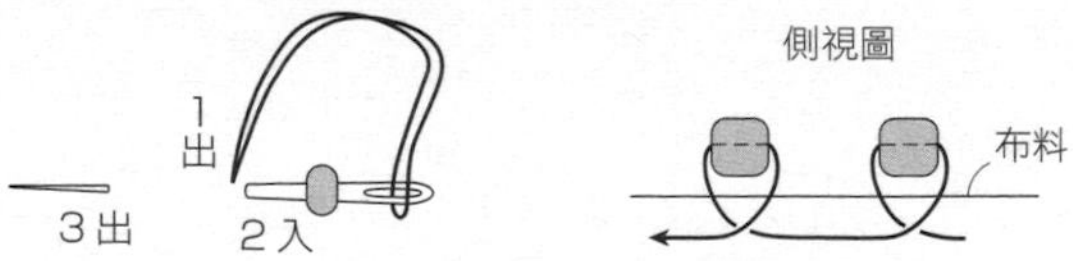
1出
3出
2入
側視圖
布料

2. 繡出鳥喙＆接縫上串珠。

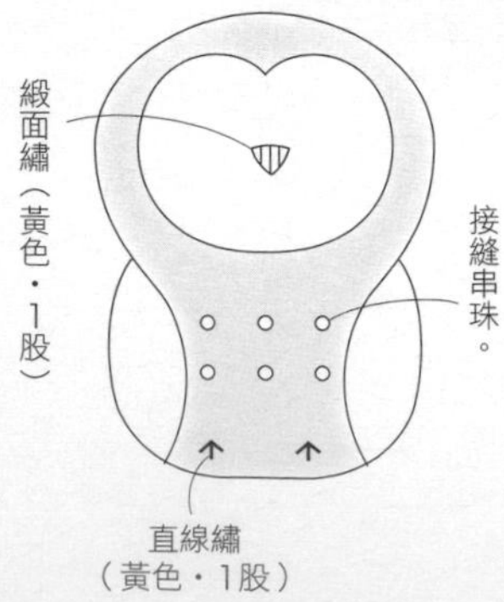
緞面繡（黃色・1股）
接縫串珠。
直線繡（黃色・1股）

3. 縫合身體前後片＆填入棉花。

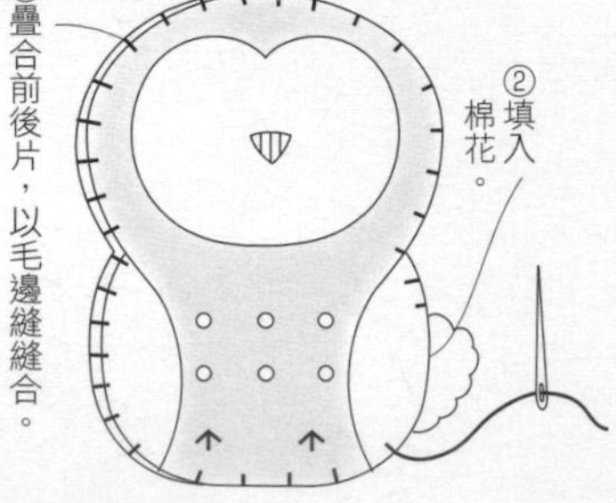
①疊合前後片，以毛邊縫縫合。
②填入棉花。

4. 作出眼珠的凹陷處，並接縫上眼珠（參見P.40）。

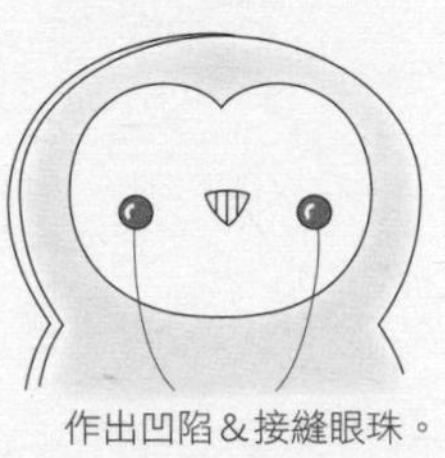
作出凹陷＆接縫眼珠。

81 完成！

＊高約4.5cm

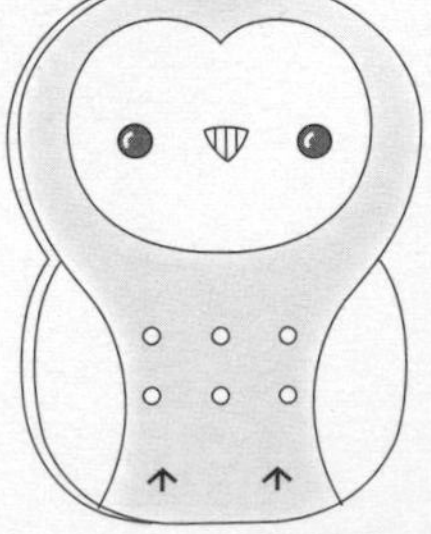

80 作法

1. 將身體前片繡上鳥喙＆腳。

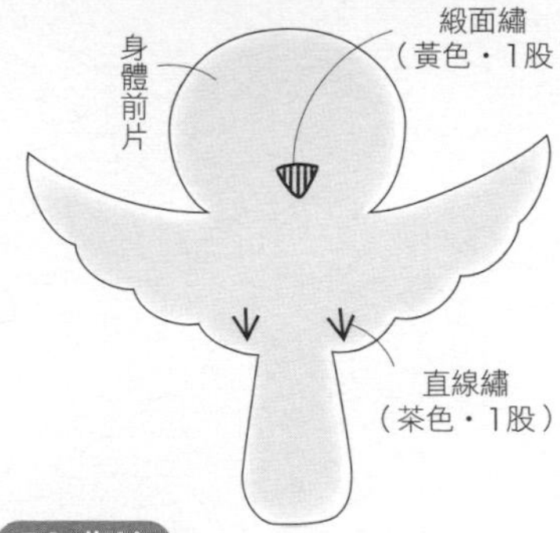
身體前片
緞面繡（黃色・1股）
直線繡（茶色・1股）

2. 縫合身體前後片＆填入棉花。

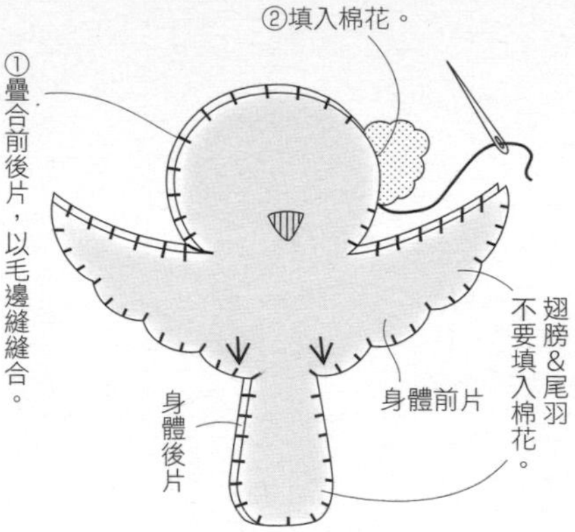
②填入棉花。
①疊合前後片，以毛邊縫縫合。
翅膀＆尾羽不要填入棉花。
身體前片
身體後片

3. 作出眼睛的凹陷處，並接縫上眼睛（參見P.40）。

作出凹陷＆接縫眼睛。

80 完成！

＊高約7.5cm

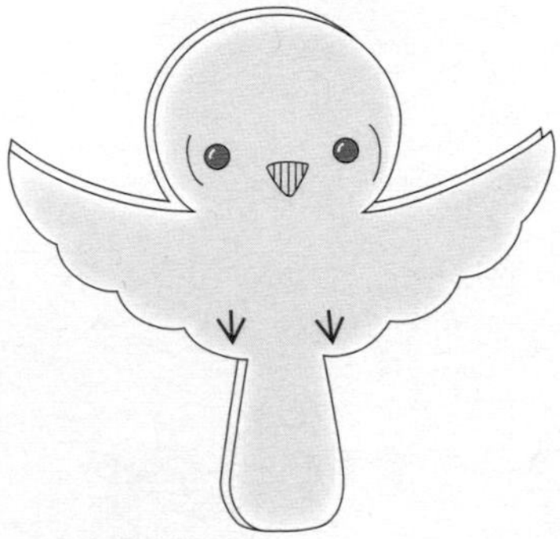

79 作法

1. 將身體接縫上尾巴。

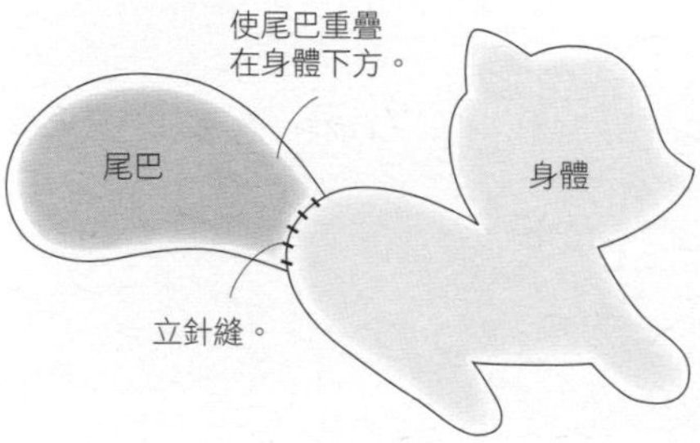
使尾巴重疊在身體下方。
尾巴
身體
立針縫。

2. 縫合身體前後片＆填入棉花。

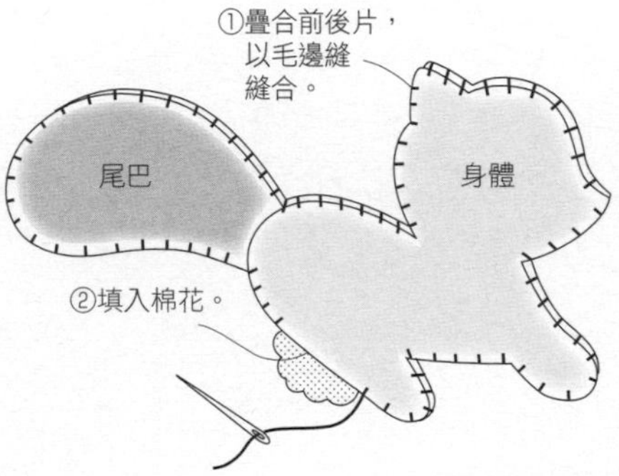
①疊合前後片，以毛邊縫縫合。
尾巴
身體
②填入棉花。

3. 接縫眼睛，並繡出嘴巴。

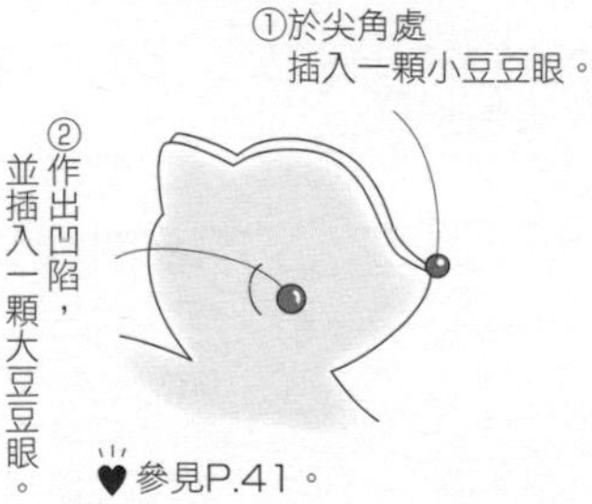
①於尖角處插入一顆小豆豆眼。
②作出凹陷，並插入一顆大豆豆眼。

♥參見P.41。

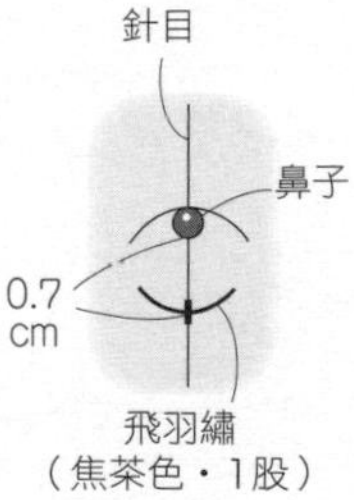
針目
鼻子
0.7 cm
飛羽繡（焦茶色・1股）

79 完成！

＊高約5cm

85 作法

1. 將樹墩前片接縫上切面，再裁去重疊處的樹墩不織布，使成品較薄一些。

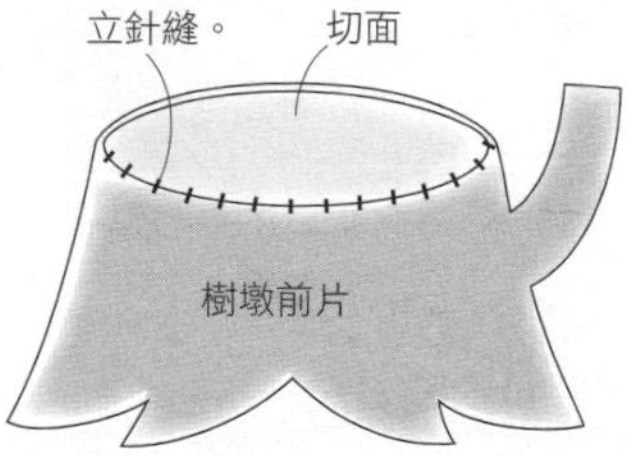
立針縫。
切面
樹墩前片

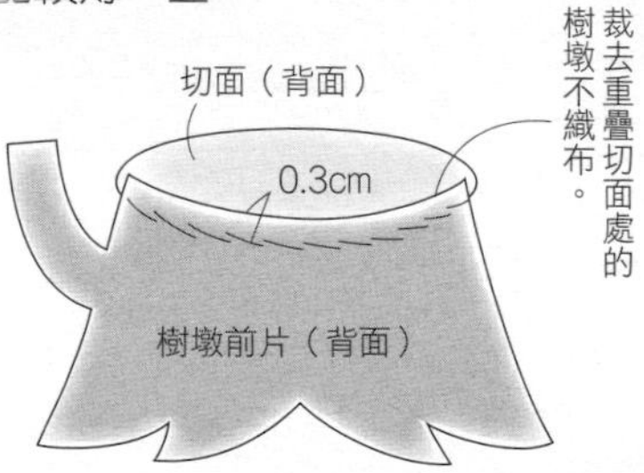
切面（背面）
0.3cm
裁去重疊切面處的樹墩不織布。
樹墩前片（背面）

2. 將樹墩繡上花紋。

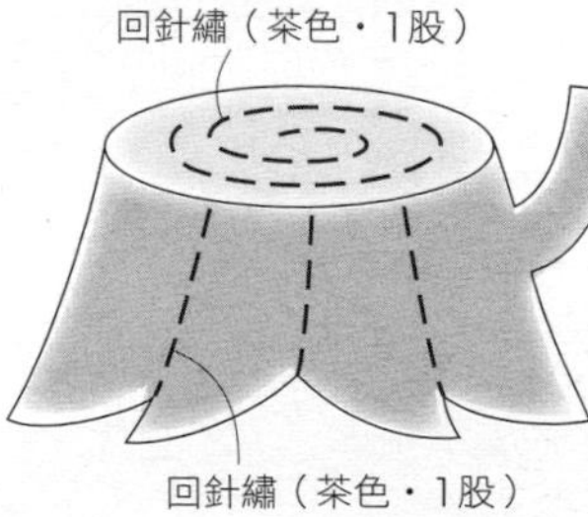
回針繡（茶色・1股）
回針繡（茶色・1股）

3. 縫合樹墩前後片。

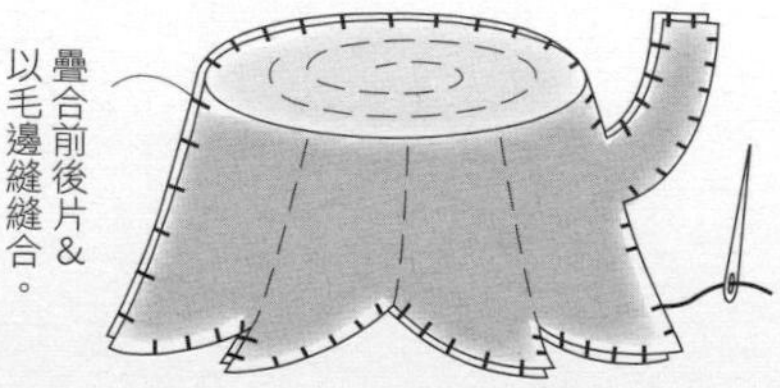
疊合前後片＆以毛邊縫縫合。

85 完成！

＊高約4cm

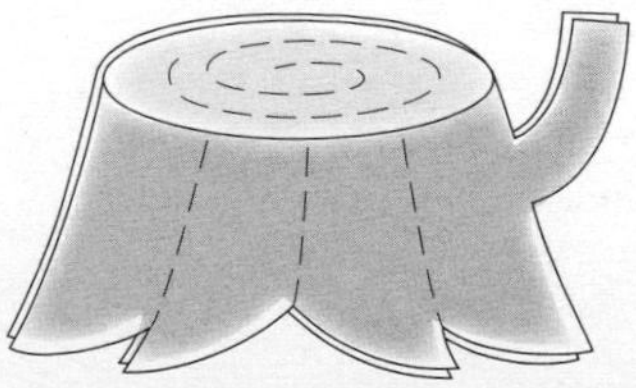

84 作法

1. 將身體前後片接縫上肚子＆腳。

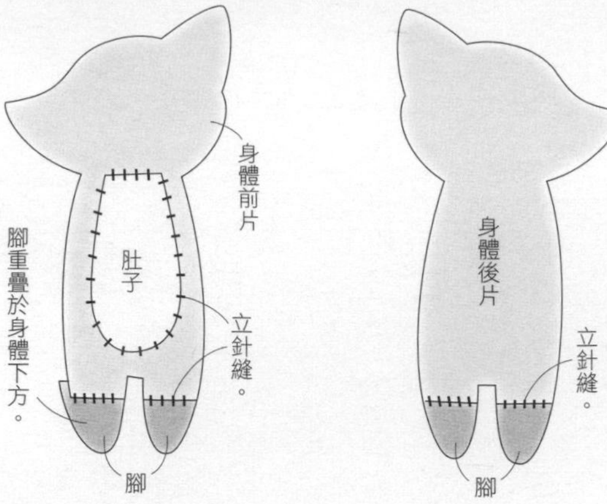
身體前片
肚子
腳重疊於身體下方。
立針縫。
腳
身體後片
立針縫。
腳

2. 縫製手，並接縫於身體前片上。

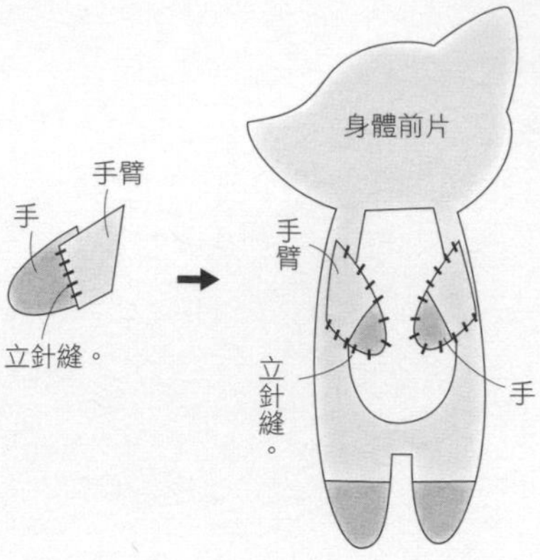
手臂
手
立針縫。
身體前片
手臂
立針縫。
手

3. 縫合身體前後片＆填入棉花。

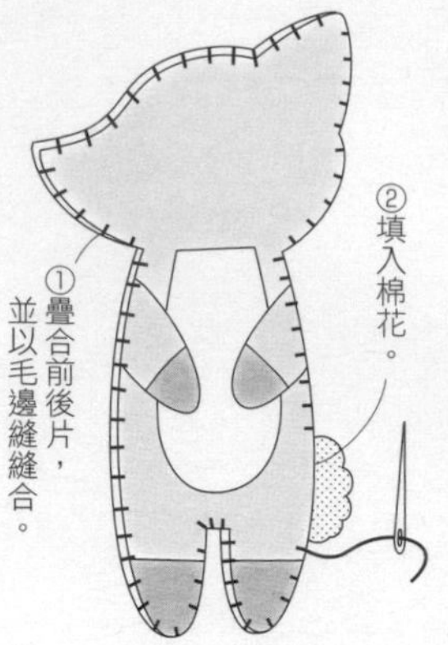
①疊合前後片，並以毛邊縫縫合。
②填入棉花。

4. 將眼睛位置作出凹陷狀，再插入豆豆眼（參見P.41）。

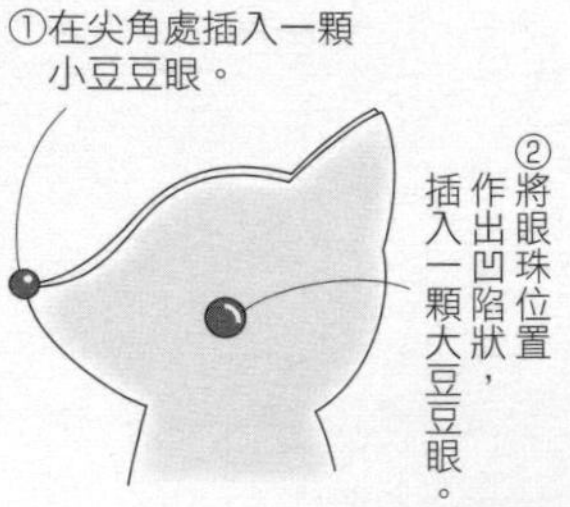
①在尖角處插入一顆小豆豆眼。
②將眼珠位置作出凹陷狀，插入一顆大豆豆眼。

5. 繡上嘴巴。

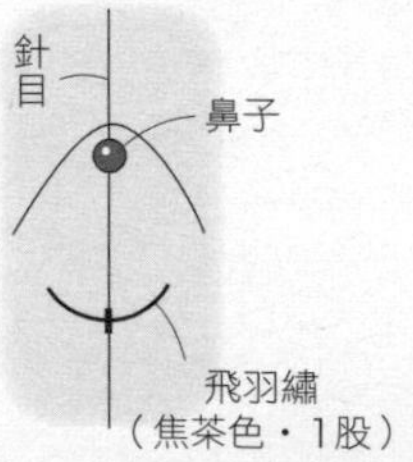
針目
鼻子
飛羽繡
（焦茶色・1股）

6. 將尾巴接縫上尾巴前端，再裁去重疊尾巴前端處的尾巴不織布。

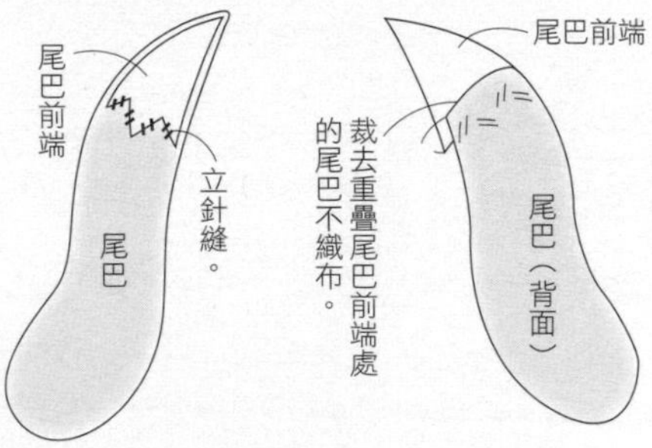
尾巴前端
立針縫。
尾巴
尾巴前端
裁去重疊尾巴前端處的尾巴不織布。
尾巴（背面）

7. 縫合尾巴＆填入棉花。

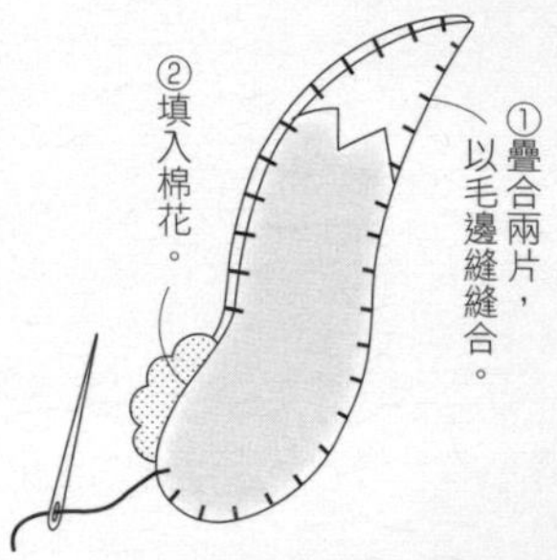
②填入棉花。
①疊合兩片，以毛邊縫縫合。

8. 將尾巴接縫於身體後片上。

身體後片
尾巴
自尾巴內側接縫於身體。
0.3cm

84 完成！

＊高約8cm

脖子捲上緞帶＆打結固定。

83 作法

1. 將本體前片接縫上菇梗。

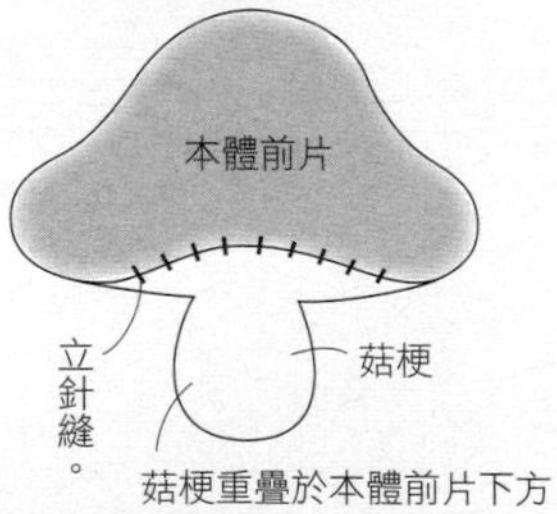
本體前片
立針縫。
菇梗
菇梗重疊於本體前片下方。

2. 縫合本體前後片。

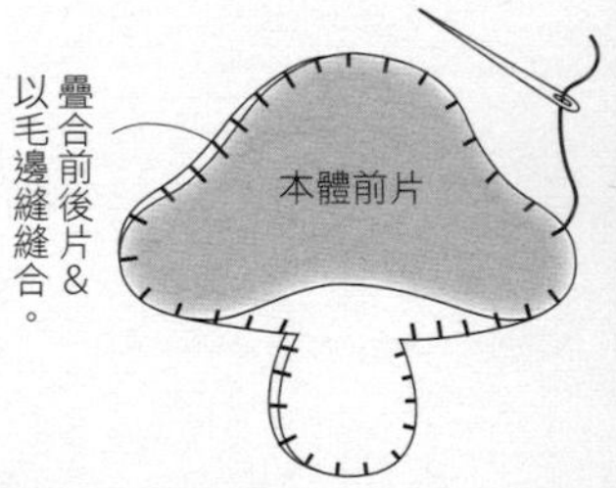
疊合前後片＆以毛邊縫縫合。
本體前片

82 作法

1. 將本體前片接縫上菇梗＆水兵帶。

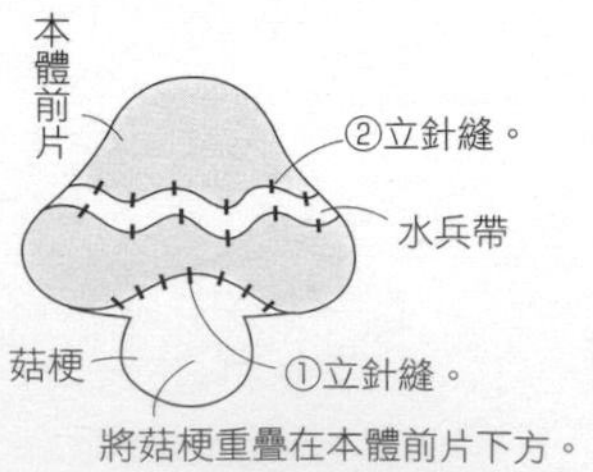
本體前片
②立針縫。
水兵帶
菇梗
①立針縫。
將菇梗重疊在本體前片下方。

2. 縫合本體前後片。

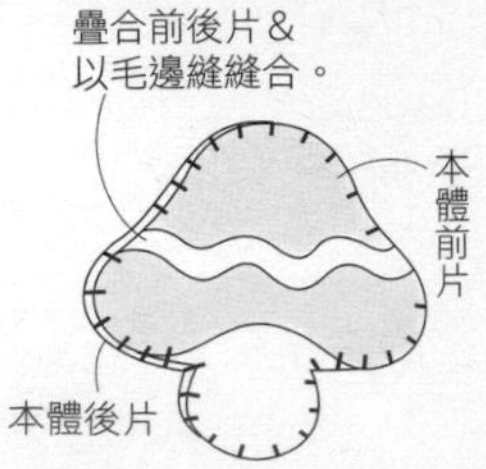
疊合前後片＆以毛邊縫縫合。
本體前片
本體後片

82 完成！

＊高約3.5cm

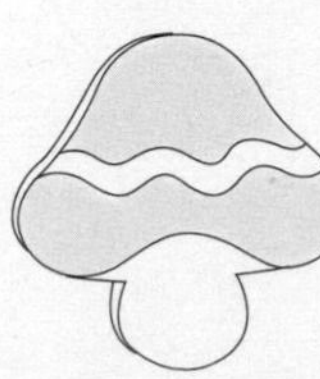

3. 接縫鈕釦。

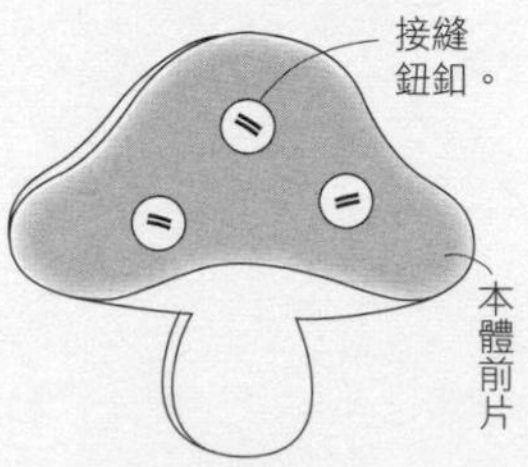
接縫鈕釦。
本體前片

83 完成！

＊高約4.5cm

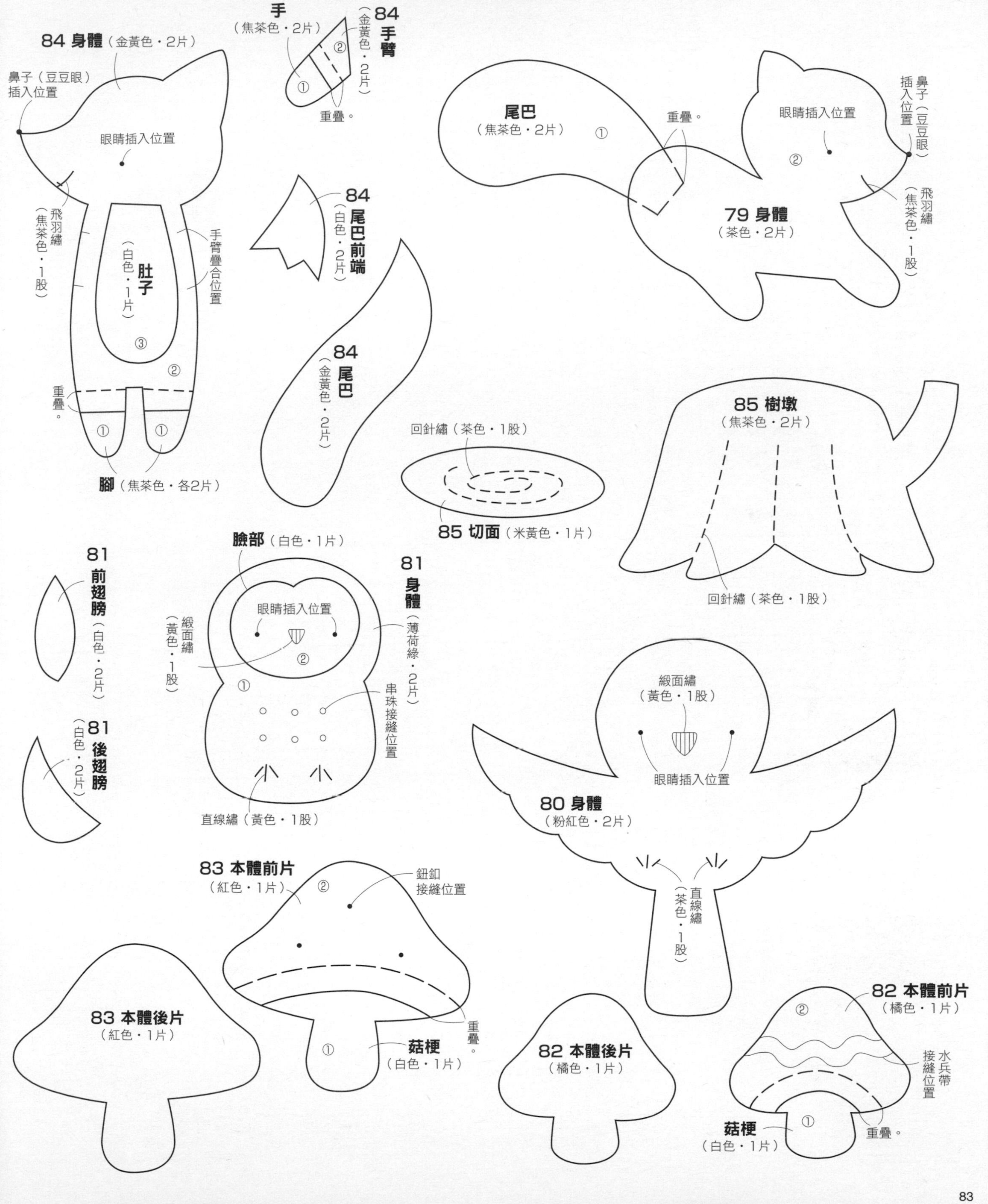

84 身體（金黃色・2片）
鼻子（豆豆眼）插入位置
眼睛插入位置
飛羽繡（焦茶色・1股）
肚子（白色・1片）
手臂疊合位置
③
②
重疊。
①
①
腳（焦茶色・各2片）
手（焦茶色・2片）
84 手臂（金黃色・2片）
②
①
重疊。
84 尾巴前端（白色・2片）
84 尾巴（金黃色・2片）
尾巴（焦茶色・2片）
①
重疊。
眼睛插入位置
鼻子（豆豆眼）插入位置
②
79 身體（茶色・2片）
飛羽繡（焦茶色・1股）
85 樹墩（焦茶色・2片）
回針繡（茶色・1股）
85 切面（米黃色・1片）
回針繡（茶色・1股）
81 前翅膀（白色・2片）
81 後翅膀（白色・2片）
臉部（白色・1片）
81 身體（薄荷綠・2片）
眼睛插入位置
緞面繡（黃色・1股）
②
①
串珠接縫位置
直線繡（黃色・1股）
緞面繡（黃色・1股）
眼睛插入位置
80 身體（粉紅色・2片）
直線繡（茶色・1股）
83 本體前片（紅色・1片）
②
鈕釦接縫位置
83 本體後片（紅色・1片）
①
菇梗（白色・1片）
重疊。
82 本體後片（橘色・1片）
82 本體前片（橘色・1片）
②
水兵帶接縫位置
菇梗（白色・1片）
①
重疊。

P.23 no.86至92 海洋裡的朋友們

※縫線除了特別指定之外，
皆取與不織布同色的1股線。

86材料（魟魚）
- 不織布
  （深藍色）15cm×15cm
  （白色）15cm×10cm
- 插入式豆豆眼（4mm 黑色）2個
- 25號繡線
  （深藍色・白色・黑色）
- 色鉛筆（水藍色）
- 手工藝用棉花　適量
- 手工藝用白膠

87材料（海龜）
- 不織布
  （淺黃色）12cm×8cm
  （紫色）8cm×6cm
  （藍綠色）9cm×9cm
  （綠色）10cm×8cm
- 插入式豆豆眼（3mm 黑色）1個
- 25號繡線
  （紫色・藍綠色・綠色・淺黃色・茶色）
- 手工藝用棉花　適量
- 手工藝用白膠

88材料（卷貝）
- 不織布（紫色）6cm×4cm
- 半圓珍珠
  （2mm 白色）3個
  （2mm 粉紅色）2個
- 25號繡線（紫色）
- 手工藝用棉花　適量
- 手工藝用白膠

89材料（美人魚）
- 不織布
  （奶油色）12cm×10cm
  （黃色）12cm×8cm
  （藍綠色）10cm×6cm
  （粉紅色）5cm×2cm
- 插入式豆豆眼（3.5mm 茶色）2個
- 蕾絲（白色）6mm寬7cm
- 串珠配件（18mm 蝴蝶結款）1個
- 色鉛筆（粉紅色）
- 25號繡線
  （奶油色・黃色・藍綠色・淺粉紅色・茶色）
- 手工藝用棉花　適量
- 手工藝用白膠

90材料（翻車魚）
- 不織布
  （水藍色）10cm×10cm
  （藍色）10cm×8cm
  （白色）8cm×8cm
- 插入式豆豆眼（4mm 黑色）1個
- 25號繡線（白色・水藍色・藍色）
- 手工藝用棉花　適量
- 手工藝用白膠

91材料（卷貝）
- 不織布
  （綠色）6cm×4cm
  （白色）3cm×2cm
- 半圓珍珠（2mm 白色）3個
- 25號繡線（綠色・白色）
- 手工藝用棉花　適量
- 手工藝用白膠

92材料（帆立貝）
- 不織布（粉紅色）6cm×3cm
- 半圓珍珠
  （2mm 白色）4個
  （2mm 粉紅色）2個
- 25號繡線（粉紅色・深粉紅色）
- 手工藝用棉花　適量
- 手工藝用白膠

*no.86・87・89紙型參見P.87・no.90紙型參見P.86。
*no.88・91・92紙型參見P.104。

89 作法

1. 將手夾入身體前後片之間，再縫合＆填入棉花。

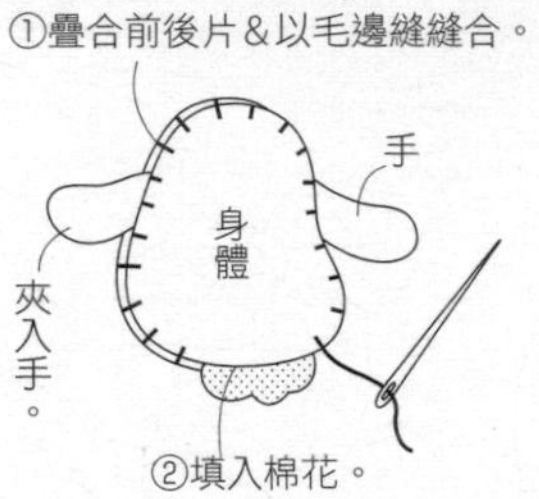
①疊合前後片＆以毛邊縫縫合。
手
身體
夾入手。
②填入棉花。

2. 縫合尾鰭＆填入棉花。

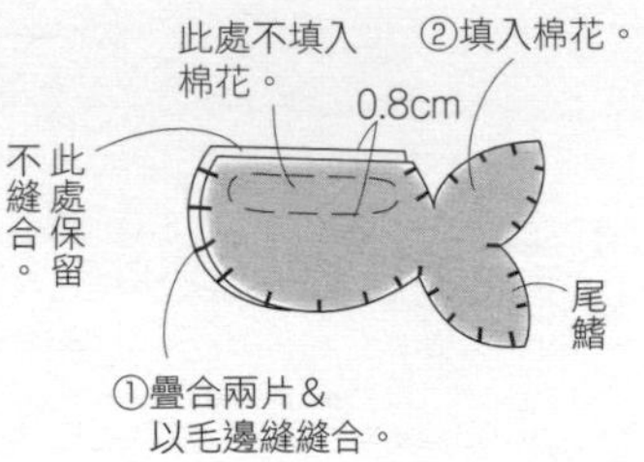
此處不填入棉花。
②填入棉花。
0.8cm
此處保留不縫合。
尾鰭
①疊合兩片＆以毛邊縫縫合。

3. 將身體放入尾鰭內，以白膠貼合。

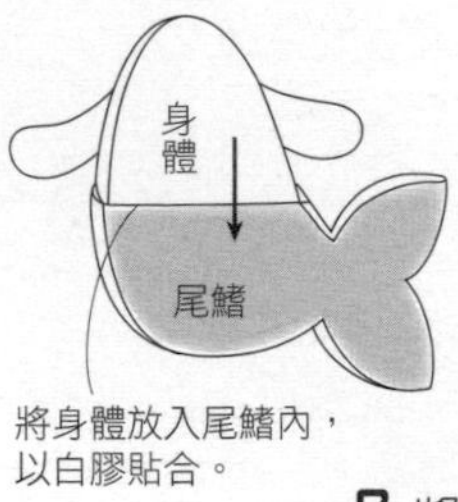
身體
尾鰭
將身體放入尾鰭內，以白膠貼合。

4. 接縫臉部＆頭部，並填入棉花。

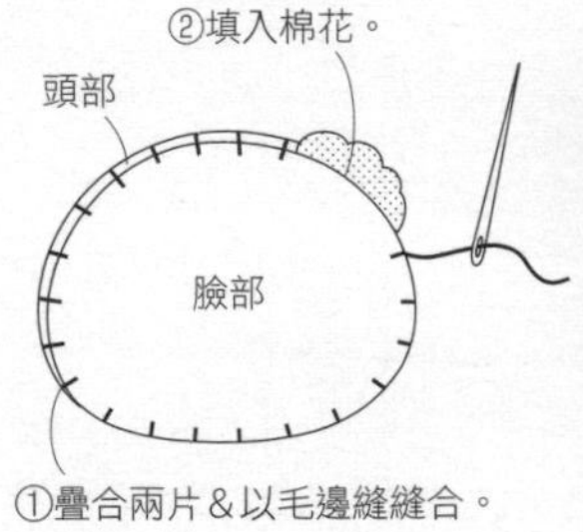
②填入棉花。
頭部
臉部
①疊合兩片＆以毛邊縫縫合。

5. 將身體接縫於頭部上。

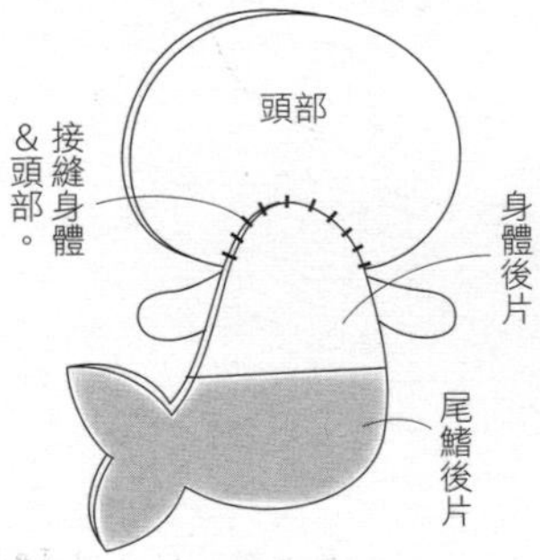
頭部
接縫身體＆頭部。
身體後片
尾鰭後片

6. 接縫頭髮前後片。

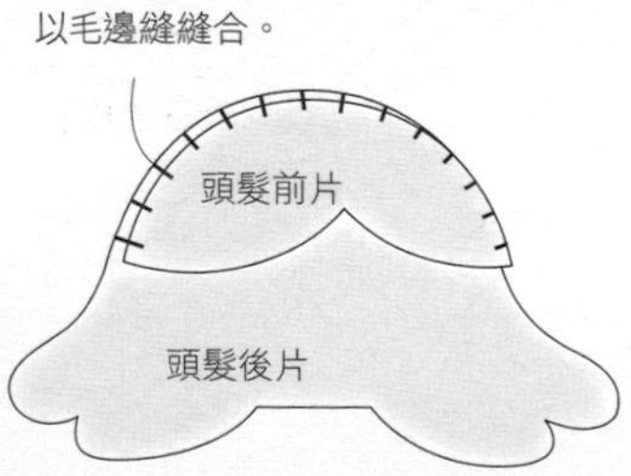
以毛邊縫縫合。
頭髮前片
頭髮後片

7. 將臉部放入髮片內，並以白膠貼合，再接加上眼睛＆繡上嘴巴。

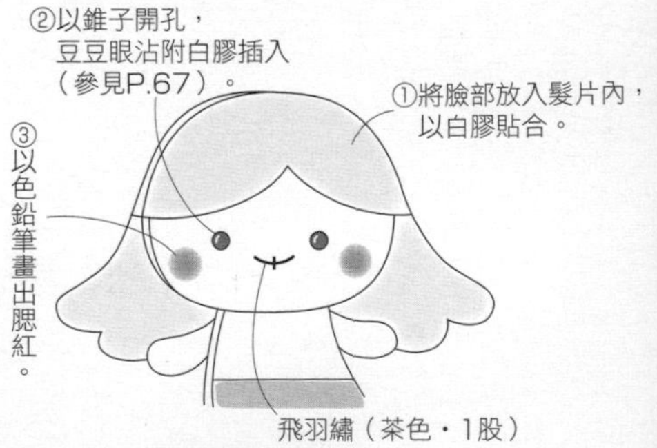
②以錐子開孔，豆豆眼沾附白膠插入（參見P.67）。
①將臉部放入髮片內，以白膠貼合。
③以色鉛筆畫出腮紅。
飛羽繡（茶色・1股）

8. 製作貝殼後，接縫上貝殼＆飾品。

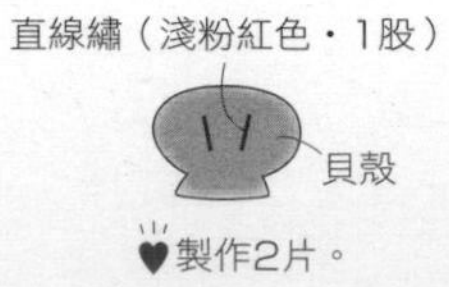
直線繡（淺粉紅色・1股）
貝殼
製作2片。

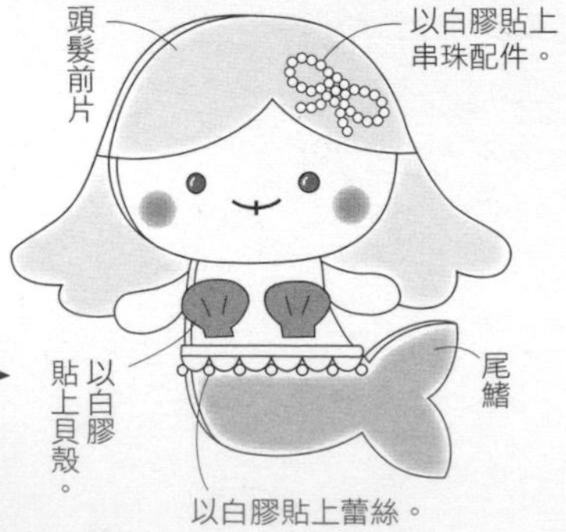
頭髮前片
以白膠貼上串珠配件。
以白膠貼上貝殼。
尾鰭
以白膠貼上蕾絲。

89 完成！

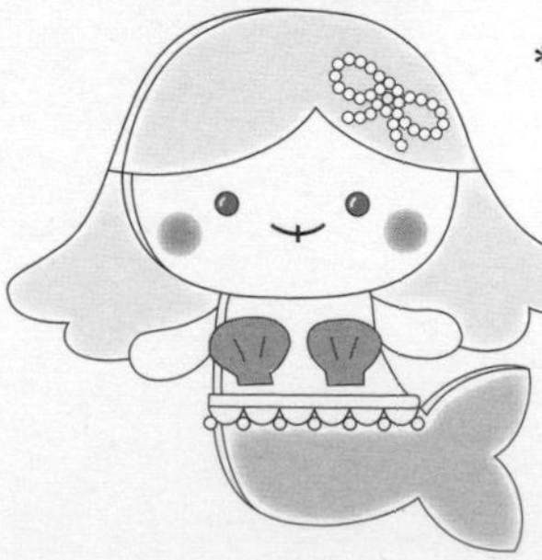

*高約7cm

92 作法

1. 在貝殼上刺繡。

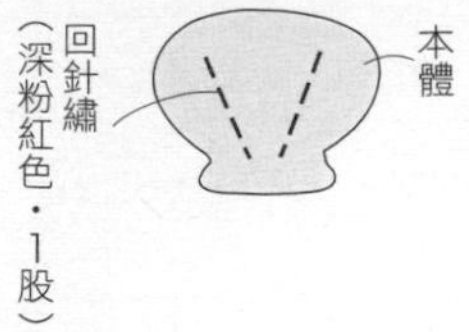

回針繡（深粉紅色・1股）
本體

2. 縫合兩片＆填入棉花。

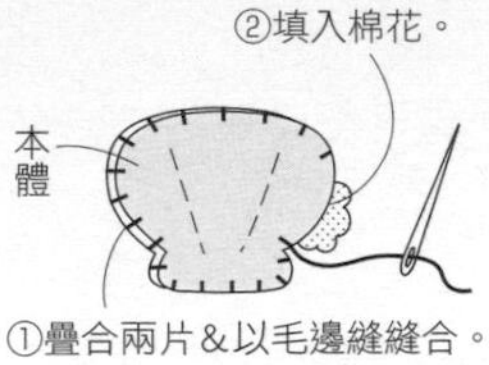

②填入棉花。
本體
①疊合兩片＆以毛邊縫縫合。

3. 貼上珍珠。

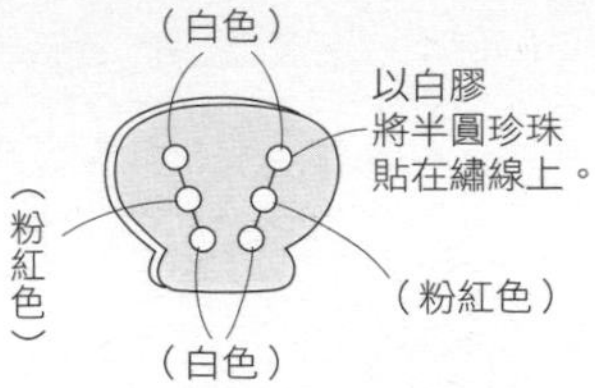

（白色）
以白膠將半圓珍珠貼在繡線上。
（粉紅色）
（粉紅色）
（白色）

92 完成！

＊高約2cm

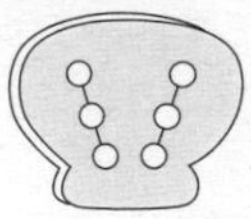

91 作法

1. 在貝殼上刺繡。

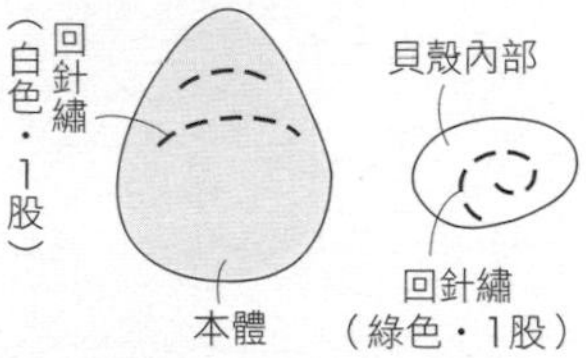

回針繡（白色・1股）
貝殼內部
本體
回針繡（綠色・1股）

2. 縫合兩片＆填入棉花。

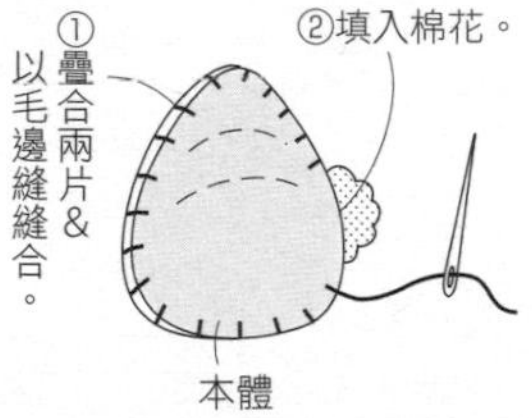

①疊合兩片＆以毛邊縫縫合。
②填入棉花。
本體

3. 貼上珍珠。

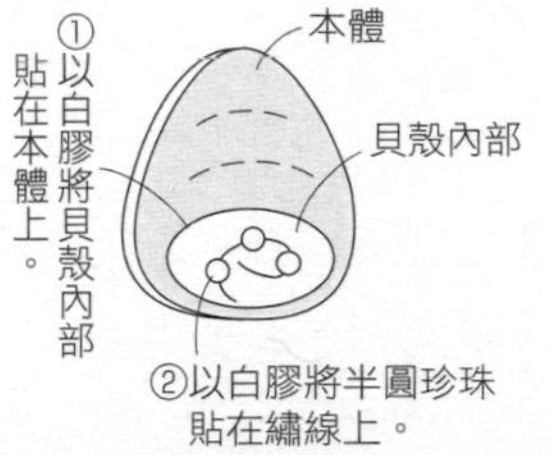

①以白膠將貝殼內部貼在本體上。
本體
貝殼內部
②以白膠將半圓珍珠貼在繡線上。

91 完成！

＊高約2.5cm

88 作法

1. 在貝殼上刺繡。

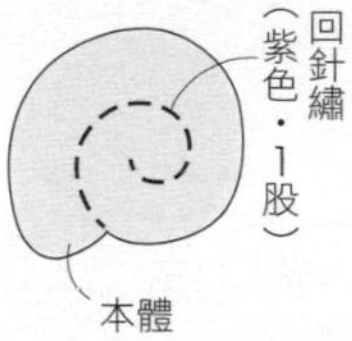

回針繡（紫色・1股）
本體

2. 縫合兩片＆填入棉花。

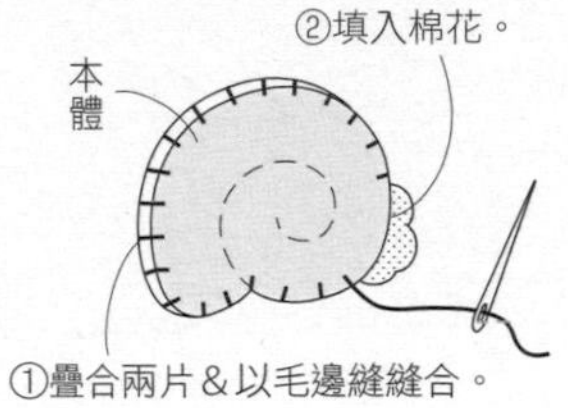

②填入棉花。
本體
①疊合兩片＆以毛邊縫縫合。

3. 貼上珍珠。

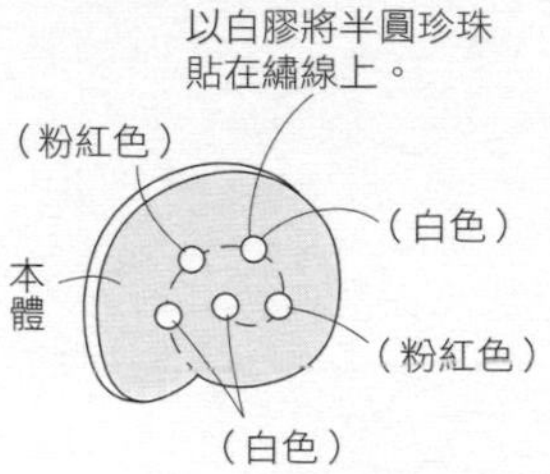

以白膠將半圓珍珠貼在繡線上。
（粉紅色）
（白色）
本體
（粉紅色）
（白色）

88 完成！

＊高約2.5cm

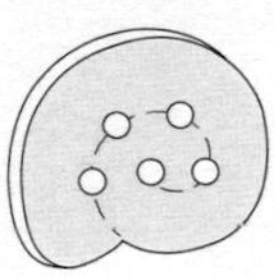

87 作法

1. 縫合頭部＆填入棉花。

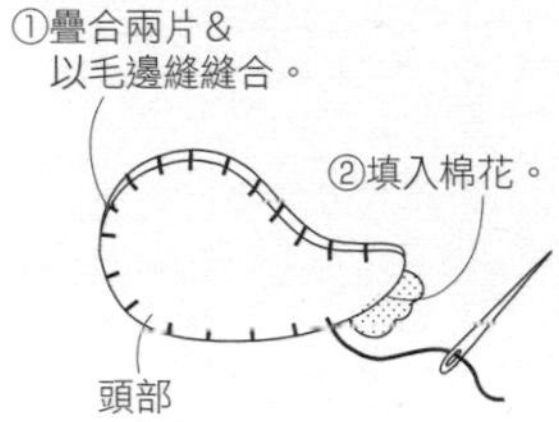

①疊合兩片＆以毛邊縫縫合。
②填入棉花。
頭部

2. 加上眼睛＆繡上嘴巴。

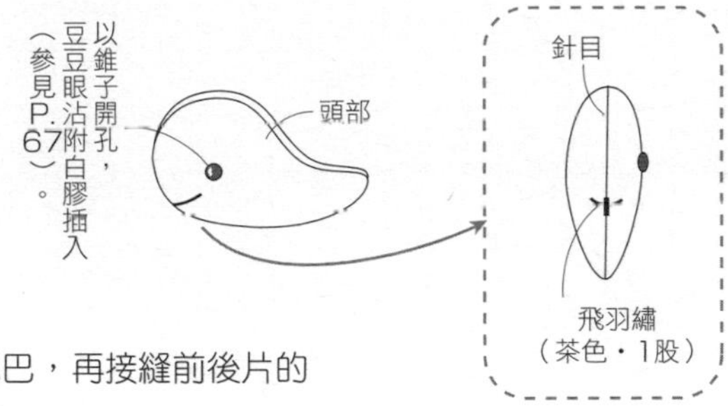

以錐子開孔，豆豆眼沾附白膠插入（參見P.67）。
頭部
針目
飛羽繡（茶色・1股）

3. 疊合＆接縫龜殼上段・中段・下段。

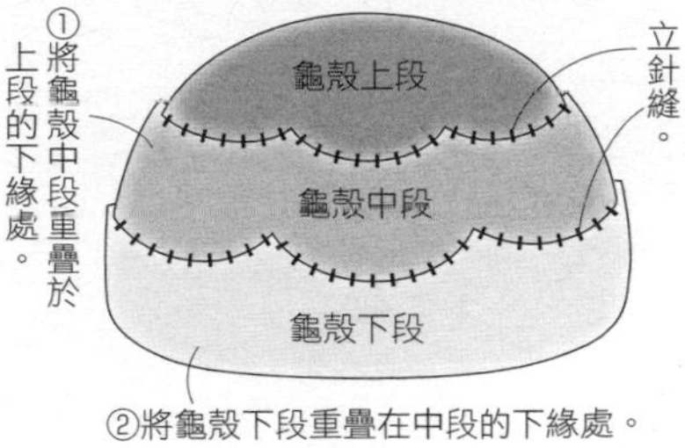

①將龜殼中段重疊於上段的下緣處。
龜殼上段
立針縫。
龜殼中段
龜殼下段
②將龜殼下段重疊在中段的下緣處。

4. 夾入頭部・腳・尾巴，再接縫前後片的龜殼＆填入棉花。

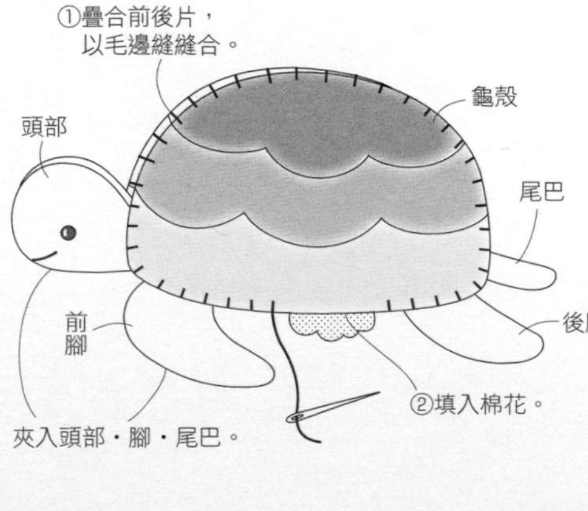

①疊合前後片，以毛邊縫縫合。
龜殼
頭部
尾巴
前腳
後腳
②填入棉花。
夾入頭部・腳・尾巴。

♥製作2片。

87 完成！

＊高約6cm

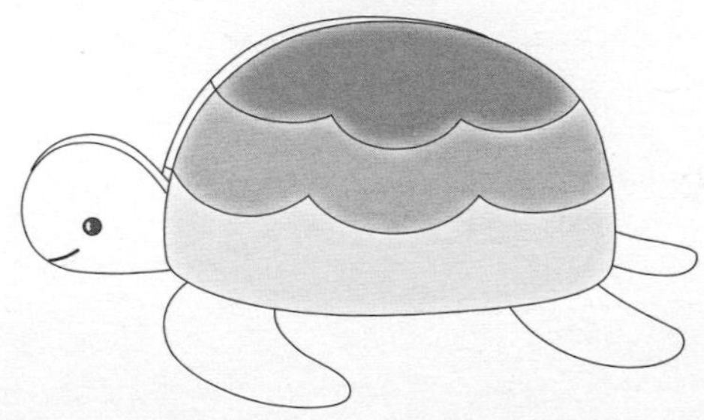

86 作法

1.將身體前片接縫上頭部。

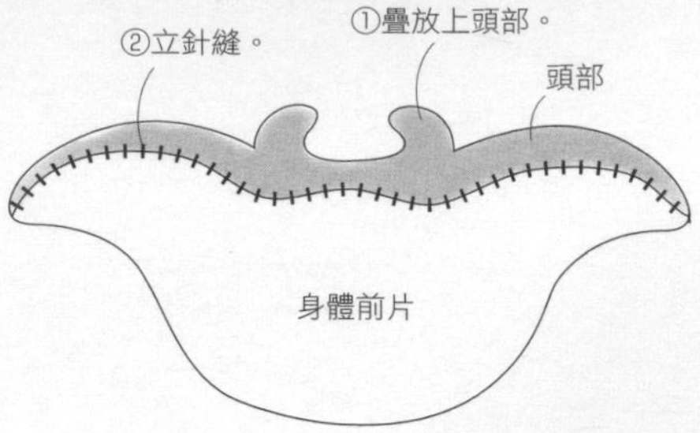

②立針縫。
①疊放上頭部。
頭部
身體前片

2.身體前後片夾入尾巴後，縫合＆填入棉花。

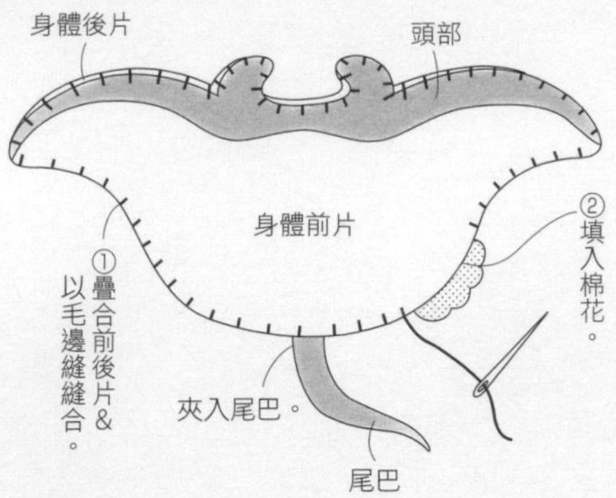

身體後片
頭部
身體前片
①疊合前後片＆以毛邊縫縫合。
②填入棉花。
夾入尾巴。
尾巴

3.加上眼睛＆繡上嘴巴。

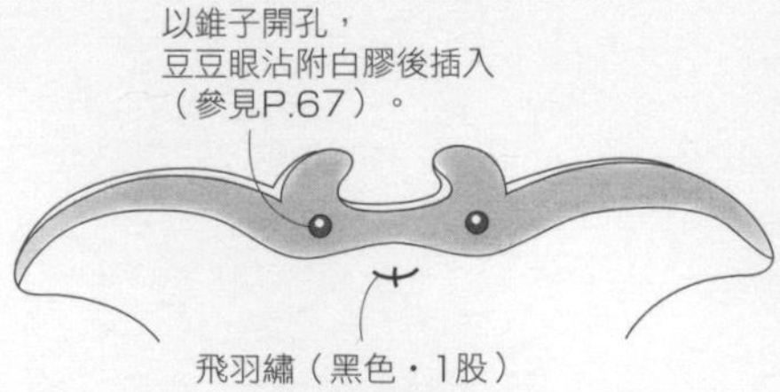

以錐子開孔，
豆豆眼沾附白膠後插入
（參見P.67）。
飛羽繡（黑色・1股）

86 完成！

＊高約8.5cm

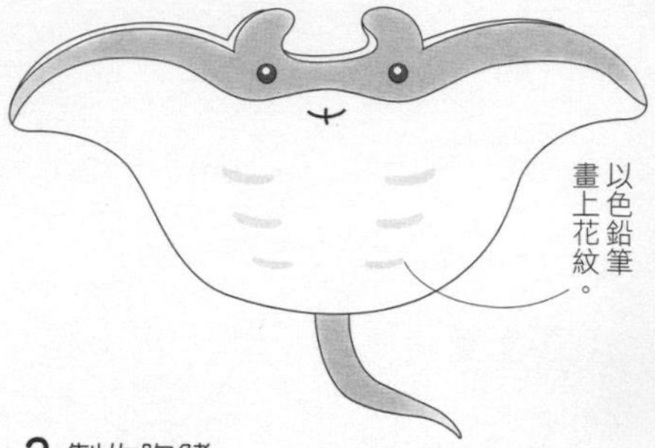

以色鉛筆畫上花紋。

90 作法

1.將身體接縫上肚子＆尾鰭。

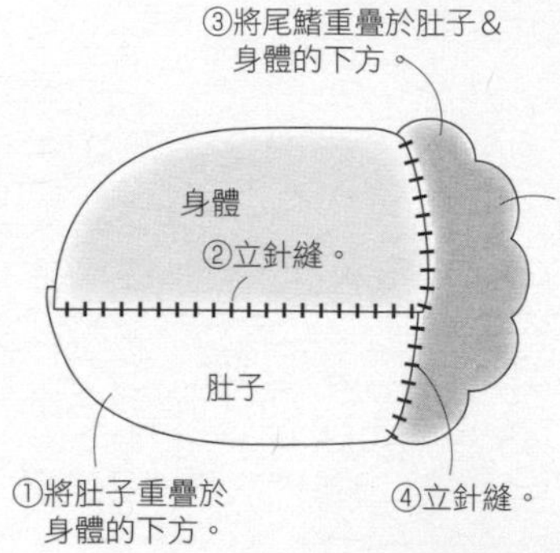

③將尾鰭重疊於肚子＆
身體的下方。
身體
②立針縫。
尾鰭
肚子
①將肚子重疊於
身體的下方。
④立針縫。

2.在身體前後片之間夾入魚鰭＆嘴巴後，縫合＆填入棉花。

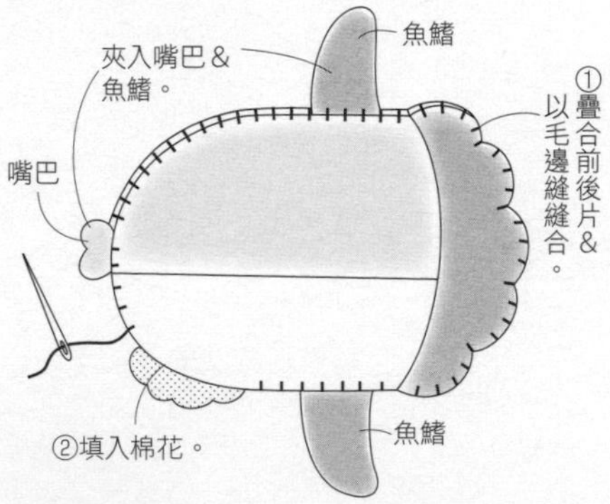

夾入嘴巴＆
魚鰭。
魚鰭
嘴巴
①疊合前後片＆以毛邊縫縫合。
②填入棉花。
魚鰭

3.製作胸鰭。

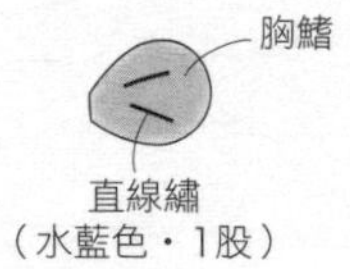

胸鰭
直線繡
（水藍色・1股）

4.貼上胸鰭＆加上眼睛。

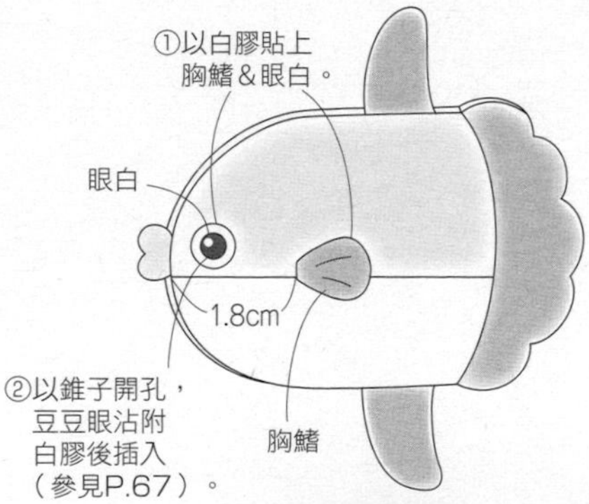

①以白膠貼上
胸鰭＆眼白。
眼白
1.8cm
②以錐子開孔，
豆豆眼沾附
白膠後插入
（參見P.67）。
胸鰭

90 完成！

＊高約8cm

90 原寸紙型

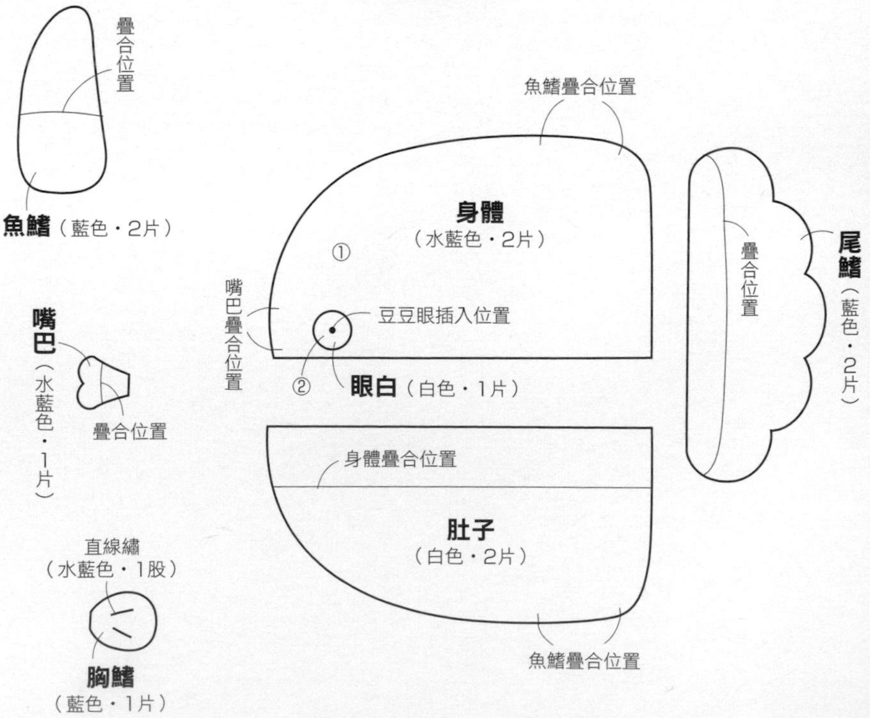

疊合位置
魚鰭（藍色・2片）
嘴巴（水藍色・1片）
疊合位置
直線繡
（水藍色・1股）
胸鰭
（藍色・1片）
魚鰭疊合位置
身體
（水藍色・2片）
①
嘴巴疊合位置
豆豆眼插入位置
②
眼白（白色・1片）
疊合位置
尾鰭（藍色・2片）
身體疊合位置
肚子
（白色・2片）
魚鰭疊合位置

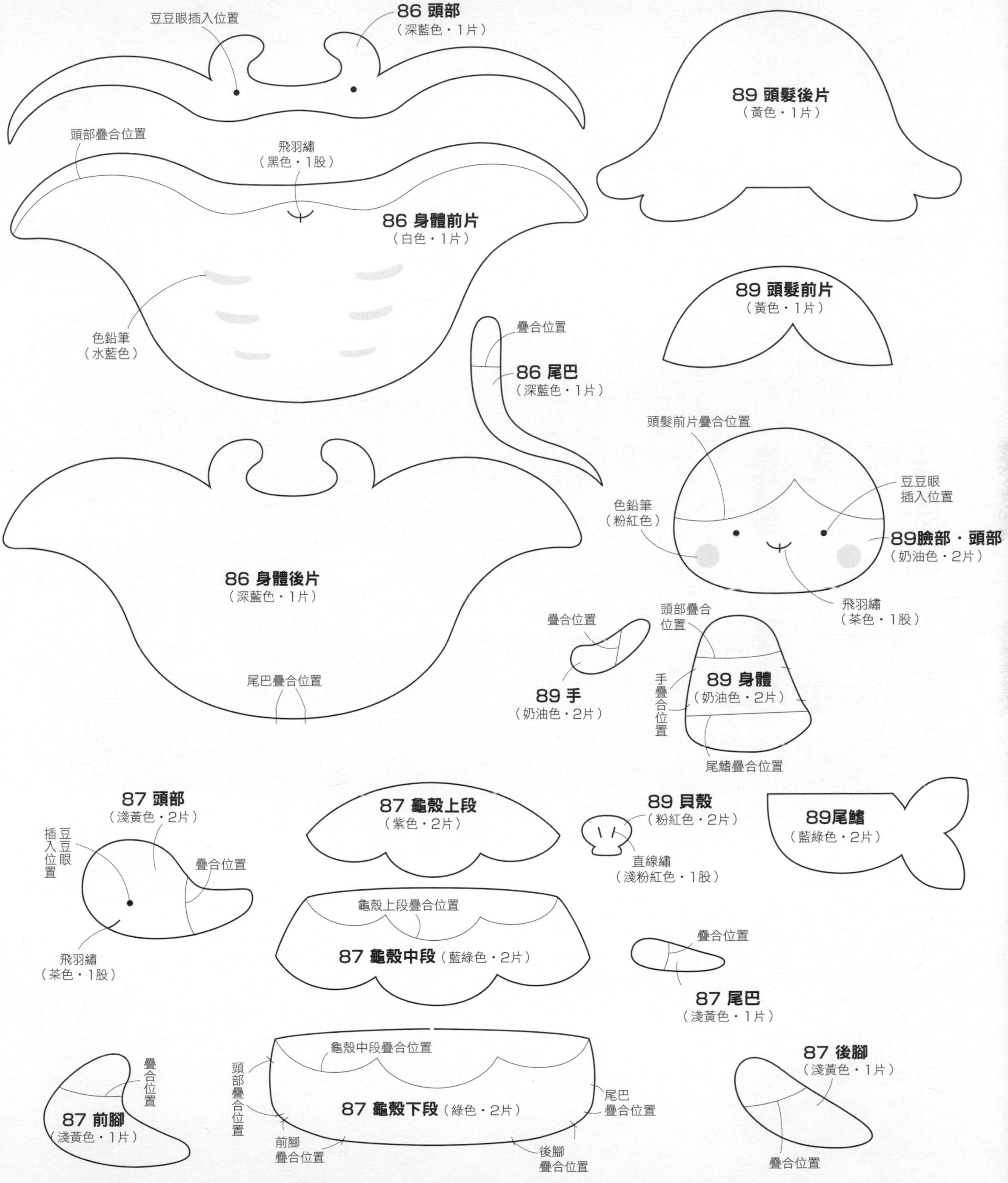
豆豆眼插入位置
86 頭部
（深藍色・1片）
頭部疊合位置
飛羽繡
（黑色・1股）
86 身體前片
（白色・1片）
色鉛筆
（水藍色）
疊合位置
86 尾巴
（深藍色・1片）
86 身體後片
（深藍色・1片）
尾巴疊合位置
89 頭髮後片
（黃色・1片）
89 頭髮前片
（黃色・1片）
頭髮前片疊合位置
豆豆眼
插入位置
色鉛筆
（粉紅色）
89臉部・頭部
（奶油色・2片）
飛羽繡
（茶色・1股）
疊合位置
89 手
（奶油色・2片）
頭部疊合
位置
89 身體
（奶油色・2片）
手疊合位置
尾鰭疊合位置
87 頭部
（淺黃色・2片）
豆豆眼插入位置
疊合位置
飛羽繡
（茶色・1股）
87 龜殼上段
（紫色・2片）
89 貝殼
（粉紅色・2片）
直線繡
（淺粉紅色・1股）
89尾鰭
（藍綠色・2片）
龜殼上段疊合位置
87 龜殼中段（藍綠色・2片）
疊合位置
87 尾巴
（淺黃色・1片）
疊合位置
87 前腳
（淺黃色・1片）
龜殼中段疊合位置
頭部疊合位置
87 龜殼下段（綠色・2片）
尾巴
疊合位置
前腳
疊合位置
後腳
疊合位置
87 後腳
（淺黃色・1片）
疊合位置

水母的時尚秀

97材料
- 不織布
  （粉紅色）18cm×6cm
  （深粉紅色・黃色）各5cm×3cm
  （淺黃色）3cm×2cm
- 25號繡線
  （白色・淺茶色）
- 手工藝用棉花　適量
- 手工藝用白膠

98材料
- 不織布
  （淺黃色）18cm×6cm
  （黃色）7cm×5cm
  （粉紅色・深粉紅色）各3cm×2cm
- 25號繡線
  （白色・淺茶色）
- 手工藝用棉花　適量
- 手工藝用白膠

99材料
- 不織布
  （白色）18cm×6cm
  （粉紅色・水藍色）各3cm×2cm
  （黃色・黃綠色）各2cm×2cm
- 25號繡線
  （茶色・米黃色）
- 手工藝用棉花　適量
- 手工藝用白膠

100材料
- 不織布
  （水藍色）19cm×7cm
  （藍色）7cm×5cm
  （粉紅色・白色）各3cm×2cm
- 25號繡線
  （白色・淺茶色）
- 手工藝用棉花　適量
- 手工藝用白膠

97 作法

1. 繡上眼睛＆嘴巴，貼上額頭＆腮紅。

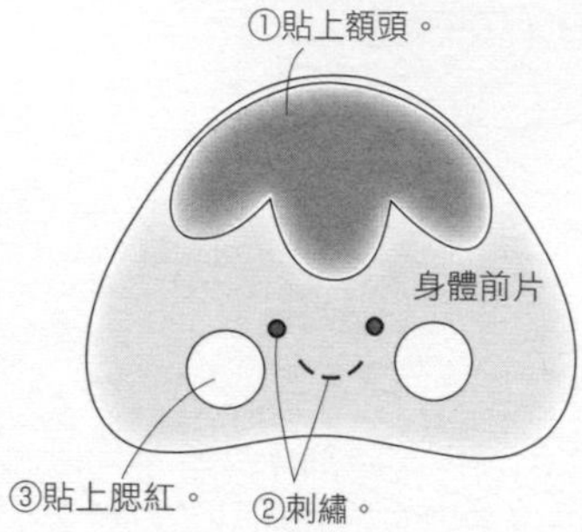
①貼上額頭。
身體前片
③貼上腮紅。
②刺繡。

2. 將腳夾入身體之間後，縫合＆填入棉花。

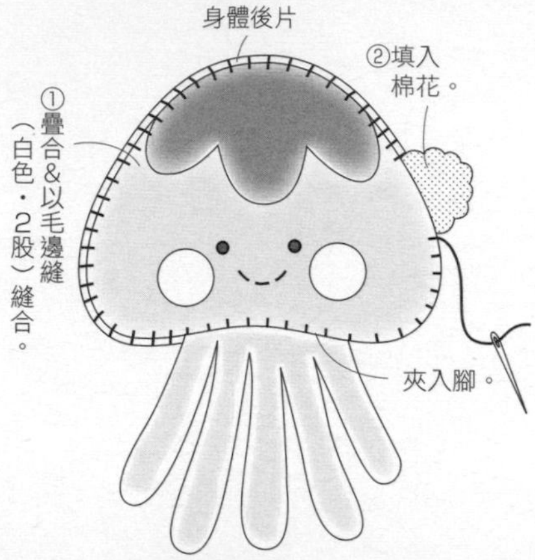
身體後片
②填入棉花。
①疊合＆以毛邊縫（白色・2股）縫合。
夾入腳。

97 完成！

＊高約7cm

3. 製作蝴蝶結，並貼在頭上。

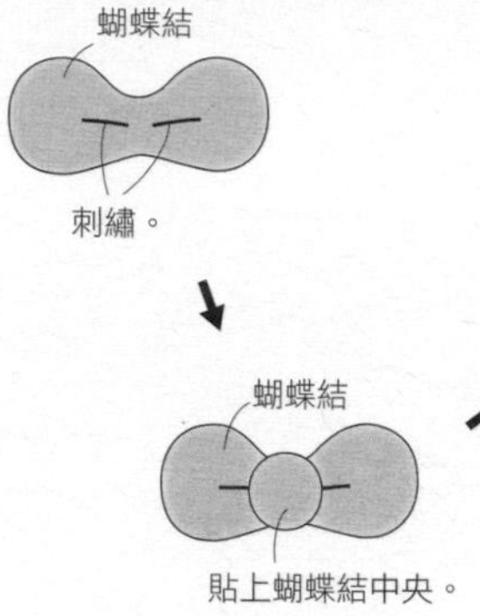
蝴蝶結
刺繡。
蝴蝶結
貼上蝴蝶結中央。

貼上蝴蝶結。

98 作法

1. 將臉部繡上眼睛＆嘴巴，並貼上腮紅。

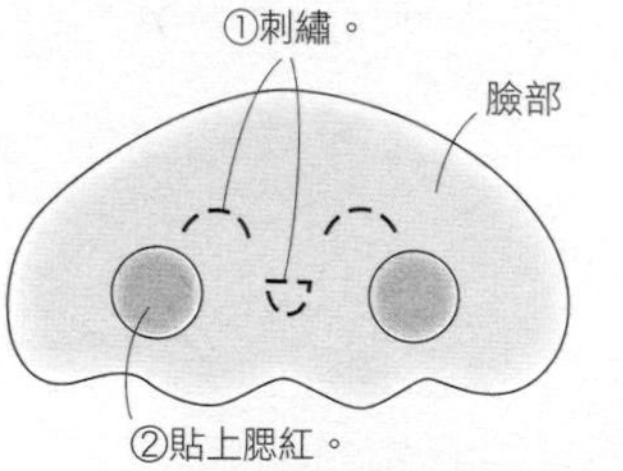
①刺繡。
臉部
②貼上腮紅。

2. 將身體前片貼上臉部，腳夾入身體之間後，縫合＆填入棉花。

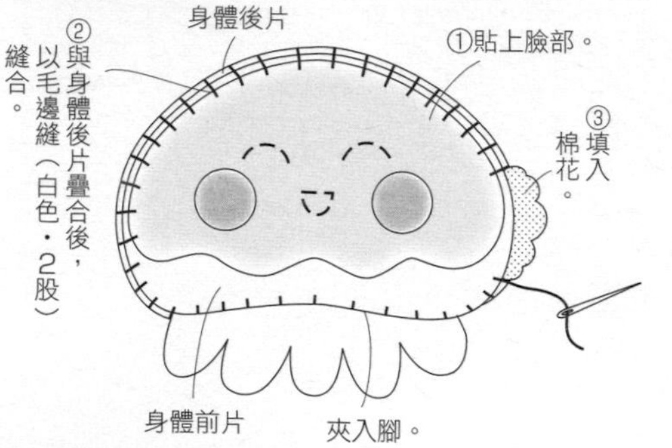
身體後片
①貼上臉部。
②與身體後片疊合後，以毛邊縫（白色・2股）縫合。
③填入棉花。
身體前片
夾入腳。

98 完成！

＊高約5cm

3. 貼上愛心。

貼上愛心。

99 作法

1. 將身體前片繡上眼睛＆嘴巴，並貼上腮紅＆花紋。

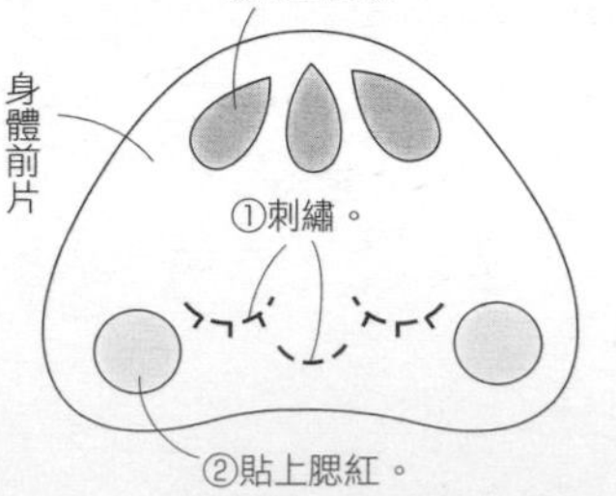
③貼上花紋。
身體前片
①刺繡。
②貼上腮紅。

2. 將腳夾入身體之間後，縫合＆填入棉花。

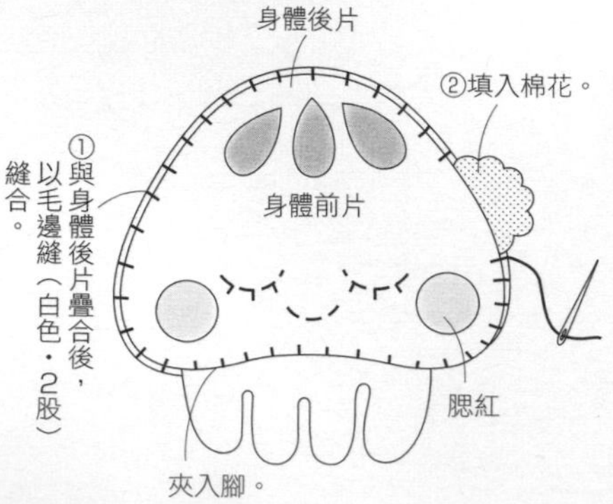
身體後片
②填入棉花。
①與身體後片疊合後，以毛邊縫（白色・2股）縫合。
身體前片
腮紅
夾入腳。

3. 製作花朵。

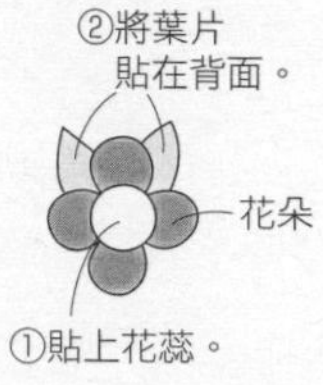
②將葉片貼在背面。
花朵
①貼上花蕊。

99 完成！

＊高約5.5cm

4. 貼上花朵。

花朵沾附白膠貼上。

100 作法

1. 將臉部繡上眼睛＆嘴巴，再貼上花紋。

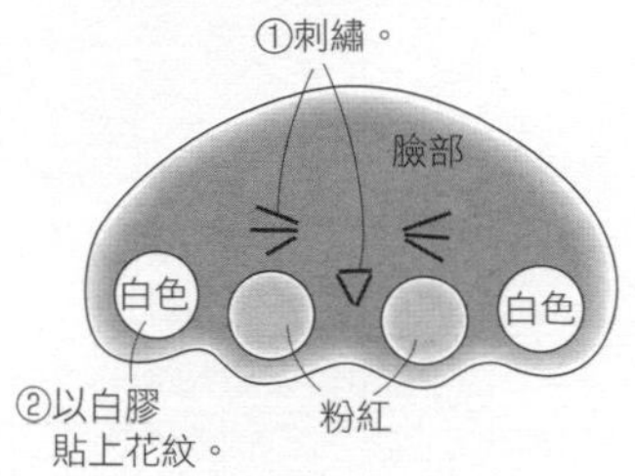
①刺繡。
臉部
白色
白色
②以白膠
貼上花紋。
粉紅

2. 將身體前片貼上臉部，再將腳夾入身體之間，縫合＆填入棉花。

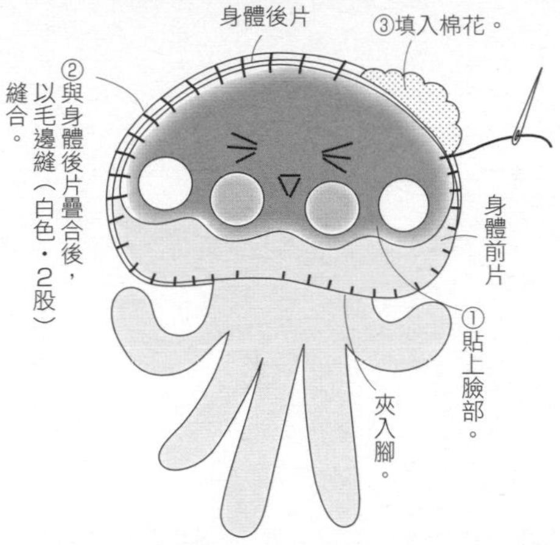
身體後片
③填入棉花。
②與身體後片疊合後，以毛邊縫（白色・2股）縫合。
身體前片
①貼上臉部。
夾入腳。

100 完成！

＊高約7.5cm

97至100 原寸紙型

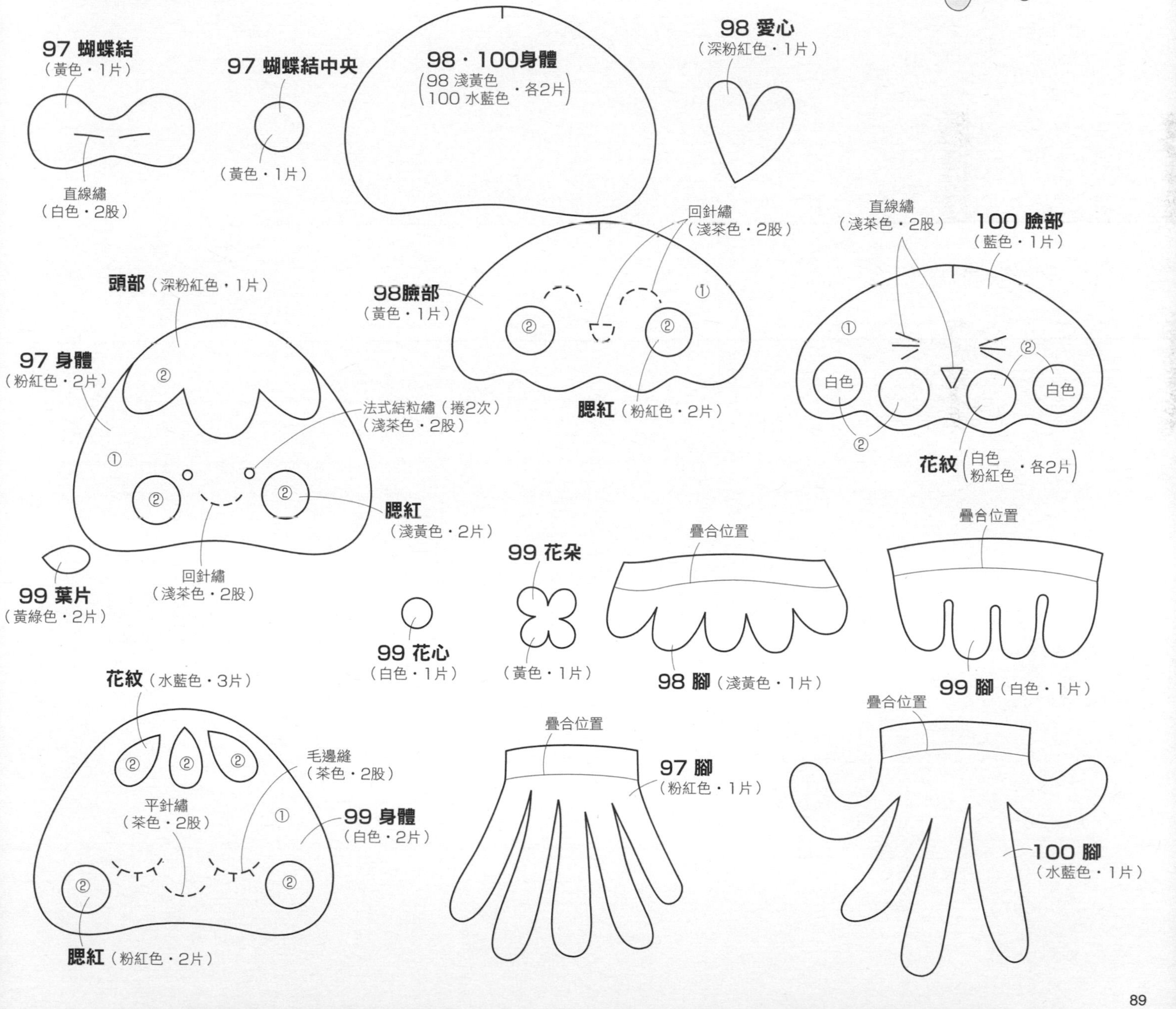
97 蝴蝶結
（黃色・1片）
直線繡
（白色・2股）
97 蝴蝶結中央
（黃色・1片）
98・100身體
（98 淺黃色
100 水藍色・各2片）
98 愛心
（深粉紅色・1片）
回針繡
（淺茶色・2股）
98臉部
（黃色・1片）
①
②
②
腮紅（粉紅色・2片）
直線繡
（淺茶色・2股）
100 臉部
（藍色・1片）
①
白色
白色
②
②
花紋（白色
粉紅色・各2片）
頭部（深粉紅色・1片）
97 身體
（粉紅色・2片）
②
①
法式結粒繡（捲2次）
（淺茶色・2股）
②
②
腮紅
（淺黃色・2片）
回針繡
（淺茶色・2股）
99 葉片
（黃綠色・2片）
99 花朵
（黃色・1片）
99 花心
（白色・1片）
疊合位置
98 腳（淺黃色・1片）
疊合位置
99 腳（白色・1片）
花紋（水藍色・3片）
②
②
②
毛邊縫
（茶色・2股）
平針繡
（茶色・2股）
①
99 身體
（白色・2片）
②
②
腮紅（粉紅色・2片）
疊合位置
97 腳
（粉紅色・1片）
疊合位置
100 腳
（水藍色・1片）

小熊糖霜餅乾

101材料
- 不織布
  （深粉紅色）14cm×8cm
- 25號繡線
  （淺茶色・黃色）
- 手工藝用棉花　適量
- 手工藝用白膠

＊縫合不織布線材使用（淺茶色・2股）。

102材料
- 不織布
  （茶色）14cm×8cm
- 25號繡線
  （淺紫色・粉紅色）
- 手工藝用棉花　適量
- 手工藝用白膠

＊縫合不織布線材使用（淺紫色・2股）。

103材料
- 不織布
  （黃色）14cm×9cm
- 25號繡線
  （淺紫色・粉紅色）
- 手工藝用棉花　適量
- 手工藝用白膠

＊縫合不織布線材使用（淺紫色・2股）。

104材料
- 不織布
  （黃綠色）15cm×8cm
- 25號繡線
  （米黃色・粉紅色）
- 手工藝用棉花　適量
- 手工藝用白膠

＊縫合不織布線材使用（米黃色・2股）。

101至104 作法

1. 繡上眼睛＆嘴巴。

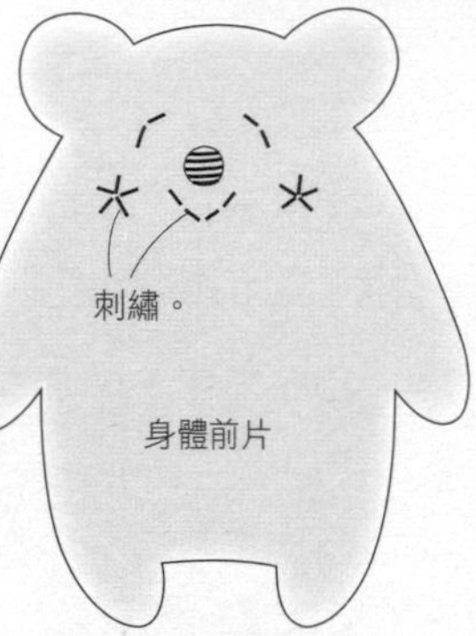
刺繡。
身體前片

2. 縫合身體前後片＆填入棉花。

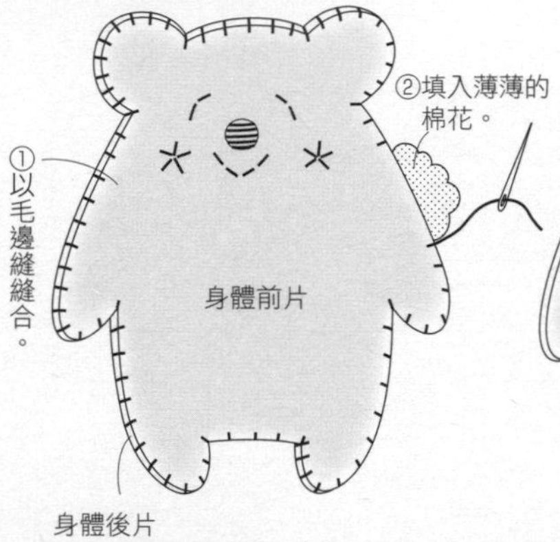
①以毛邊縫縫合。
②填入薄薄的棉花。
身體前片
身體後片

101 完成！
＊高約6.5cm

102 完成！
＊高約6.5cm

103 完成！
＊高約7.5cm

104 完成！
＊高約5.5cm

101・102 原寸紙型

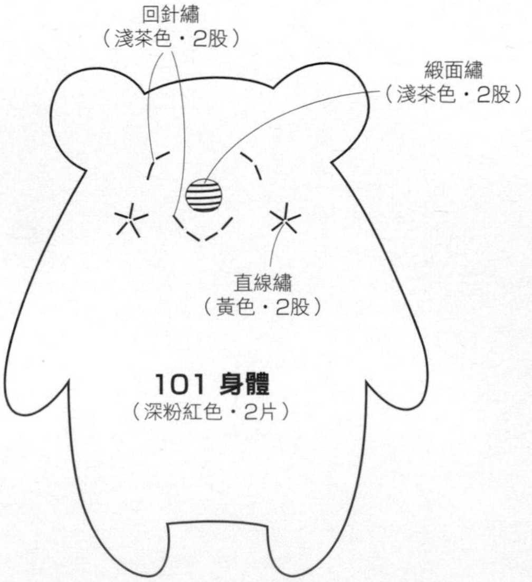
回針繡
（淺茶色・2股）
緞面繡
（淺茶色・2股）
直線繡
（黃色・2股）
101 身體
（深粉紅色・2片）

法式結粒繡
（淺茶色・2股）
緞面繡
（淺茶色・2股）
直線繡
（粉紅色・2股）
回針繡
（淺茶色・2股）
102 身體
（茶色・2片）

103・104 原寸紙型

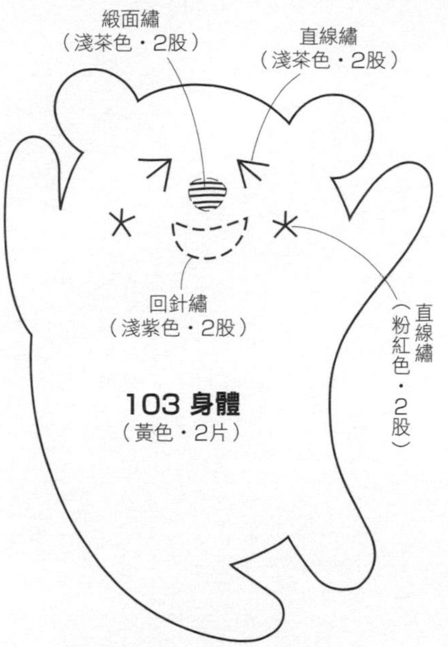
緞面繡
（淺茶色・2股）
直線繡
（淺茶色・2股）
回針繡
（淺紫色・2股）
直線繡
（粉紅色・2股）
103 身體
（黃色・2片）

緞面繡
（米黃色・2股）
回針繡
（米黃色・2股）
直線繡
（粉紅色・2股）
104 身體
（黃綠色・2片）

105至109 原寸紙型

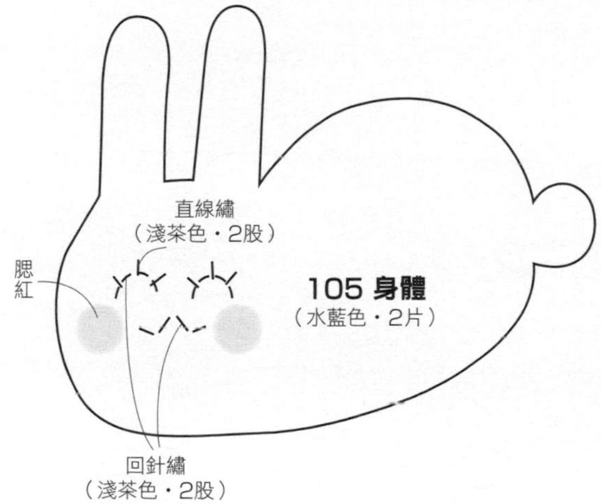
直線繡
（淺茶色・2股）
腮紅
105 身體
（水藍色・2片）
回針繡
（淺茶色・2股）

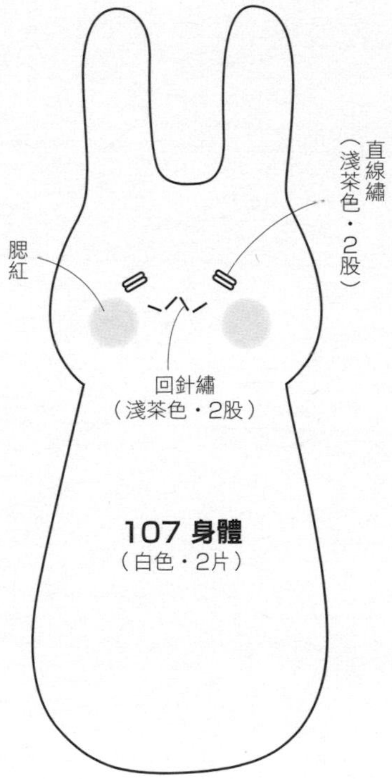
直線繡
（淺茶色・2股）
腮紅
回針繡
（淺茶色・2股）
107 身體
（白色・2片）

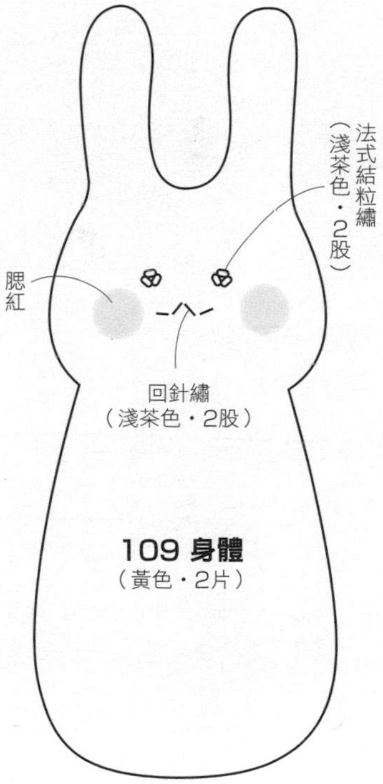
法式結粒繡
（淺茶色・2股）
腮紅
回針繡
（淺茶色・2股）
109 身體
（黃色・2片）

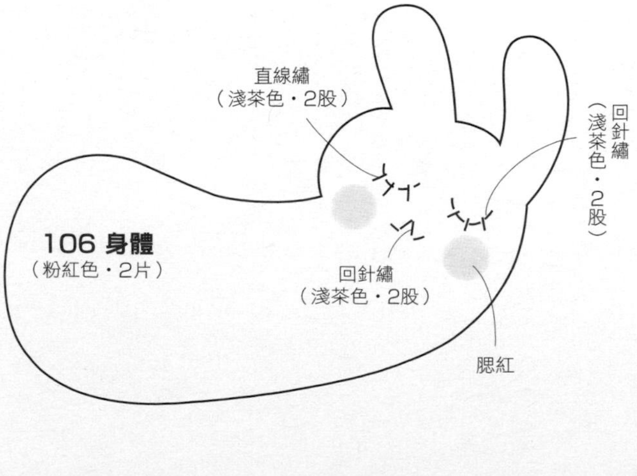
直線繡
（淺茶色・2股）
回針繡
（淺茶色・2股）
106 身體
（粉紅色・2片）
回針繡
（淺茶色・2股）
腮紅

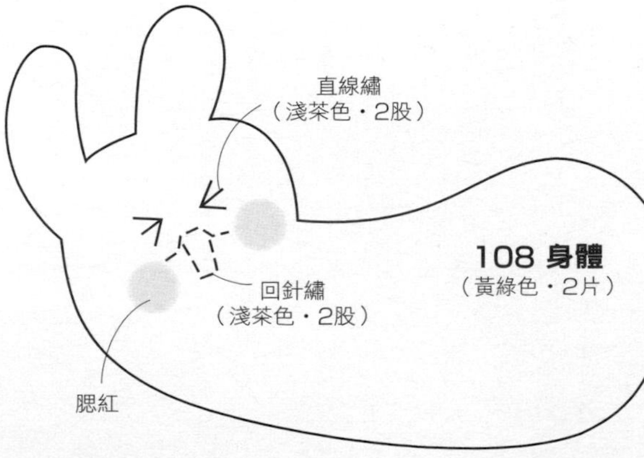
直線繡
（淺茶色・2股）
108 身體
（黃綠色・2片）
回針繡
（淺茶色・2股）
腮紅

P.27 no.105至109 小兔子蛋白餅乾 *紙型參見P.91。

105材料
- 不織布
（水藍色）17cm×7cm
- 25號繡線
（淺茶色・白色）
- 手工藝用棉花　適量
- 腮紅
- 手工藝用白膠

*縫合不織布線材
使用（白色・2股）。

106材料
- 不織布
（粉紅色）19cm×7cm
- 25號繡線
（淺茶色・白色）
- 手工藝用棉花　適量
- 腮紅
- 手工藝用白膠

*縫合不織布線材
使用（白色・2股）。

107材料
- 不織布
（白色）11cm×11cm
- 25號繡線
（淺茶色・粉紅色）
- 手工藝用棉花　適量
- 腮紅
- 手工藝用白膠

*縫合不織布線材
使用（粉紅色・2股）。

108材料
- 不織布
（黃綠色）17cm×8cm
- 25號繡線
（淺茶色・白色）
- 手工藝用棉花　適量
- 腮紅
- 手工藝用白膠

*縫合不織布線材
使用（白色・2股）。

109材料
- 不織布
（黃色）11cm×11cm
- 25號繡線
（淺茶色・白色）
- 手工藝用棉花　適量
- 腮紅
- 手工藝用白膠

*縫合不織布線材
使用（白色・2股）。

105至109 作法

1. 繡上眼睛＆嘴巴。

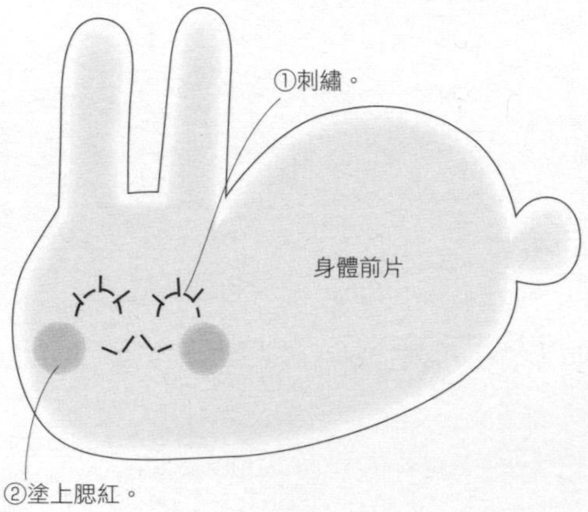

①刺繡。
身體前片
②塗上腮紅。

2. 縫合身體前後片＆填入棉花。

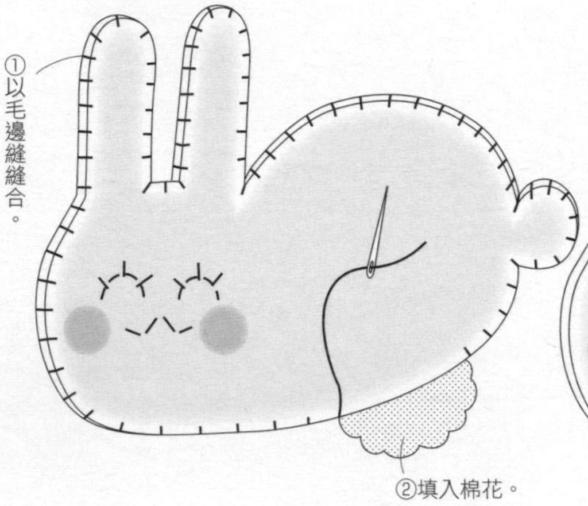

①以毛邊縫縫合。
②填入棉花。

105 完成！
*高約6.5cm

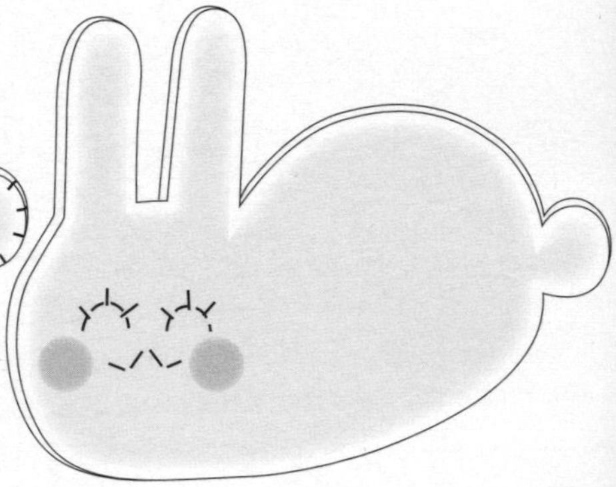

106 完成！
*高約5.5cm

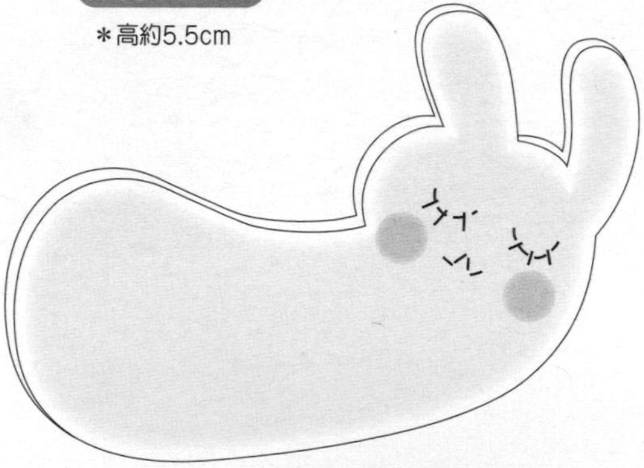

107 完成！
*高約9.5cm

109 完成！
*高約9.5cm

108 完成！
*高約5.5cm

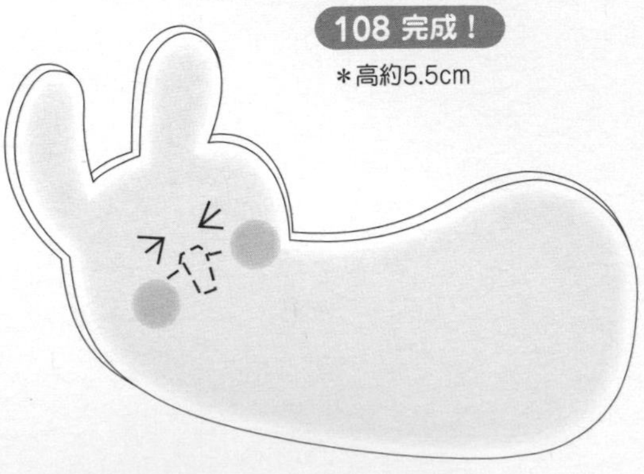

 幸福貓頭鷹

※縫線除了特別指定之外，
皆取與不織布同色的1股線。

110材料

・不織布
（白色）13cm×8cm
（米黃色）5cm×3cm
・25號繡線
（焦茶色・霜降灰・白色・原色）
・手工藝用棉花　適量
・手工藝用白膠

111材料

・不織布
（焦茶色）13cm×8cm
（米黃色）5cm×3cm
・25號繡線
（焦茶色・米黃色・粉紅色・水藍色）
・手工藝用棉花　適量
・手工藝用白膠

112材料

・不織布
（綠色）13cm×8cm
（米黃色）5cm×3cm
・25號繡線
（綠色・米黃色・紅色・焦茶色）
・手工藝用棉花　適量
・手工藝用白膠

112 完成！

＊高約6.5cm

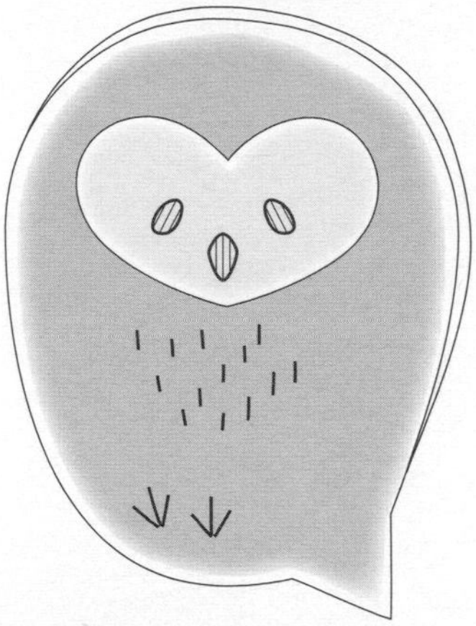

110至112 作法

1. 將臉部繡上眼睛＆嘴巴。

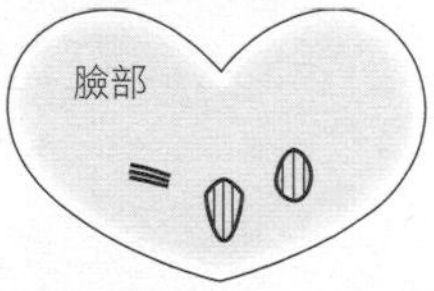
臉部

2. 將身體前片接縫上臉部，並繡上腳＆毛海。

3. 縫合身體前後片＆填入棉花。

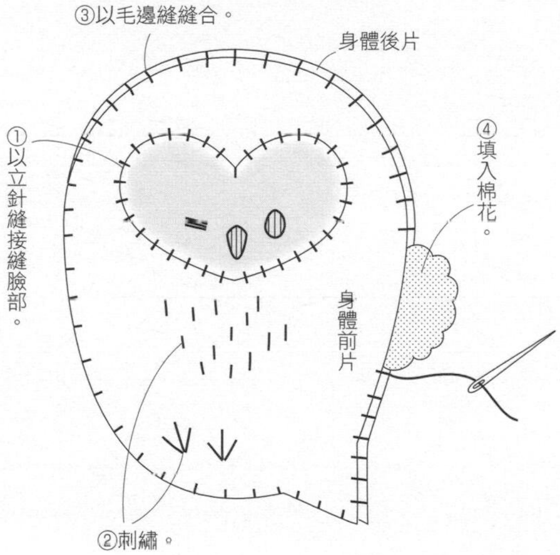
③以毛邊縫縫合。
身體後片
①以立針縫接縫臉部。
④填入棉花。
身體前片
②刺繡。

110 完成！

＊高約6.5cm

111 完成！

＊高約6.5cm

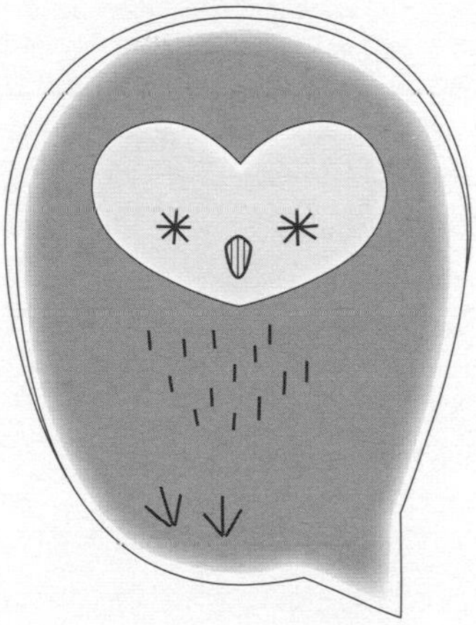

110至112 原寸紙型

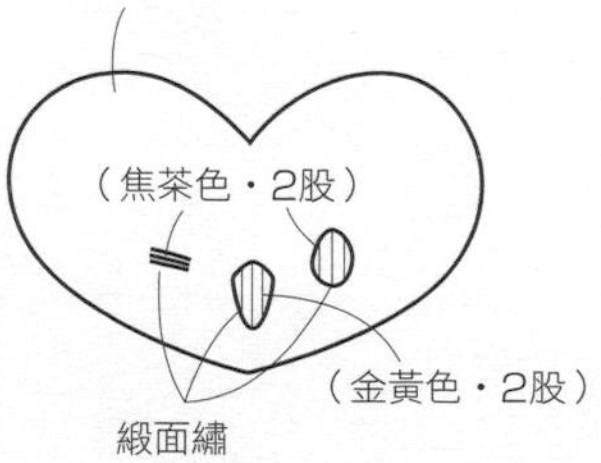
110 臉部（米黃色・1片）
（焦茶色・2股）
（金黃色・2股）
緞面繡

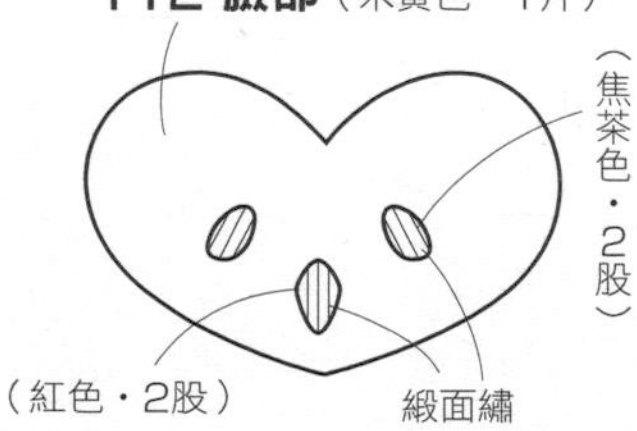
112 臉部（米黃色・1片）
（焦茶色・2股）
（紅色・2股）
緞面繡

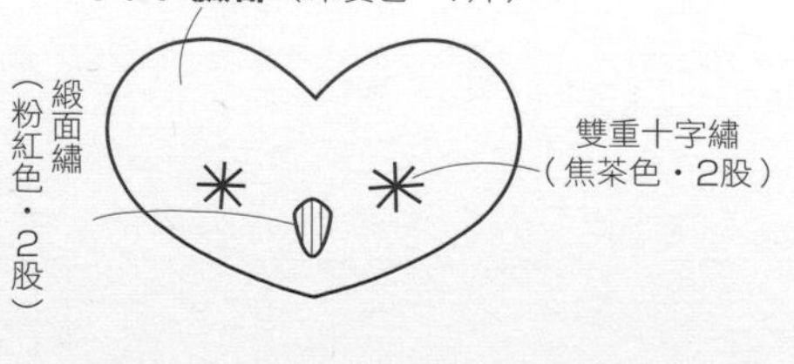
111 臉部（米黃色・1片）
緞面繡（粉紅色・2股）
雙重十字繡（焦茶色・2股）

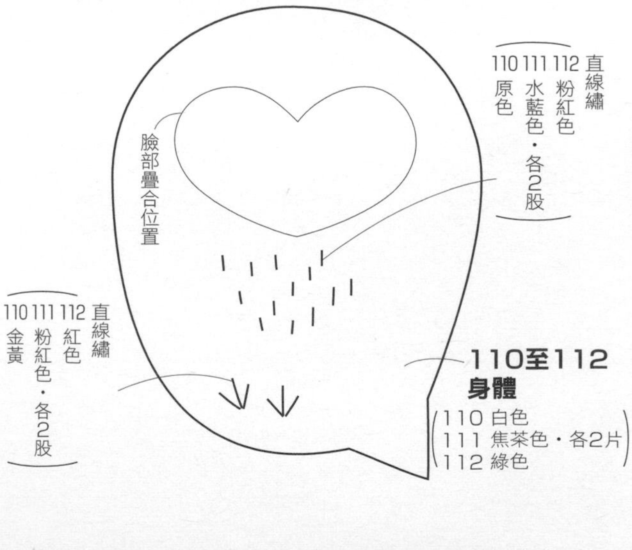
直線繡 110 原色 111 水藍色 112 粉紅色・各2股
臉部疊合位置
直線繡 110 金黃 111 粉紅色 112 紅色・各2股
110至112
身體
110 白色
111 焦茶色・各2片
112 綠色

113材料
- 不織布
  （米黃色）17cm×9cm
  （紅色）7cm×5cm
  （深粉紅色）4cm×3cm
- 25號繡線
  （淺茶色・米黃色）
- 手工藝用棉花　適量
- 手工藝用白膠

＊縫合不織布線材使用（米黃色・2股）。

114材料
- 不織布
  （粉紅色）17cm×9cm
  （黃綠色）7cm×5cm
  （淺黃色）4cm×3cm
- 25號繡線
  （淺茶色・米黃色）
- 手工藝用棉花　適量
- 手工藝用白膠

＊縫合不織布線材使用（米黃色・2股）。

115材料
- 不織布
  （膚色）17cm×9cm
  （黃色）5cm×3cm
  （深粉紅色）4cm×3cm
- 25號繡線
  （淺茶色・米黃色）
- 手工藝用棉花　適量
- 手工藝用白膠

＊縫合不織布線材使用（米黃色・2股）。

115 作法

1. 在鼻子上刺繡。

鼻子
直線繡。

2. 繡上眼睛，並以白膠貼上鼻子・腮紅・耳朵。

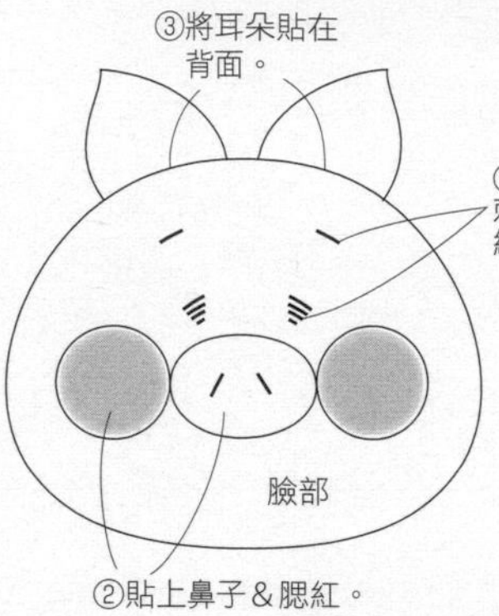
③將耳朵貼在背面。
①刺繡。
臉部
②貼上鼻子＆腮紅。

3. 縫合頭部＆臉部，並填入棉花。

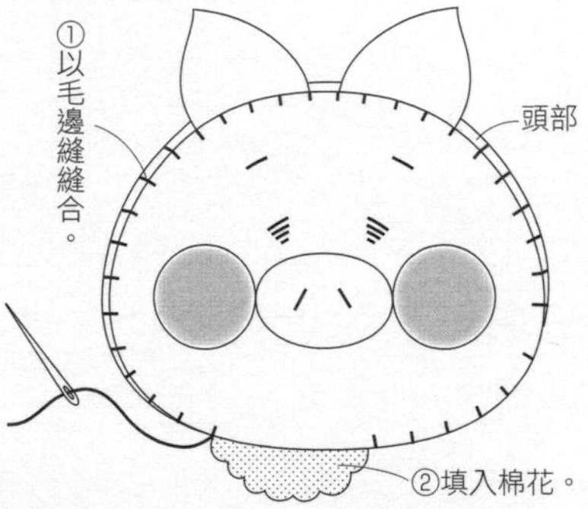
①以毛邊縫縫合。
頭部
②填入棉花。

4. 縫合身體前後片＆填入棉花。

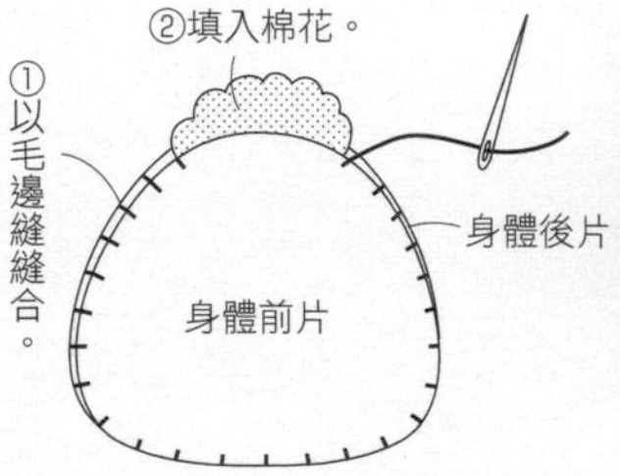
②填入棉花。
①以毛邊縫縫合。
身體後片
身體前片

5. 將頭部接縫於身體後片上。

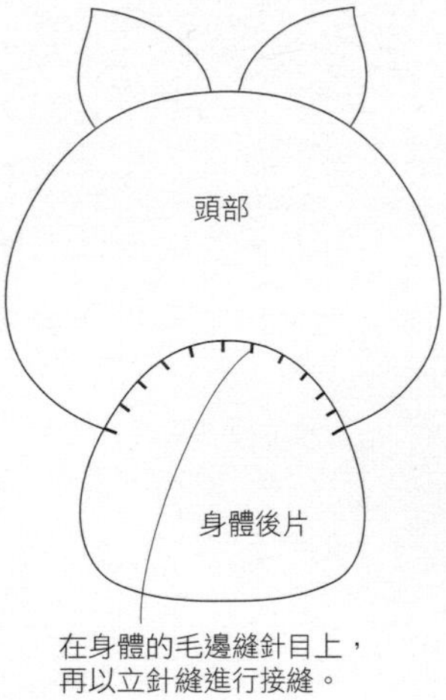
頭部
身體後片
在身體的毛邊縫針目上，再以立針縫進行接縫。

6. 以白膠再將頭部與身體前片貼合。

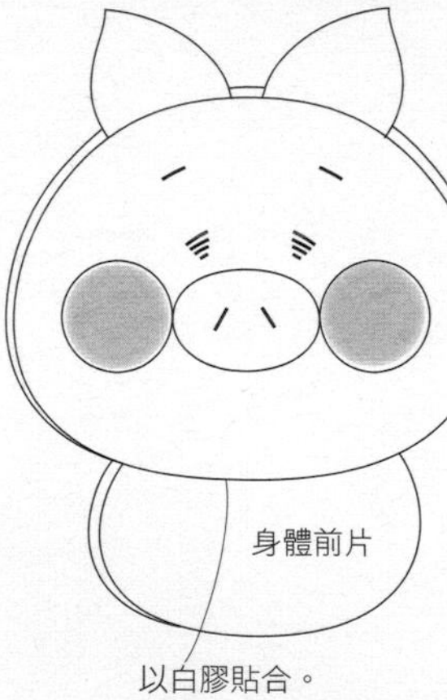
身體前片
以白膠貼合。

115 完成！

＊高約7cm

7. 以白膠貼上蝴蝶結。

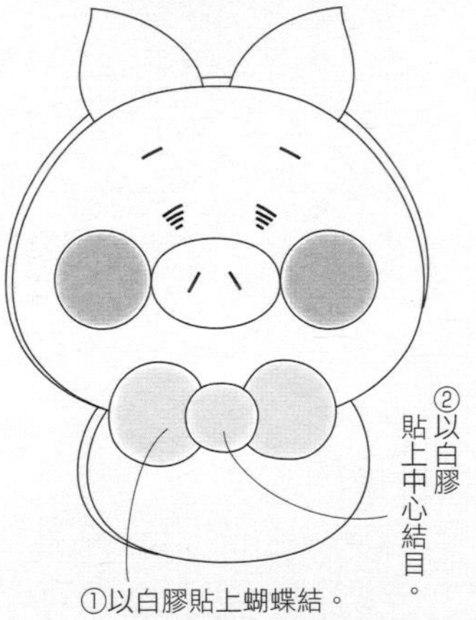
②以白膠貼上中心結目。
①以白膠貼上蝴蝶結。

114 作法

※詳細作法參見no.115。

1. 製作頭部。

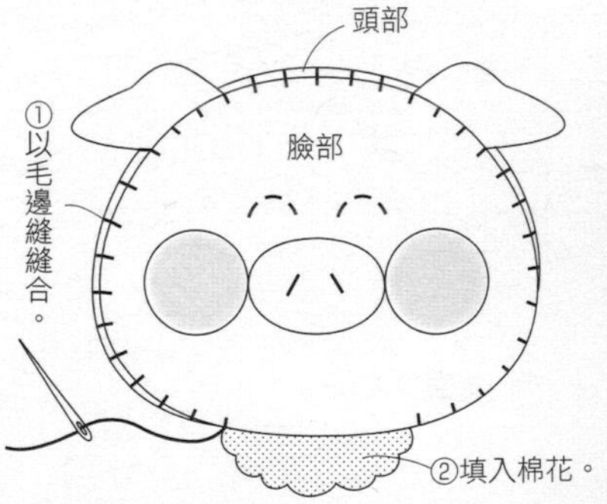
頭部
臉部
①以毛邊縫縫合。
②填入棉花。

2. 貼上披肩，縫製身體。

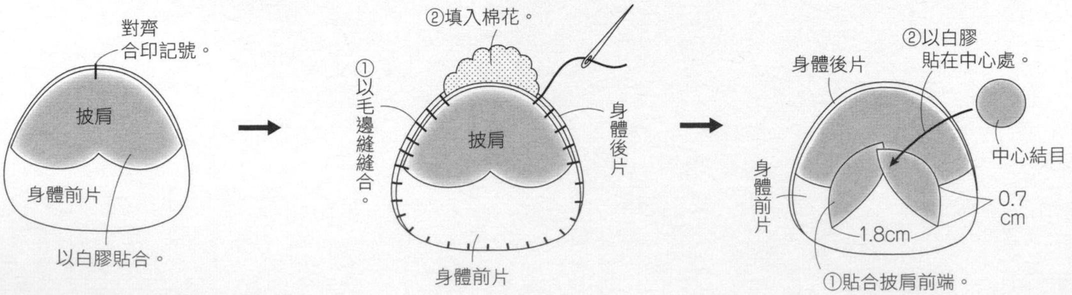
對齊合印記號。
披肩
身體前片
以白膠貼合。
②填入棉花。
①以毛邊縫縫合。
披肩
身體後片
身體前片
②以白膠貼在中心處。
身體後片
中心結目
身體前片
0.7cm
1.8cm
①貼合披肩前端。

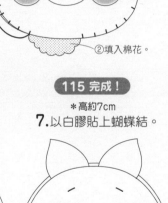

114 完成！

＊高約6cm

113 作法

※詳細作法參見no.115。

1.製作頭部。

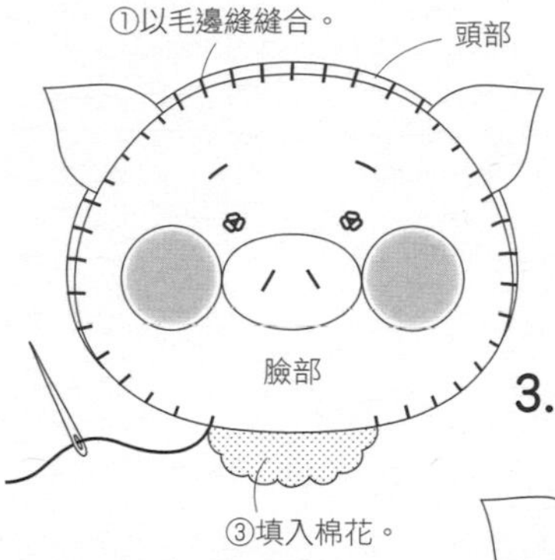
①以毛邊縫縫合。
頭部
臉部
③填入棉花。

2.貼上披肩，
縫製身體。

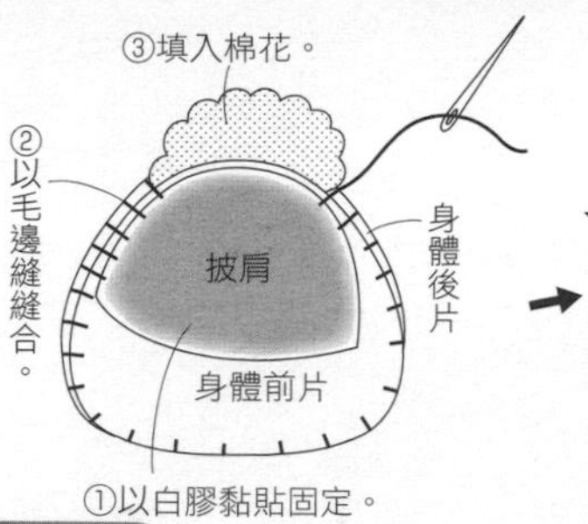
③填入棉花。
②以毛邊縫縫合。
身體後片
披肩
身體前片
①以白膠黏貼固定。

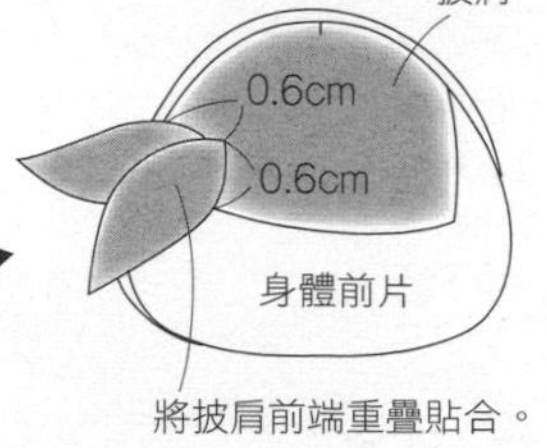
披肩
0.6cm
0.6cm
身體前片
將披肩前端重疊貼合。

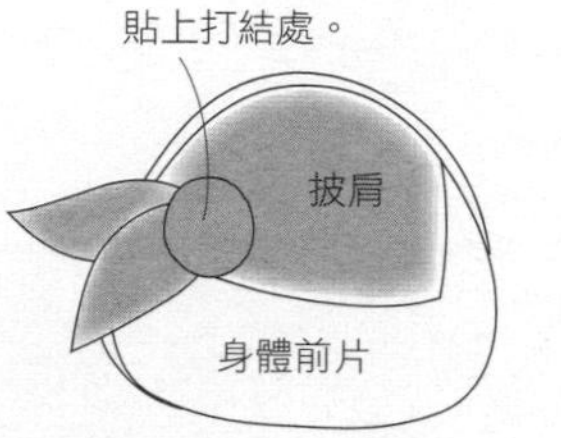
貼上打結處。
披肩
身體前片

113 完成！

＊高約6cm

3.縫合頭部＆身體，
並將頭部貼合於身體前片上。

113至115 原寸紙型

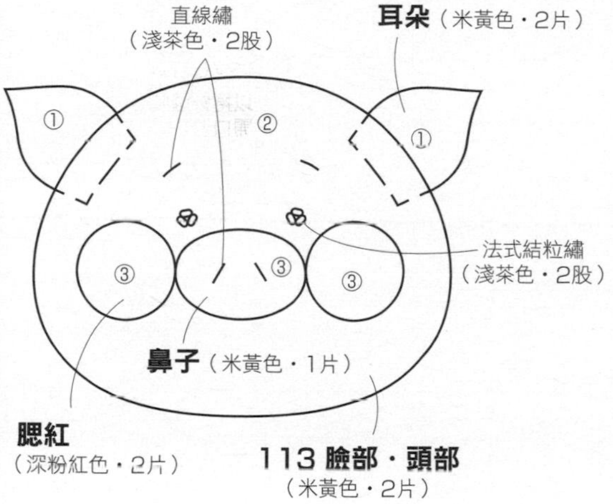
直線繡
（淺茶色・2股）
耳朵（米黃色・2片）
①
②
①
法式結粒繡
（淺茶色・2股）
③
③
③
鼻子（米黃色・1片）
腮紅
（深粉紅色・2片）
113 臉部・頭部
（米黃色・2片）

113・114 披肩前端
113（紅色・2片）
114（黃綠色・2片）

113 披肩
（紅色・1片）

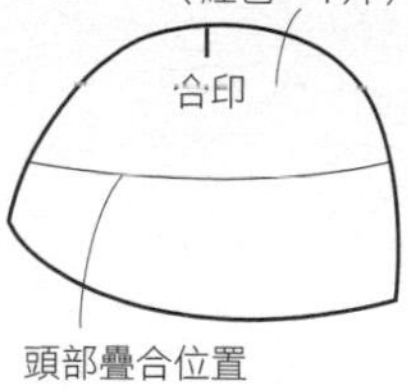
合印
頭部疊合位置

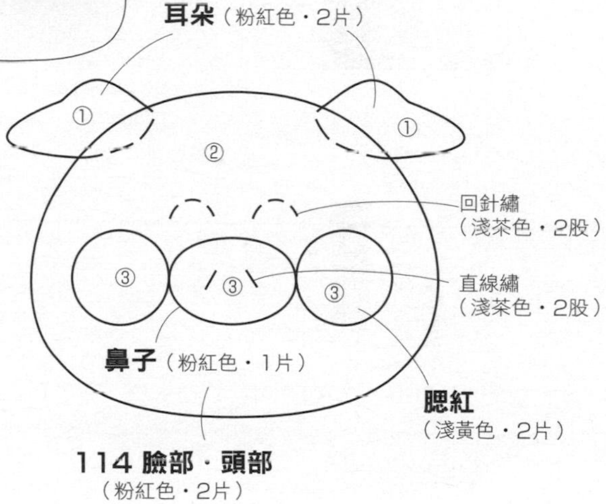
耳朵（粉紅色・2片）
①
①
②
回針繡
（淺茶色・2股）
③
③
③
直線繡
（淺茶色・2股）
鼻子（粉紅色・1片）
腮紅
（淺黃色・2片）
114 臉部・頭部
（粉紅色・2片）

115 蝴蝶結
（黃色・1片）

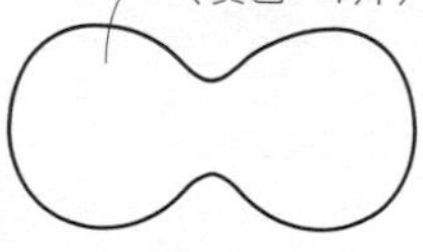

113至115 中心結目

113（紅色・1片）
114（黃綠色・1片）
115（黃色・1片）

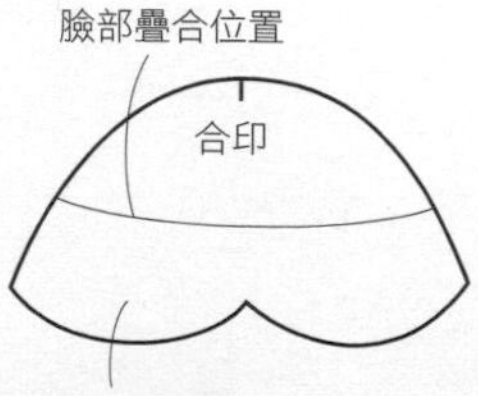
臉部疊合位置
合印

114 披肩
（黃綠色・1片）

113至115 身體
113（米黃色・2片）
114（粉紅色・2片）
115（膚色・2片）

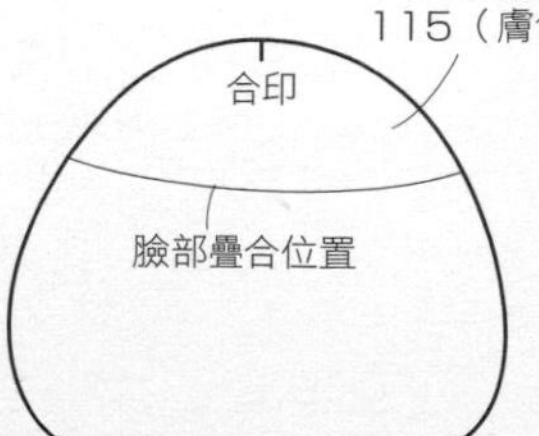
合印
臉部疊合位置

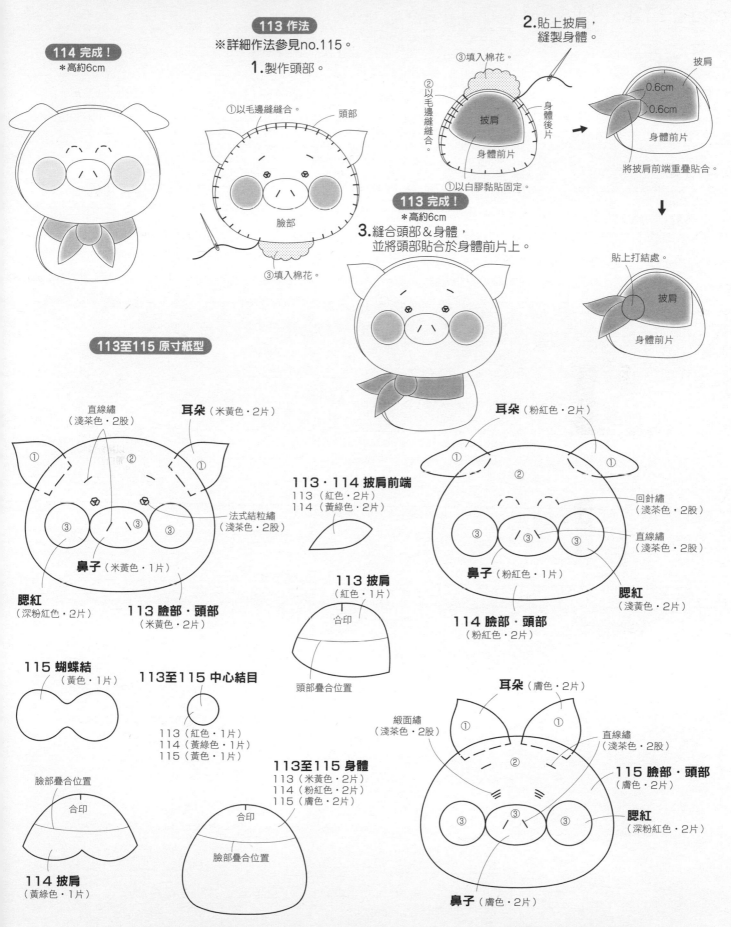

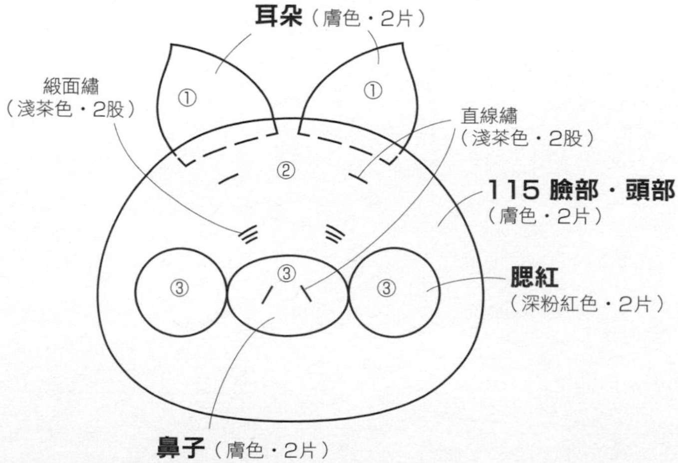
耳朵（膚色・2片）
緞面繡
（淺茶色・2股）
①
①
直線繡
（淺茶色・2股）
②
115 臉部・頭部
（膚色・2片）
③
③
③
腮紅
（深粉紅色・2片）
鼻子（膚色・2片）

※縫線除了特別指定之外，皆取與不織布同色的1股線。

122材料
- 不織布
  （水藍色）16cm×8cm
  （灰色）16cm×6cm
  （深灰色）12cm×5cm
- 香菇釦（3.5mm黑色）2個
- 25號繡線
  （水藍色・灰色・深灰色・粉紅色）
- 手工藝用棉花　適量
- 手工藝用白膠

123材料
- 不織布
  （藍色）16cm×8cm
  （綠色）10cm×8cm
- 香菇釦（3.5mm黑色）2個
- 25號繡線
  （藍色・綠色・粉紅色）
- 手工藝用棉花　適量
- 手工藝用白膠

124材料
- 不織布
  （水藍色）20cm×11cm
- 香菇釦（6mm黑色）2個
- 25號繡線
  （水藍色・黑色・粉紅色）
- 手工藝用棉花　適量
- 手工藝用白膠

125材料
- 不織布
  （白色）20cm×16cm
  （水藍色）15cm×4cm
  （膚色）13cm×7cm
  （茶色）5cm×5cm
  （紅色）少許
- 厚塑膠袋　7cm×7cm
- 香菇釦（6mm黑色）2個
- 25號繡線
  （白色・水藍色・膚色・粉紅色）
- 手工藝用棉花　適量
- 手工藝用白膠

126材料
- 不織布
  （淺綠色）20cm×13cm
- 香菇釦（6mm黑色）2個
- 25號繡線
  （淺綠色・黑色・粉紅色）
- 手工藝用棉花　適量
- 手工藝用白膠

125 作法

1. 將臉部貼上頭髮，再將臉部＆頭部疊合，以捲針縫縫合＆填入棉花。

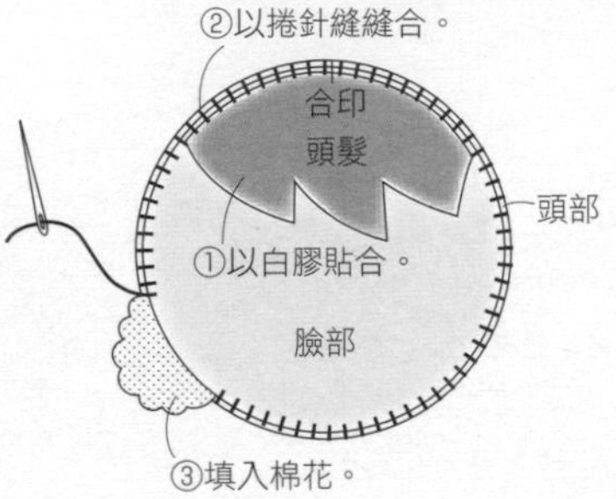
②以捲針縫縫合。
合印
頭髮
頭部
①以白膠貼合。
臉部
③填入棉花。

2. 縫上眼睛。

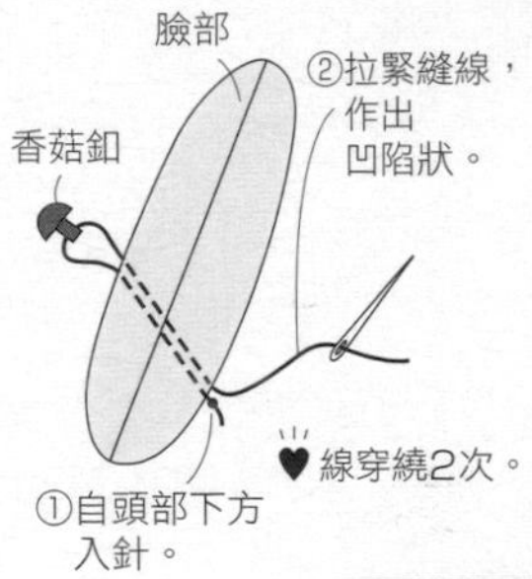
臉部
②拉緊縫線，作出凹陷狀。
香菇釦
線穿繞2次。
①自頭部下方入針。

3. 繡出嘴巴，並將臉部覆蓋上塑膠袋。

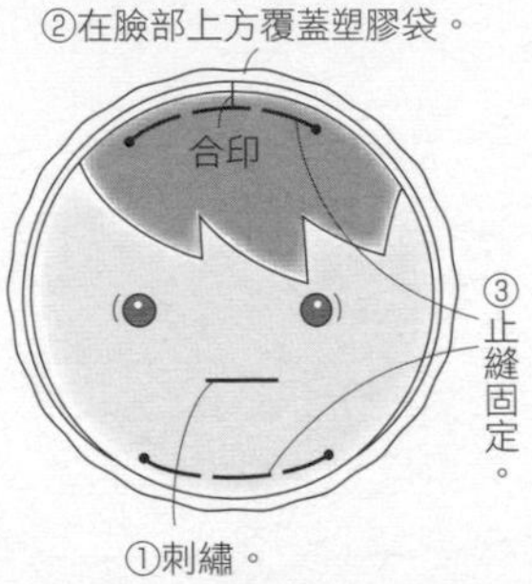
②在臉部上方覆蓋塑膠袋。
合印
③止縫固定。
①刺繡。

4. 將安全帽前片中心處剪空，與安全帽後片疊合＆以捲針縫接縫後，套入臉部，再縫合安全帽開口。

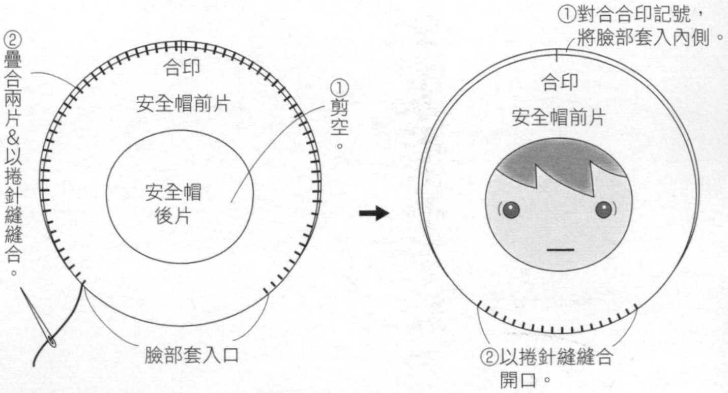
②疊合兩片＆以捲針縫縫合。
合印
安全帽前片
①剪空。
安全帽後片
臉部套入口
①對合合印記號，將臉部套入內側。
合印
安全帽前片
②以捲針縫縫合開口。

5. 製作國旗。

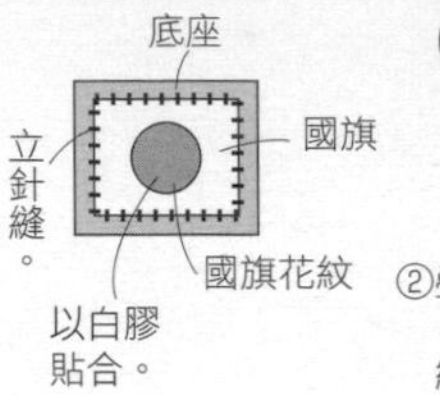
底座
立針縫。
國旗
以白膠貼合。
國旗花紋

6. 將太空裝前片接縫上國旗，並疊合太空裝前後片，再以捲針縫縫合＆填入棉花。

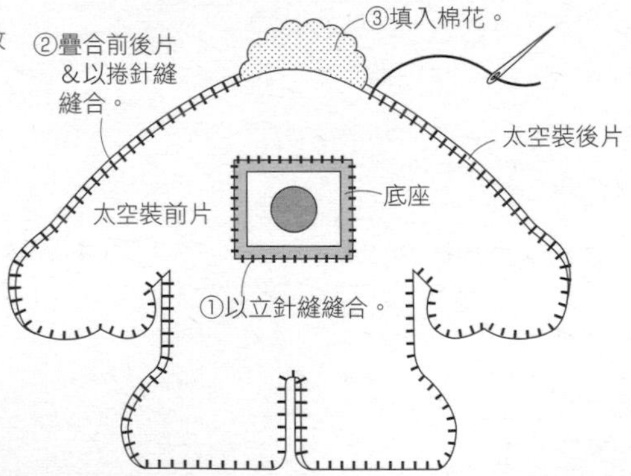
③填入棉花。
②疊合前後片＆以捲針縫縫合。
太空裝後片
太空裝前片
底座
①以立針縫縫合。

7. 將太空裝接縫上花紋，再接縫安全帽＆太空裝。

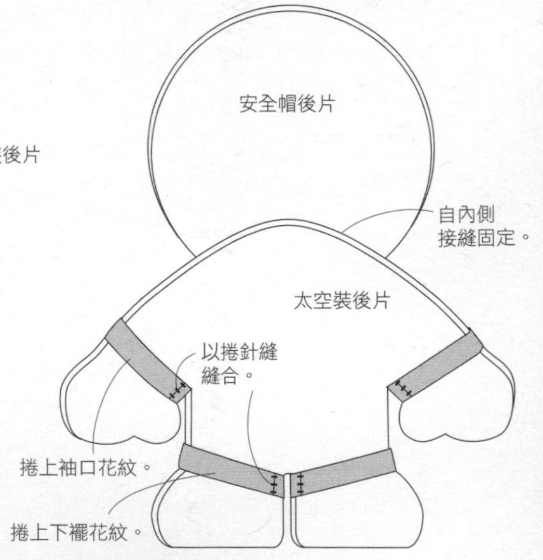
安全帽後片
自內側接縫固定。
太空裝後片
以捲針縫縫合。
捲上袖口花紋。
捲上下襬花紋。

125 完成！

＊高約11cm

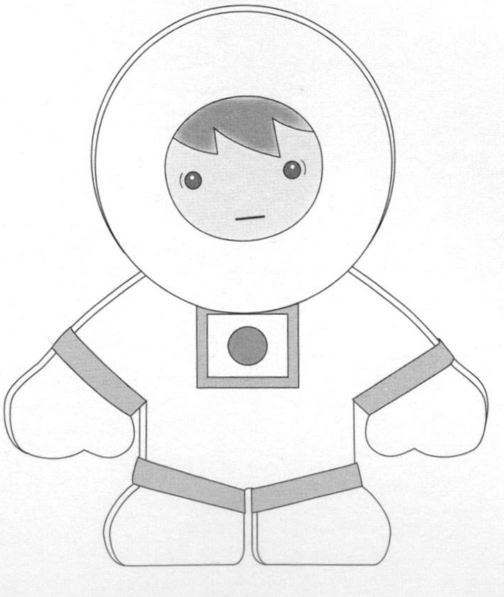

123 作法

1. 將地球前後片各別接縫上花紋。

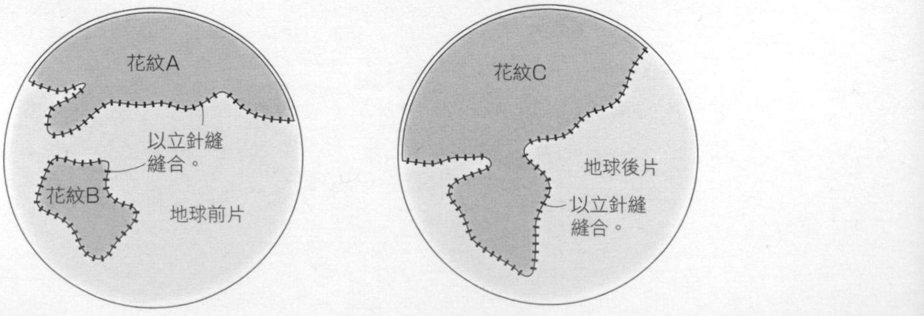
花紋A
以立針縫縫合。
花紋B
地球前片
花紋C
地球後片
以立針縫縫合。

2. 疊合前後片後，以捲針縫縫合＆填入棉花。

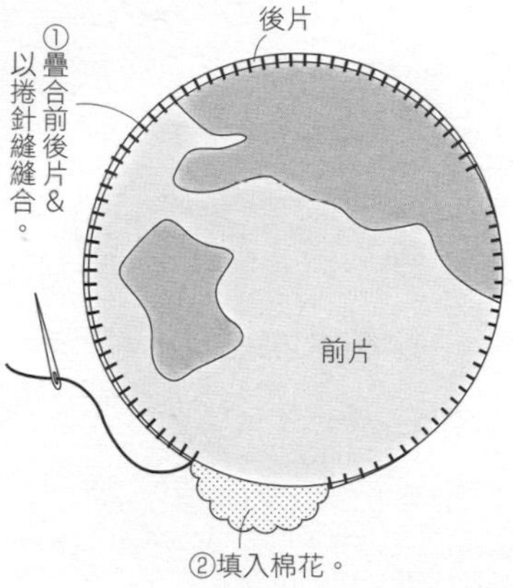
後片
①以捲針縫縫合前後片＆
前片
②填入棉花。

3. 縫上眼睛。

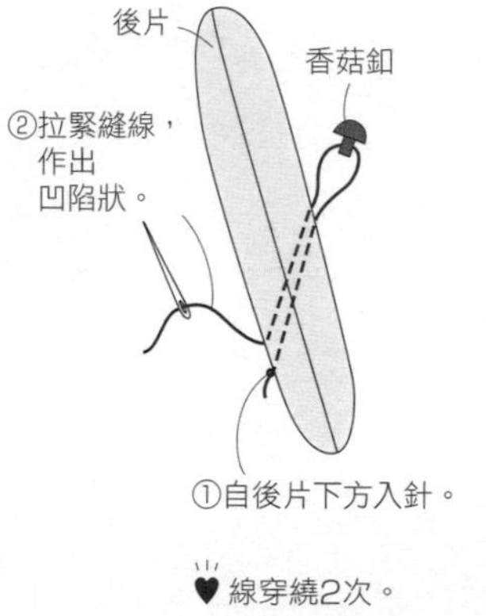
後片
香菇釦
②拉緊縫線，作出凹陷狀。
①自後片下方入針。
♥線穿繞2次。

123 完成！

＊高約6.5cm

4. 繡出嘴巴。

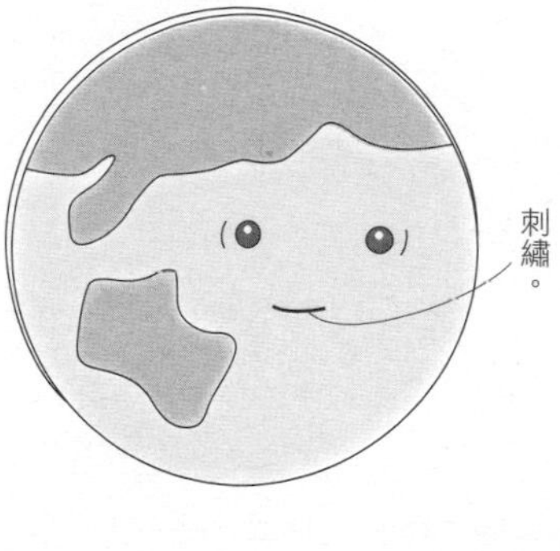
刺繡。

122 作法

※詳細作法參見no.123。

1. 將土星前後片接縫上花紋。

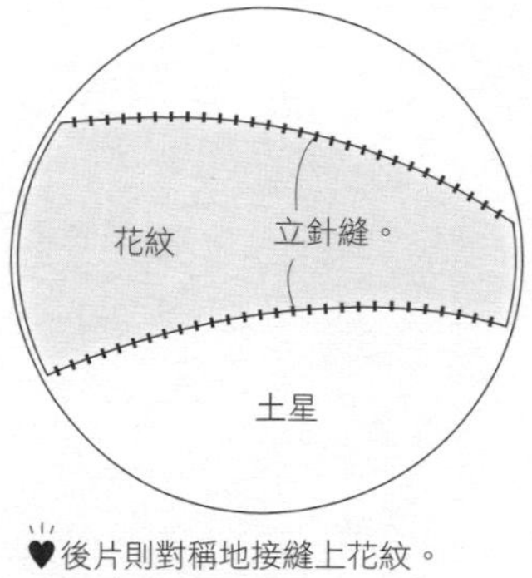
花紋
立針縫。
土星
♥後片則對稱地接縫上花紋。

2. 疊合前後片，再以捲針縫縫合＆填入棉花。

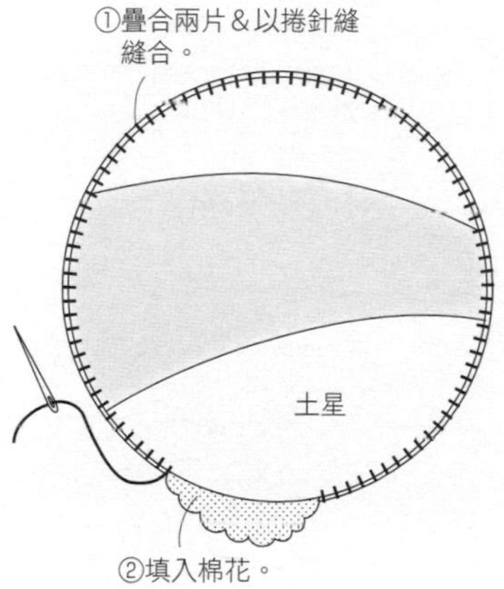
①疊合兩片＆以捲針縫縫合。
土星
②填入棉花。

122 完成！

＊高約6.5cm

3. 縫上眼睛，繡出嘴巴，再將土星環中央處剪空，與土星前後片分別接縫。

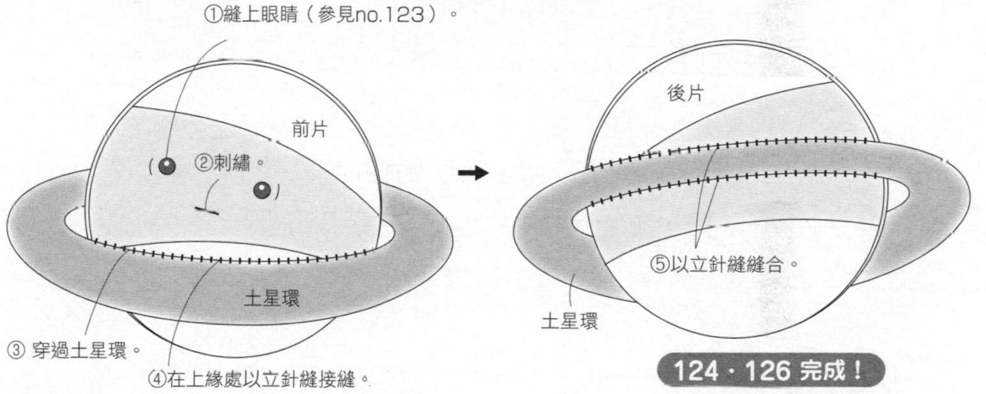
①縫上眼睛（參見no.123）。
前片
②刺繡。
土星環
③ 穿過土星環。
④在上緣處以立針縫接縫。
後片
⑤以立針縫縫合。
土星環

124・126 完成！

＊no.124＝高約7cm
＊no.126＝高約9cm

124・126 作法

1. 疊合臉部＆頭部後，夾入耳朵，以捲針縫縫合＆填入棉花，再繡上睫毛。

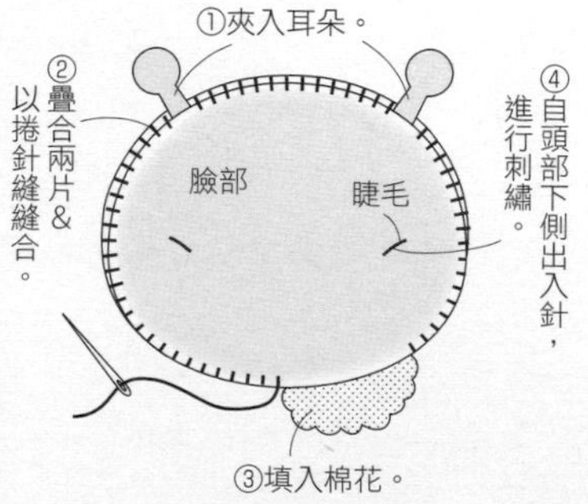
①夾入耳朵。
②疊合兩片＆以捲針縫縫合。
④自頭部下側出入針，進行刺繡。
臉部
睫毛
③填入棉花。

2. 縫上眼睛。

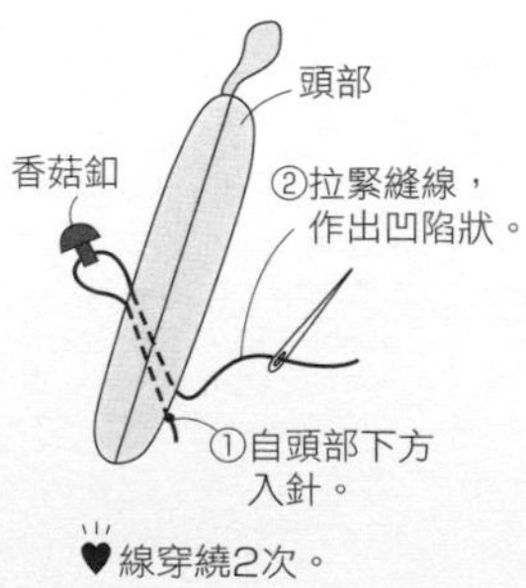
頭部
香菇釦
②拉緊縫線，作出凹陷狀。
①自頭部下方入針。
♥線穿繞2次。

3. 疊合身體前後片，再以捲針縫縫合＆填入棉花。

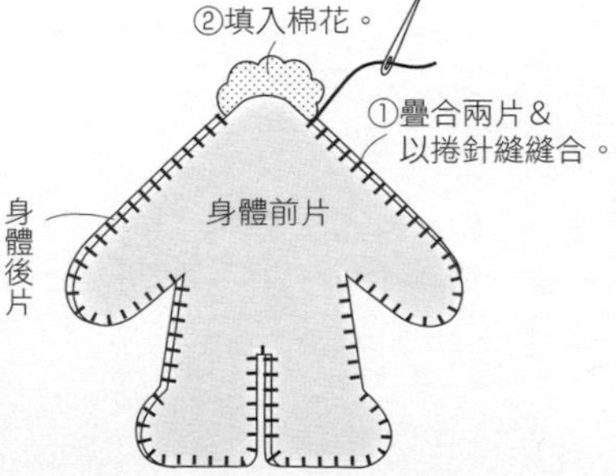
②填入棉花。
①疊合兩片＆以捲針縫縫合。
身體前片
身體後片

4. 接縫頭部＆身體。

①刺繡。
身體前片
②自內側接縫頭部＆身體。

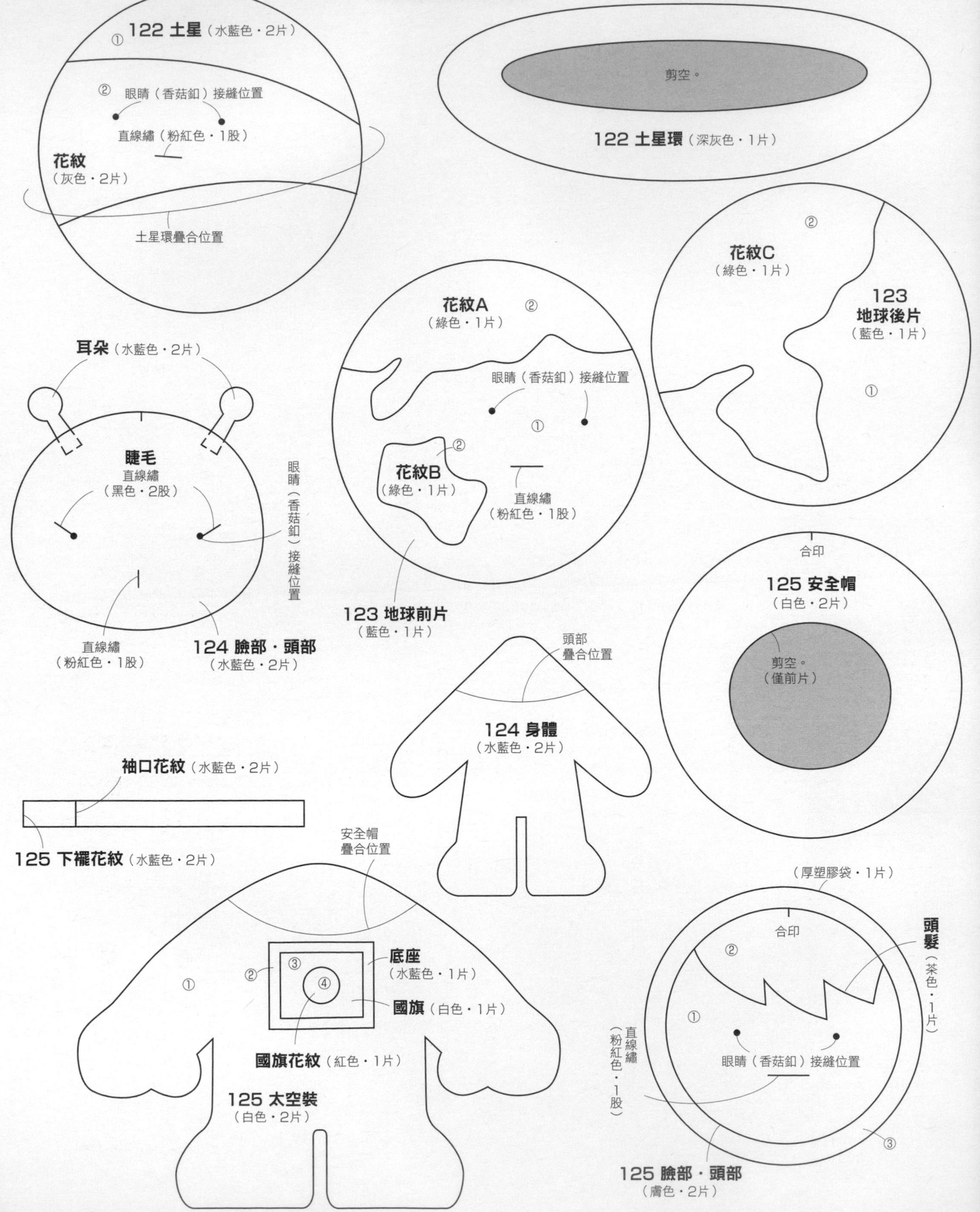

①
122 土星（水藍色・2片）
②
眼睛（香菇釦）接縫位置
直線繡（粉紅色・1股）
花紋
（灰色・2片）
土星環疊合位置
剪空。
122 土星環（深灰色・1片）
②
花紋C
（綠色・1片）
123
地球後片
（藍色・1片）
①
花紋A
（綠色・1片）
②
眼睛（香菇釦）接縫位置
①
②
花紋B
（綠色・1片）
直線繡
（粉紅色・1股）
123 地球前片
（藍色・1片）
耳朵（水藍色・2片）
睫毛
直線繡
（黑色・2股）
眼睛（香菇釦）接縫位置
直線繡
（粉紅色・1股）
124 臉部・頭部
（水藍色・2片）
合印
125 安全帽
（白色・2片）
剪空。
（僅前片）
頭部
疊合位置
124 身體
（水藍色・2片）
袖口花紋（水藍色・2片）
125 下襬花紋（水藍色・2片）
安全帽
疊合位置
①
②
③
④
底座
（水藍色・1片）
國旗（白色・1片）
國旗花紋（紅色・1片）
125 太空裝
（白色・2片）
（厚塑膠袋・1片）
合印
②
頭髮
（茶色・1片）
①
直線繡
（粉紅色・1股）
眼睛（香菇釦）接縫位置
③
125 臉部・頭部
（膚色・2片）

126・130・131 原寸紙型

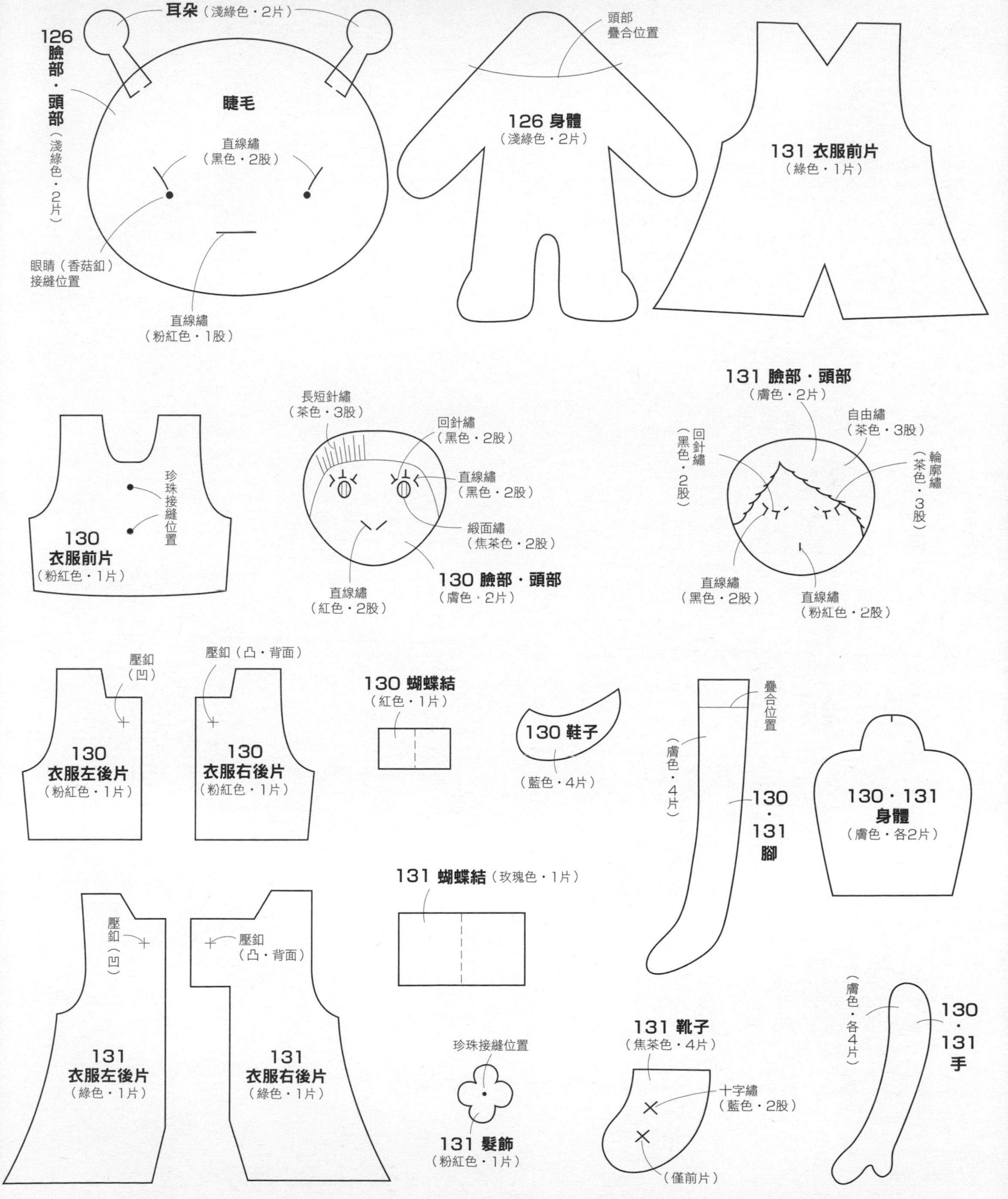
耳朵（淺綠色・2片）
126 臉部・頭部（淺綠色・2片）
睫毛
直線繡（黑色・2股）
眼睛（香菇釦）接縫位置
直線繡（粉紅色・1股）
頭部疊合位置
126 身體（淺綠色・2片）
131 衣服前片（綠色・1片）
130 衣服前片（粉紅色・1片）
珍珠接縫位置
長短針繡（茶色・3股）
回針繡（黑色・2股）
直線繡（黑色・2股）
緞面繡（焦茶色・2股）
130 臉部・頭部（膚色・2片）
直線繡（紅色・2股）
131 臉部・頭部（膚色・2片）
自由繡（茶色・3股）
回針繡（黑色・2股）
輪廓繡（茶色・3股）
直線繡（黑色・2股）
直線繡（粉紅色・2股）
壓釦（凹）
壓釦（凸・背面）
130 衣服左後片（粉紅色・1片）
130 衣服右後片（粉紅色・1片）
130 蝴蝶結（紅色・1片）
130 鞋子（藍色・4片）
疊合位置
130・131 腳（膚色・4片）
130・131 身體（膚色・各2片）
131 蝴蝶結（玫瑰色・1片）
壓釦（凹）
壓釦（凸・背面）
131 衣服左後片（綠色・1片）
131 衣服右後片（綠色・1片）
珍珠接縫位置
131 髮飾（粉紅色・1片）
131 靴子（焦茶色・4片）
十字繡（藍色・2股）
（僅前片）
130・131 手（膚色・各4片）

※縫線除了特別指定之外，皆取與不織布同色的1股線。

130材料
- 不織布
  （膚色）20cm×10cm
  （粉紅色）12cm×6cm
  （藍色）7cm×5cm
  （紅色）2cm×2cm
- 壓釦（4mm）1組
- 珍珠（4mm 白色）2個
- 編織蕾絲A（白色）35mm寬18cm
- 編織蕾絲B（白色）15mm寬18cm
- 25號繡線
  （膚色・茶色・黑色・焦茶色・紅色・藍色・粉紅色）
- 手縫線
- 手工藝用棉花　適量
- 手工藝用白膠

131材料
- 不織布
  （膚色）20cm×10cm
  （綠色）17cm×8cm
  （焦茶色）11cm×4cm
  （玫瑰色）4cm×2cm
  （粉紅色）少許
- 壓釦（4mm）1組
- 珍珠（4mm 白色）1個
- 切角珠（4mm 綠色）1個
- 25號繡線
  （膚色・綠色・茶色・黑色・焦茶色・藍色・玫瑰色）
- 手縫線
- 手工藝用棉花　適量
- 手工藝用白膠

130 作法

1. 縫合臉部＆頭部，並填入棉花。
再以相同方式縫製身體・手・腳。

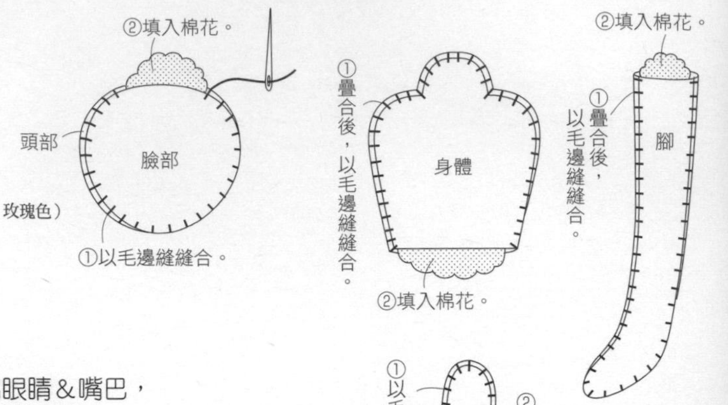
②填入棉花。
頭部
臉部
①以毛邊縫縫合。
①疊合後，以毛邊縫縫合。
身體
②填入棉花。
②填入棉花。
①疊合後，以毛邊縫縫合。
腳

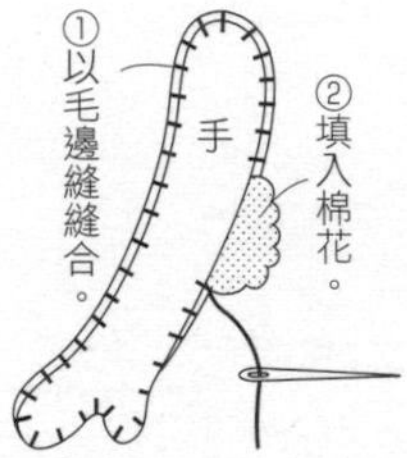
①以毛邊縫縫合。
手
②填入棉花。

2. 接縫身體＆腳。

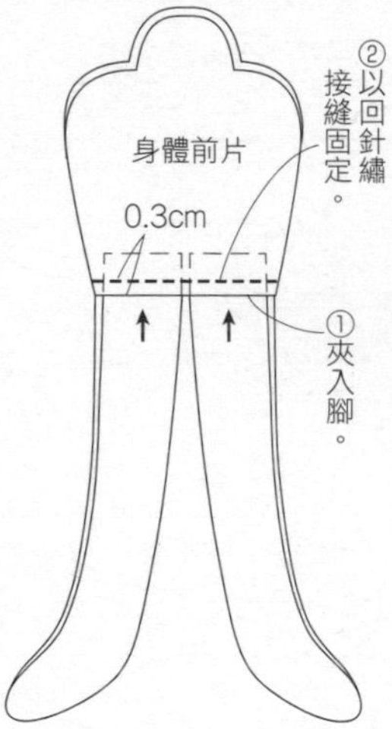
身體前片
②以回針繡接縫固定。
0.3cm
①夾入腳。

3. 接縫身體＆手。

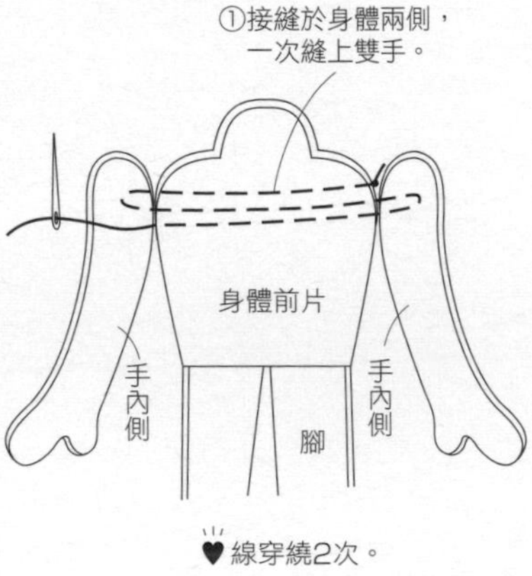
①接縫於身體兩側，一次縫上雙手。
身體前片
手內側
手內側
腳
線穿繞2次。

4. 繡出眼睛＆嘴巴，
再繡出髮流。

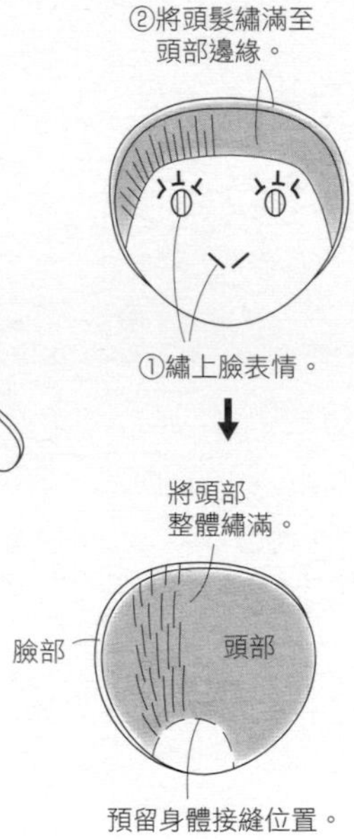
②將頭髮繡滿至頭部邊緣。
①繡上臉表情。
將頭部整體繡滿。
臉部
頭部
預留身體接縫位置。

5. 製作丸子頭＆
接縫於頭部。

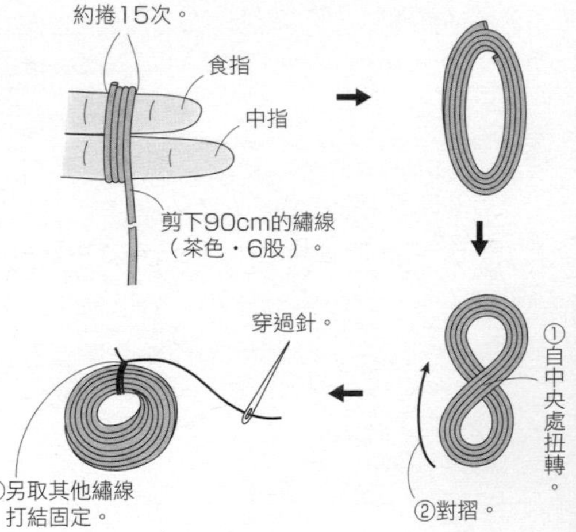
約捲15次。
食指
中指
剪下90cm的繡線（茶色・6股）。
①自中央處扭轉。
②對摺。
穿過針。
①另取其他繡線打結固定。

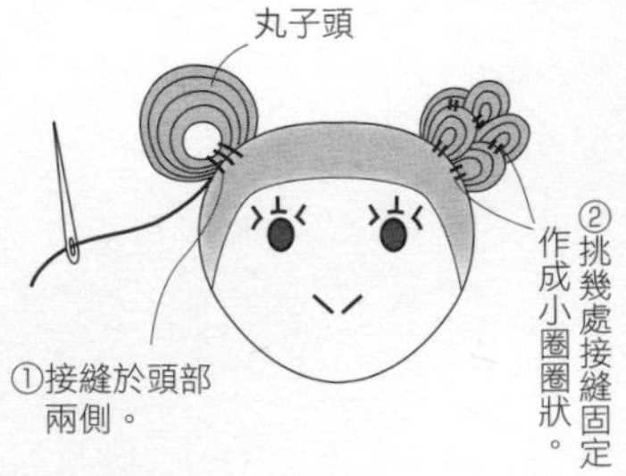
丸子頭
②挑幾處接縫固定，作成小圈圈狀。
①接縫於頭部兩側。

6. 接縫頭部＆身體。

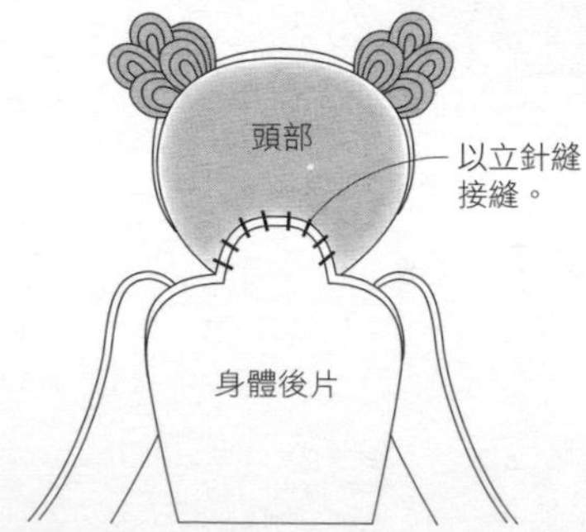
頭部
以立針縫接縫。
身體後片

7. 縫製鞋子，
並套在腳上。

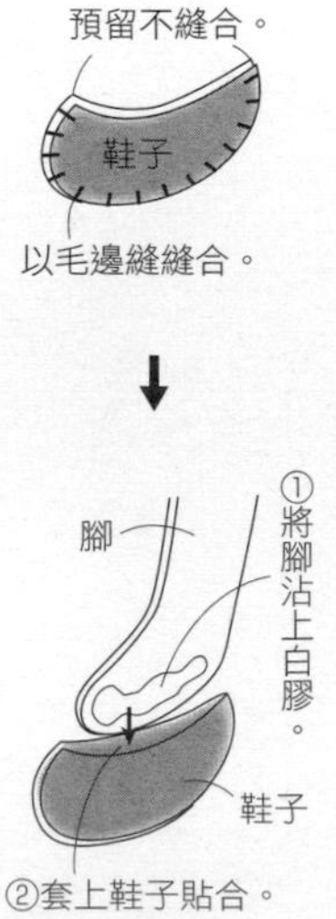
預留不縫合。
鞋子
以毛邊縫縫合。
腳
①將腳沾上白膠。
鞋子
②套上鞋子貼合。

8. 縫合衣服肩線＆脇邊，
並將衣服後片接縫上壓釦。

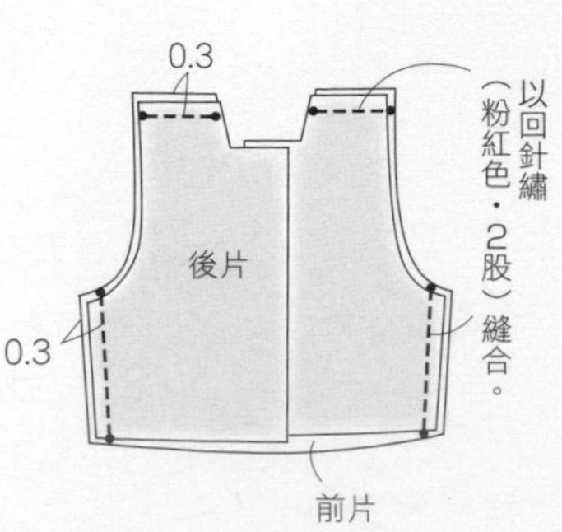
0.3
以回針繡（粉紅色・2股）縫合。
後片
0.3
前片

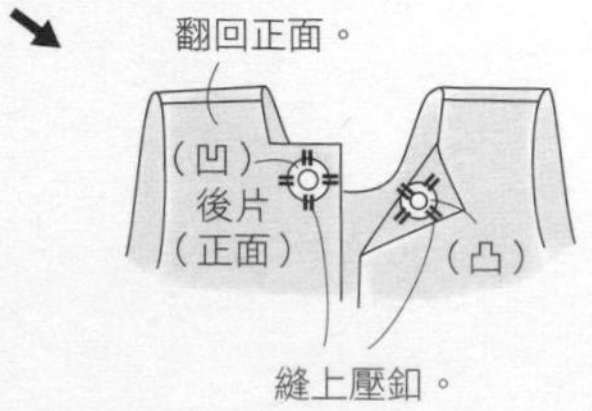
翻回正面。
（凹）
後片
（正面）
（凸）
縫上壓釦。

9. 重疊裙子蕾絲A・B，縫成圈環後打褶子。

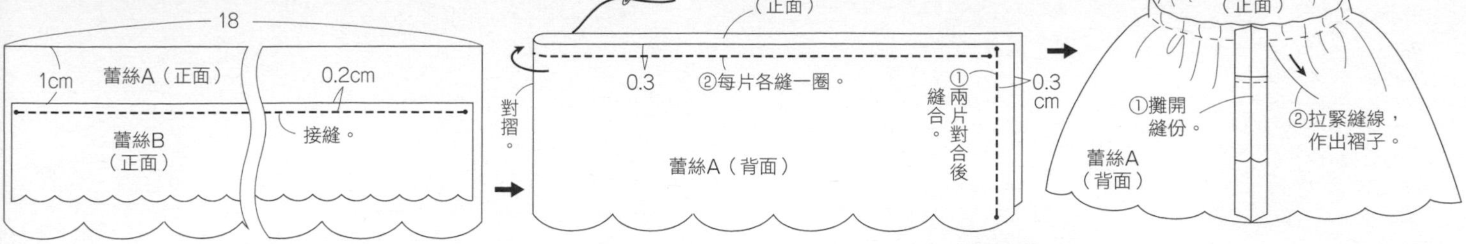
18
1cm
蕾絲A（正面）
0.2cm
蕾絲B
（正面）
接縫。
（正面）
對摺。
0.3
②每片各縫一圈。
①兩片對合後縫合。
0.3
cm
蕾絲A（背面）
（正面）
①攤開
縫份。
②拉緊縫線，
作出褶子。
蕾絲A
（背面）

10. 接縫衣服＆裙子。

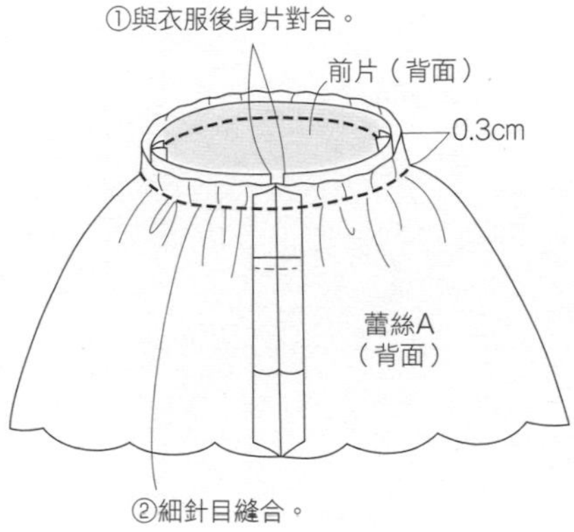
①與衣服後身片對合。
前片（背面）
0.3cm
蕾絲A
（背面）
②細針目縫合。

130 完成！

11. 讓人偶穿上服裝＆縫上珍珠，再在頭部接縫上蝴蝶結。

＊高約10.5cm

縫上蝴蝶結。
自中央縫繞＆拉緊固定。
縫上珍珠。

131 作法

※身體作法參見no.130。

1. 繡出眼睛＆嘴巴，再進行頭髮的刺繡。

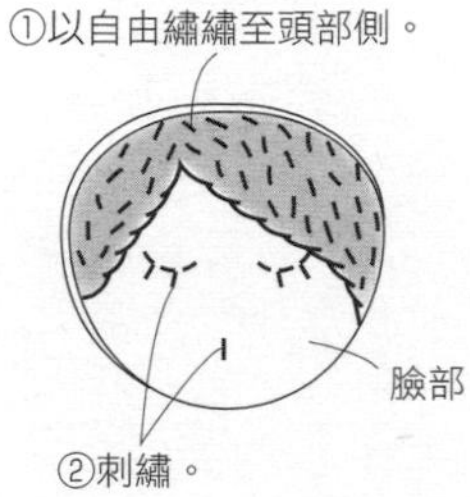
①以自由繡繡至頭部側。
臉部
②刺繡。

2. 製作雙馬尾＆接縫固定於頭部，再接縫上髮飾。

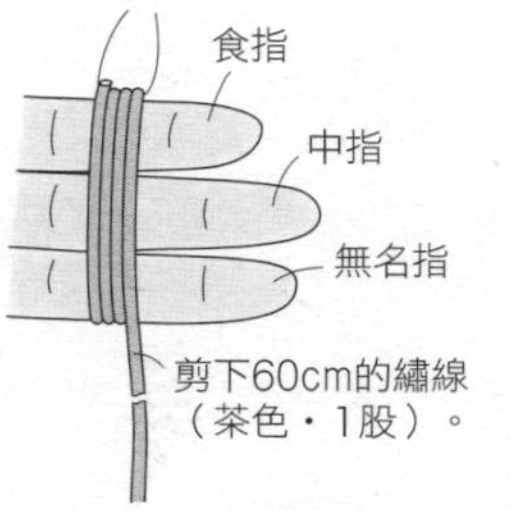
約捲繞7次。
食指
中指
無名指
剪下60cm的繡線
（茶色・1股）。

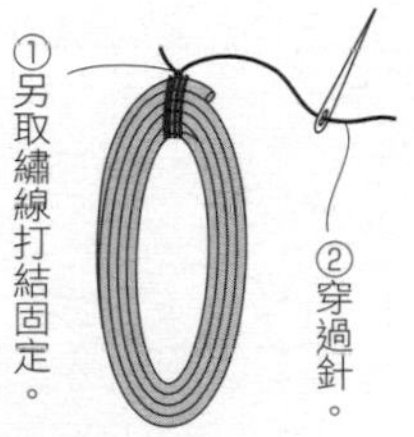
①另取繡線打結固定。
②穿過針。

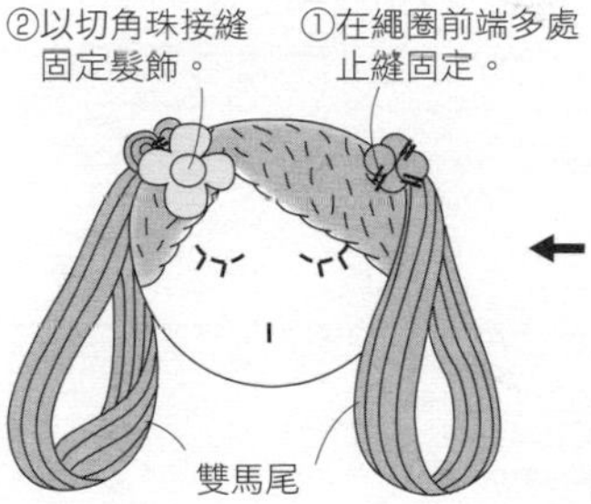
②以切角珠接縫
固定髮飾。
①在繩圈前端多處
止縫固定。
雙馬尾

3. 縫製靴子。

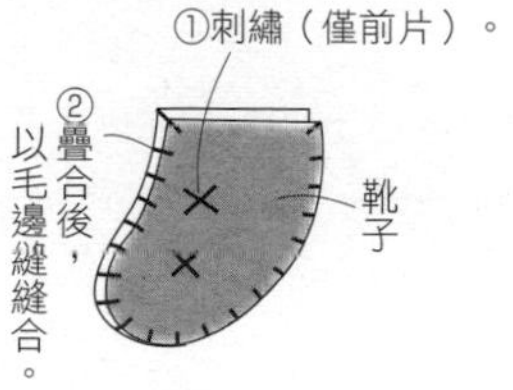
①刺繡（僅前片）。
②疊合後，以毛邊縫縫合。
靴子

4. 縫合衣服的肩線・脇邊・胯下，再將衣服後片接縫上壓釦。

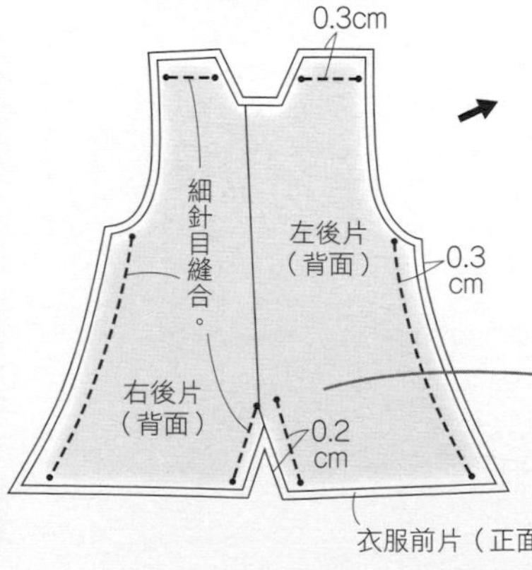
0.3cm
細針目縫合。
左後片
（背面）
0.3
cm
右後片
（背面）
0.2
cm
衣服前片（正面）

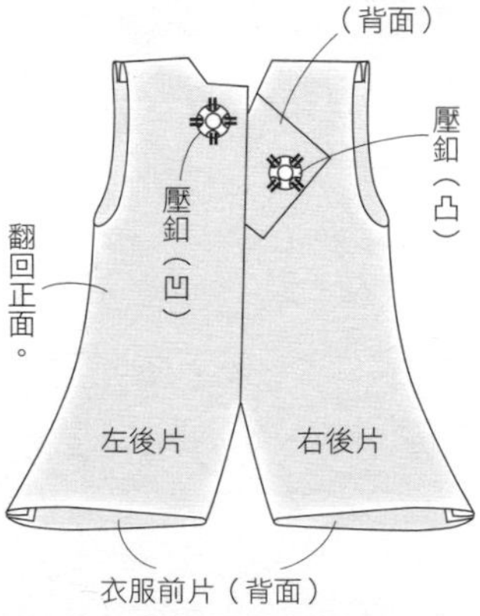
（背面）
壓釦（凸）
壓釦（凹）
翻回正面。
左後片
右後片
衣服前片（背面）

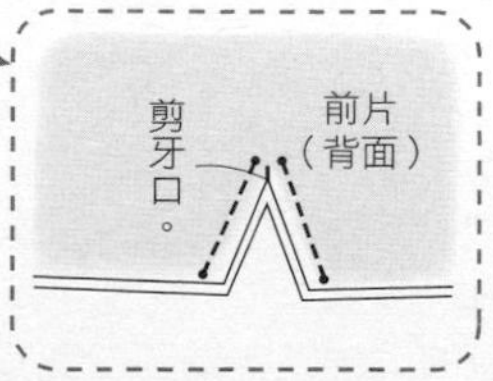
剪牙口。
前片
（背面）

5. 製作蝴蝶結。

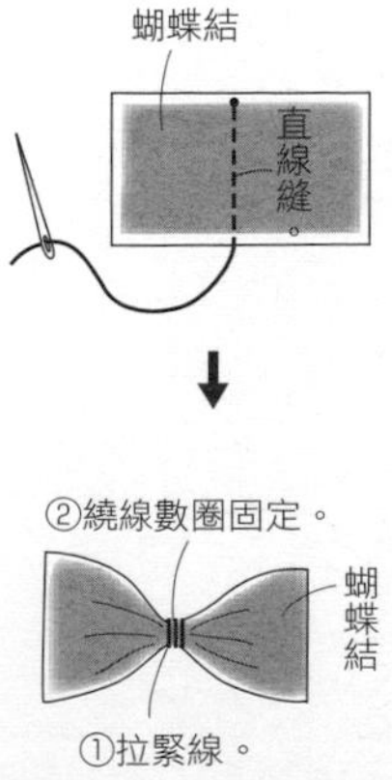
蝴蝶結
直線縫。
②繞線數圈固定。
蝴蝶結
①拉緊線。

130 完成！

6. 讓人偶穿上衣服，縫上蝴蝶結＆穿上靴子。

＊高約10.5cm

1.3
cm
以珍珠接縫
固定蝴蝶結。
在腳前端沾白膠，
套上靴子黏合
固定。

P.31 no.127・128・129 玩偶裝三姊妹

※縫線除了特別指定之外，
皆取與不織布同色的1股線。

127材料
・不織布
（水藍色）12cm×8cm
（膚色）4cm×4cm
（淺茶色）4cm×3cm
（白色）少許
・插入式豆豆眼（3mm黑色）2個
・珍珠（3mm 白色）1個
・天鵝絨緞帶（藍色）3mm寬12cm
・25號繡線
（水藍色・淺茶色・膚色・深粉紅色・黃色）
・手工藝用棉花　適量
・蠟筆（粉紅色）
・手工藝用白膠

128材料
・不織布
（粉紅色）12cm×9cm
（膚色）4cm×4cm
（淺茶色）4cm×3cm
（白色）少許
・插入式豆豆眼（3mm黑色）2個
・珍珠（3mm 白色）1個
・天鵝絨緞帶（粉紅色）3mm寬12cm
・毛球（10mm白色）1個
・25號繡線
（粉紅色・淺茶色・膚色・深粉紅色・黃色）
・手工藝用棉花　適量
・蠟筆（粉紅色）
・手工藝用白膠

129材料
・不織布
（淺黃色）12cm×8cm
（黃色）9cm×7cm
（膚色）4cm×4cm
（淺茶色）4cm×3cm
（白色）少許
・插入式豆豆眼（3mm黑色）2個
・珍珠（3mm 白色）1個
・天鵝絨緞帶（白色）3mm寬12cm
・25號繡線
（淺黃色・淺茶色・膚色・深粉紅色・黃色）
・手工藝用棉花　適量
・蠟筆（粉紅色）
・手工藝用白膠

127 作法

1. 將臉部接縫上頭髮＆繡出嘴巴。

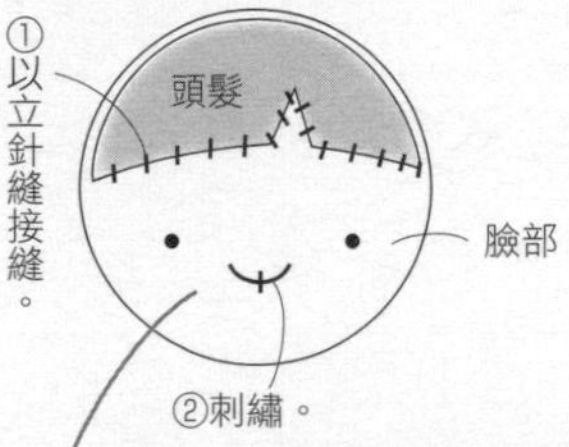

①以立針縫接縫。
頭髮
臉部
②刺繡。

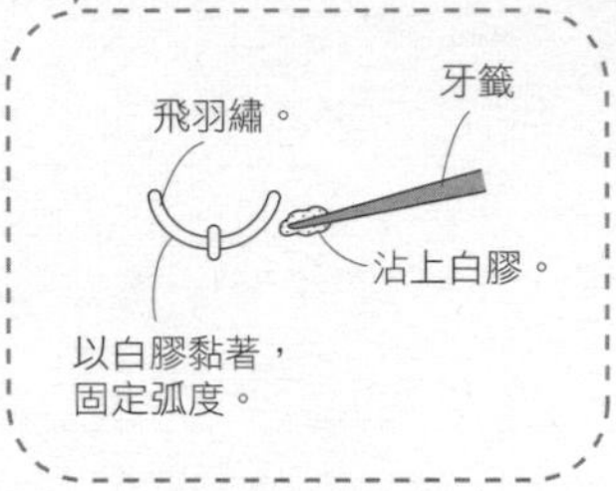

飛羽繡。
牙籤
沾上白膠。
以白膠黏著，
固定弧度。

2. 將身體前片接縫上臉部。
3. 接縫上口袋。

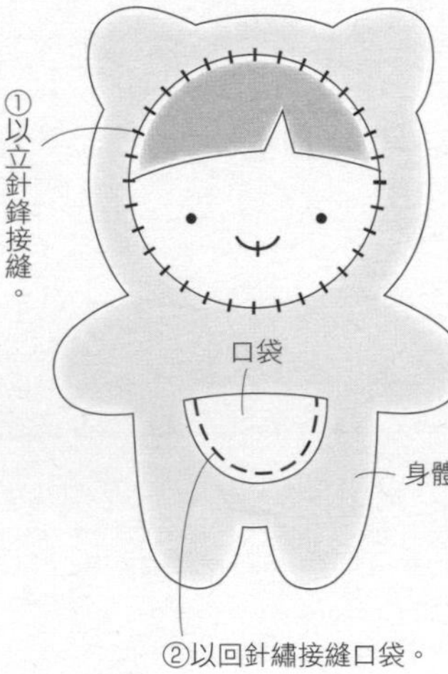

①以立針縫接縫。
口袋
身體前片
②以回針繡接縫口袋。

4. 縫合身體前後片，再填入棉花＆插入豆豆眼。

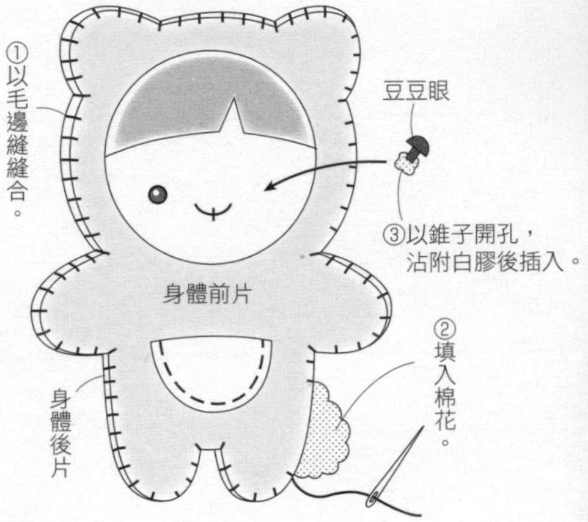

①以毛邊縫縫合。
豆豆眼
③以錐子開孔，
沾附白膠後插入。
身體前片
②填入棉花。
身體後片

5. 打一個蝴蝶結。

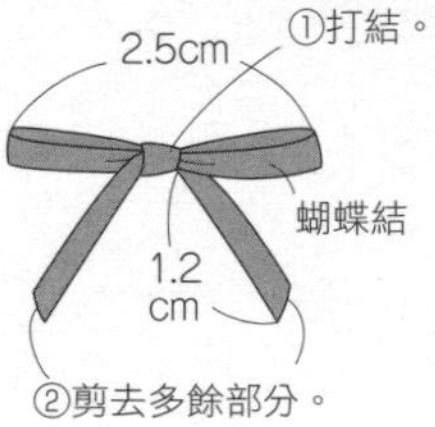

2.5cm
①打結。
蝴蝶結
1.2
cm
②剪去多餘部分。

127 完成！

＊高約6.5cm

6. 縫上蝴蝶結＆裝飾上珍珠。

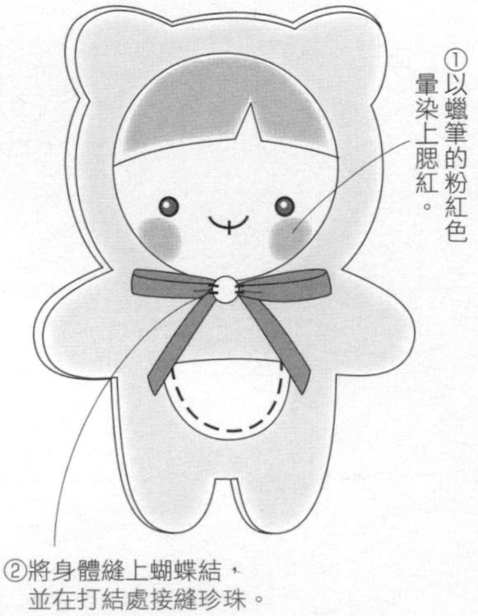

①以蠟筆的粉紅色暈染上腮紅。
②將身體縫上蝴蝶結，
並在打結處接縫珍珠。

128 完成！

※詳細作法參見no.127。
※將身體後片接縫上毛球。
＊高約7.5cm

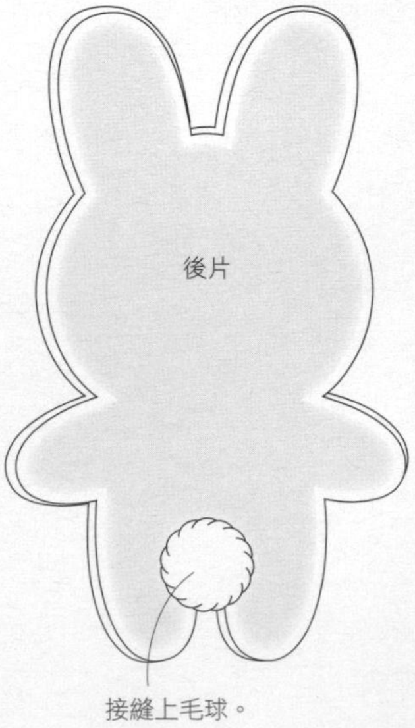

後片
接縫上毛球。

129 作法

※詳細作法参見no.127。

1. 縫合尾巴＆填入棉花。

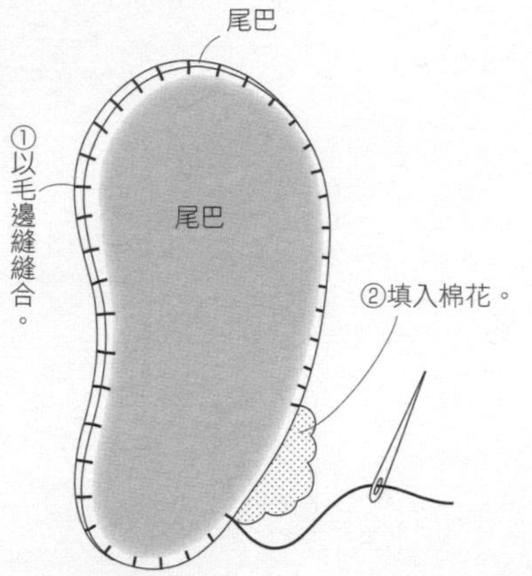
尾巴
①以毛邊縫縫合。
尾巴
②填入棉花。

2. 將身體後片接縫上尾巴。

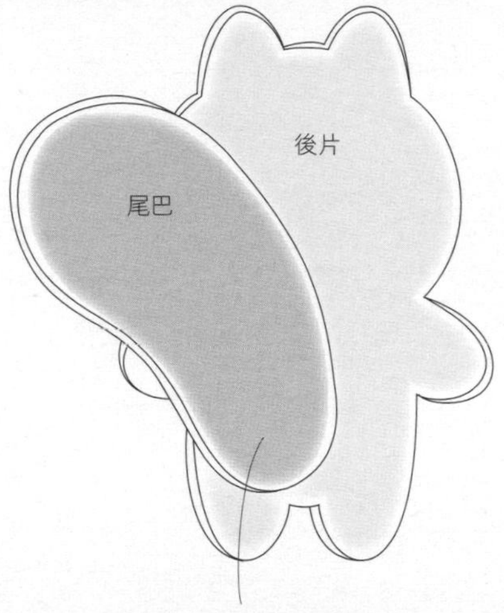
後片
尾巴
自尾巴內側接縫。

129 完成！

＊高約6.5cm

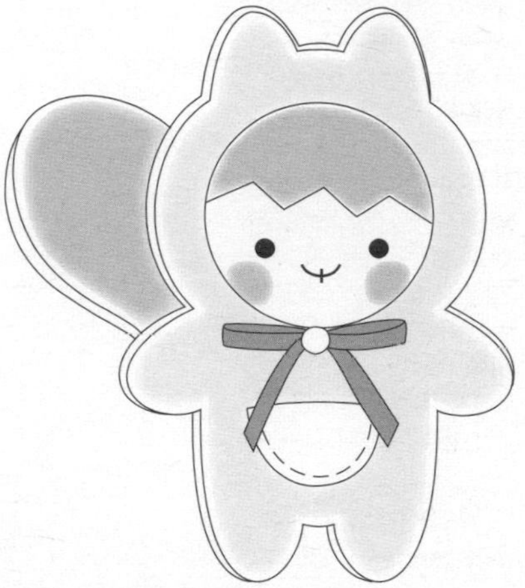

127至129 原寸紙型

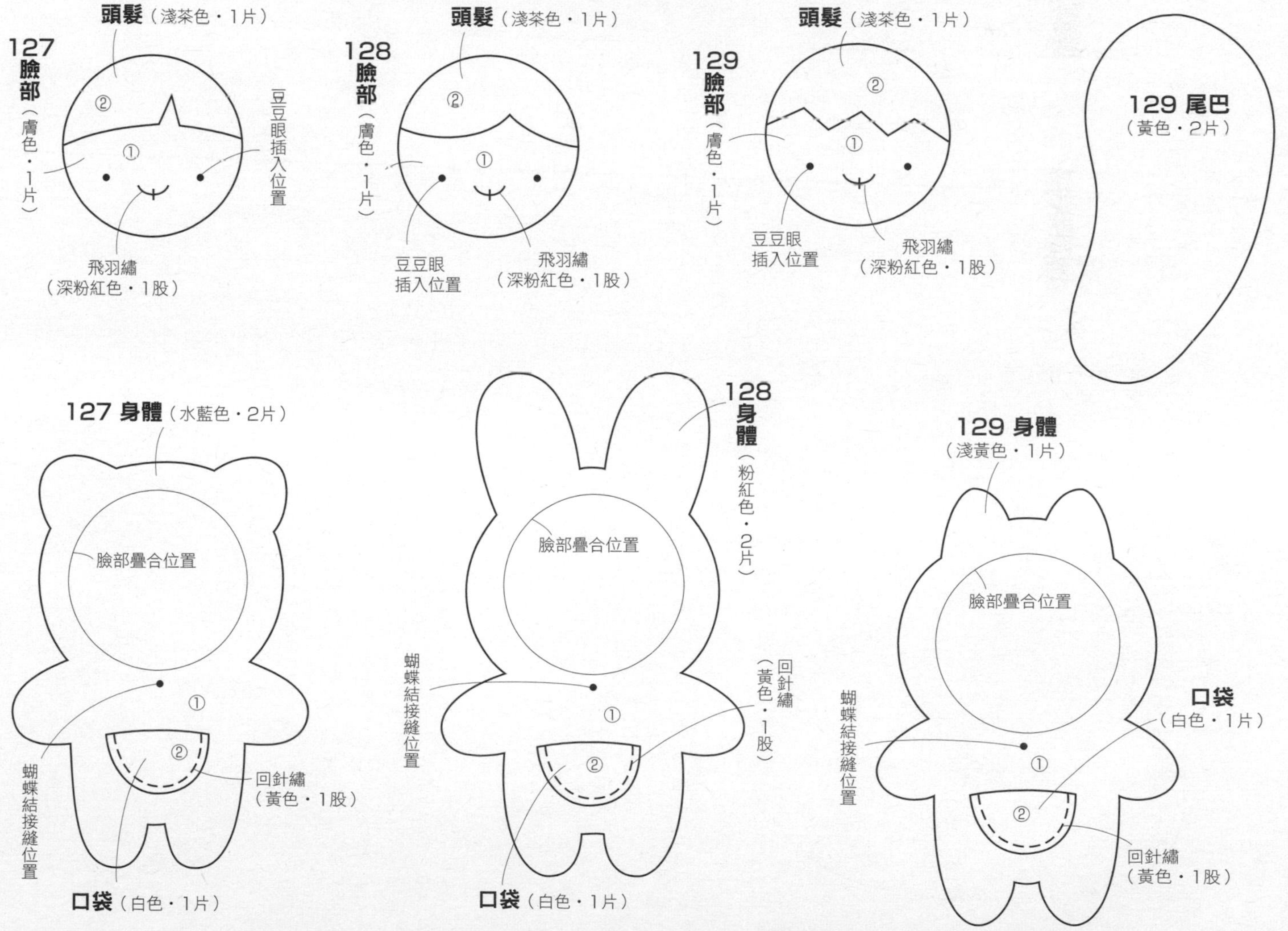
頭髮（淺茶色・1片）
127 臉部（膚色・1片）
②
①
豆豆眼插入位置
飛羽繡（深粉紅色・1股）
頭髮（淺茶色・1片）
128 臉部（膚色・1片）
②
①
豆豆眼插入位置
飛羽繡（深粉紅色・1股）
頭髮（淺茶色・1片）
129 臉部（膚色・1片）
②
①
豆豆眼插入位置
飛羽繡（深粉紅色・1股）
129 尾巴（黃色・2片）
127 身體（水藍色・2片）
臉部疊合位置
①
②
蝴蝶結接縫位置
回針繡（黃色・1股）
口袋（白色・1片）
128 身體（粉紅色・2片）
臉部疊合位置
蝴蝶結接縫位置
回針繡（黃色・1股）
①
②
口袋（白色・1片）
129 身體（淺黃色・1片）
臉部疊合位置
口袋（白色・1片）
蝴蝶結接縫位置
①
②
回針繡（黃色・1股）

相戀的天鵝

※縫線除了特別指定之外，
皆取與不織布同色的1股線。

121材料

- 不織布
  （白色）20cm×20cm
  （黃色）4cm×4cm
  （粉紅色）8cm×5cm
- 香菇釦（4mm黑色）2個
- 珍珠（3mm 白色）2個
- 裝飾花片（直徑8mm）2片
- 蕾絲（白色）7mm寬3cm
- 緞帶（白色）3mm寬20cm
- 25號繡線（白色・黃色・粉紅色）
- 手縫線（黑色）
- 蠟筆（粉紅色）
- 手工藝用棉花　適量
- 手工藝用白膠

121 作法

1.將身體接縫上鳥喙。

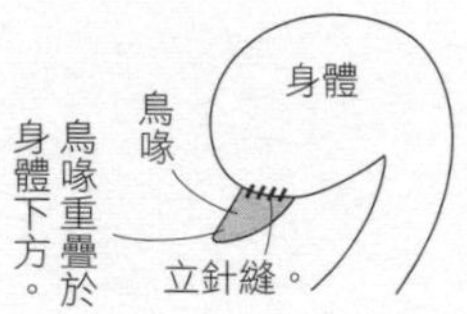
身體
鳥喙
身體下方。鳥喙重疊於
立針縫。

2.縫合身體前後片＆填入棉花。

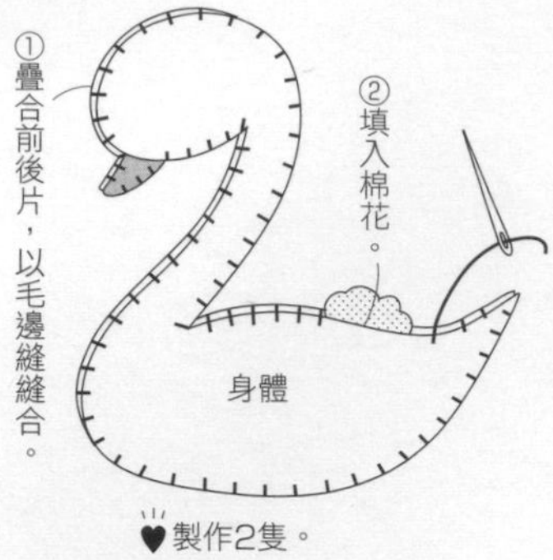
①疊合前後片，以毛邊縫縫合。
②填入棉花。
身體
♥製作2隻。

3.縫上眼睛。

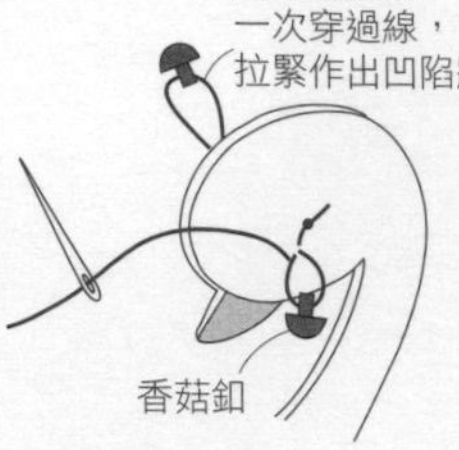
將兩顆眼睛
一次穿過線，
拉緊作出凹陷狀。
香菇釦

4.加上睫毛（僅女生）。

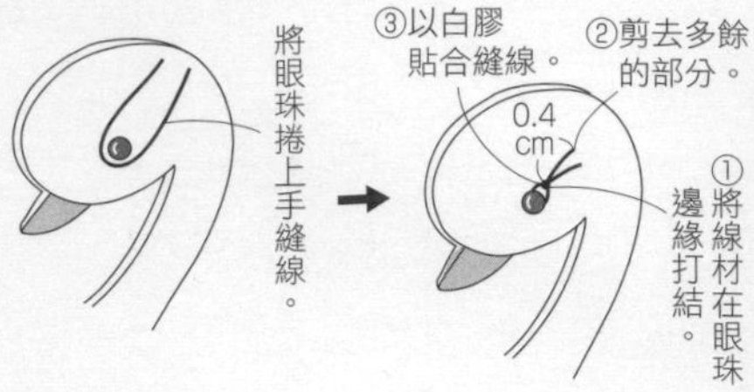
將眼珠捲上手縫線。
③以白膠
貼合縫線。
②剪去多餘
的部分。
0.4
cm
①將線材在眼珠邊緣打結。

5.接上蝴蝶結・蕾絲・裝飾花片。
男生則以相反方向製作。

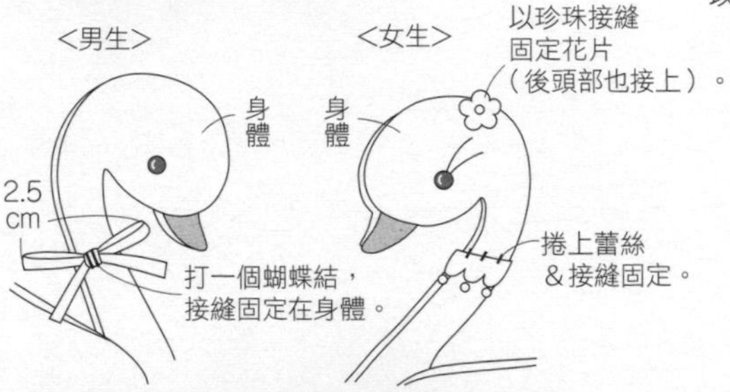
<男生>
<女生>
身體
身體
2.5
cm
打一個蝴蝶結，
接縫固定在身體。
以珍珠接縫
固定花片
（後頭部也接上）。
捲上蕾絲
＆接縫固定。

6.製作翅膀，並貼在身體上。

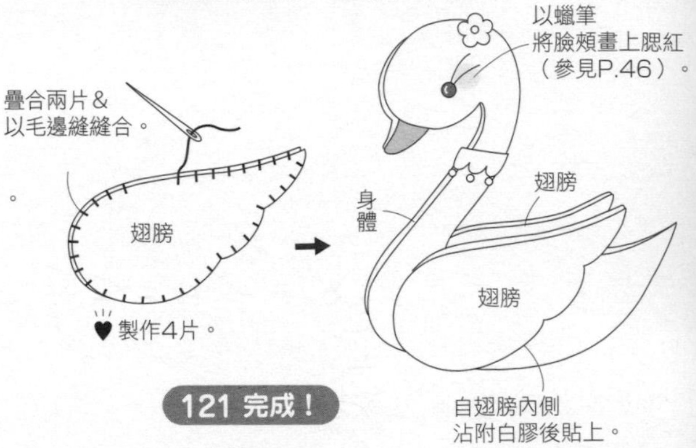
疊合兩片＆
以毛邊縫縫合。
翅膀
♥製作4片。
以蠟筆
將臉頰畫上腮紅
（參見P.46）。
身體
翅膀
翅膀
自翅膀內側
沾附白膠後貼上。

7.縫製愛心。

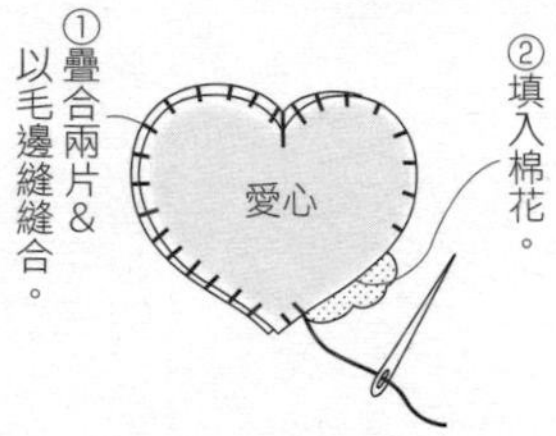
①疊合兩片＆以毛邊縫縫合。
②填入棉花。
愛心

8.將男生・女生・愛心接縫在一起。

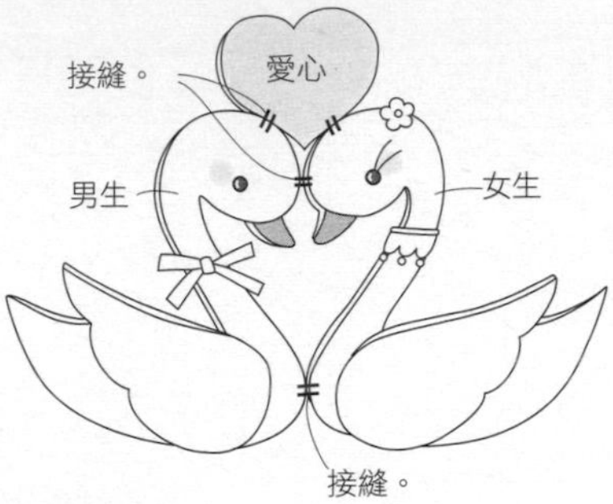
接縫。
愛心
男生
女生
接縫。

121 完成！

＊高約9cm

121 原寸紙型

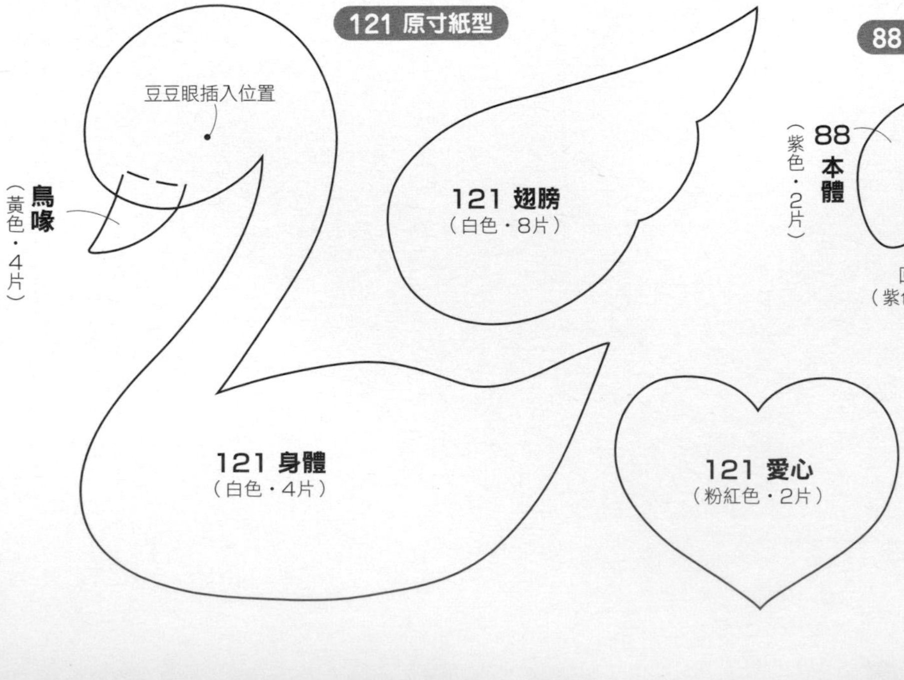
豆豆眼插入位置
鳥喙
（黃色・4片）
121 翅膀
（白色・8片）
121 身體
（白色・4片）
121 愛心
（粉紅色・2片）

88・91・92 原寸紙型

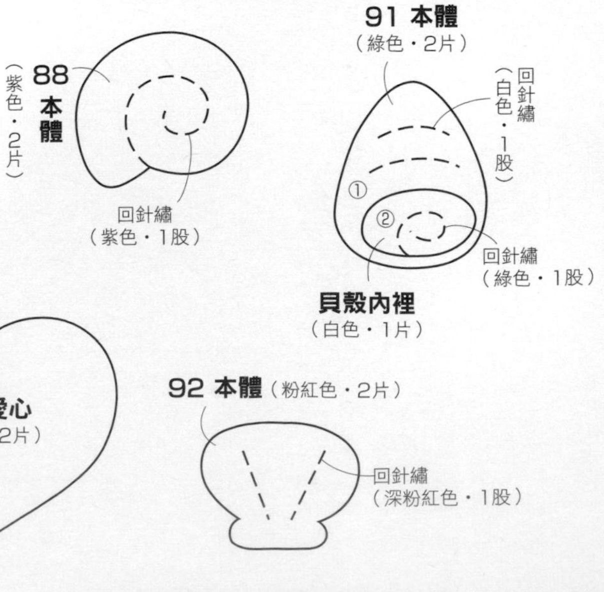
88 本體
（紫色・2片）
回針繡
（紫色・1股）
91 本體
（綠色・2片）
回針繡
（白色・1股）
①
②
回針繡
（綠色・1股）
貝殼內裡
（白色・1片）
92 本體（粉紅色・2片）
回針繡
（深粉紅色・1股）

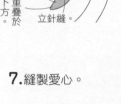

趣・手藝 84

超精選 有131隻喔！簡單手縫可愛的

不織布動物玩偶

作　　者／BOUTIQUE-SHA
譯　　者／莊琇雲
發 行 人／詹慶和
總 編 輯／蔡麗玲
執行編輯／陳姿伶
編　　輯／蔡毓玲・劉蕙寧・黃璟安・李佳穎・李宛真
執行美編／韓欣恬
美術編輯／陳麗娜・周盈汝
內頁排版／造極
出 版 者／Elegant-Boutique新手作
發 行 者／悅智文化事業有限公司　郵政劃撥帳號／19452608
戶　　名／悅智文化事業有限公司
地　　址／220新北市板橋區板新路206號3樓
電　　話／(02)8952-4078　傳真／(02)8952-4084
網　　址／www.elegantbooks.com.tw
電子郵件／elegant.books@msa.hinet.net

2018年3月初版一刷　定價300元

Lady Boutique Series No.4119
FELT DE TSUKUROU! MASCOT

經銷／易可數位行銷股份有限公司
地址／新北市新店區寶橋路235巷6弄3號5樓
電話／(02)8911-0825　傳真／(02)8911-0801

國家圖書館出版品預行編目(CIP)資料

超精選！有131隻喔！簡單手縫可愛的不織布動物玩偶 / BOUTIQUE-SHA著；莊琇雲譯.
-- 初版. -- 新北市：新手作出版：悅智文化發行, 2018.03
面；　公分. -- (趣.手藝；84)
ISBN 978-986-96076-2-9(平裝)

1.玩具 2.手工藝

426.78　　107002175

Staff
編輯／名取美香　北脇美秋
作法校閱／矢島悠子
攝影／藤田律子
書本設計／三部由加里
插畫／榊原良一
編輯協助／飯沼千晶　田村さえ子

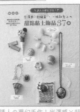

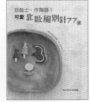

趣・手藝 55

剪開信封
輕鬆作紙雜貨

每日の趣味・剪開信封輕鬆作紙雜貨你一定會作的N個可愛版紙藝創作
宇田川一美◎著
定價280元

趣・手藝 56

不織布動物遊樂園

可愛限定！KIM'S 3D不織布動物遊樂園（暢銷精選版）
陳春金・KIM◎著
定價320元

趣・手藝 57

開店指南
不織布の幸福料理日誌

家家酒開店指南：不織布の幸福料理日誌
BOUTIQUE-SHA◎授權
定價280元

趣・手藝 58

花・葉・果實
の立體刺繡書

花・葉・果實の立體刺繡書
以鐵絲勾勒輪廓，繡製出漸層色彩的立體花朵
アトリエ Fil◎著
定價280元

趣・手藝 59

黏土×環氧樹脂
袖珍食物＆微型店舖
230選

黏土×環氧樹脂・袖珍食物＆微型店舖230選
Plus 11間商店街店舖造景教學
大野幸子◎著
定價350元

趣・手藝 60

不織布點心

可愛到不行的不織布點心（暢銷新裝版）
寺西恵里子◎著
定價280元

趣・手藝 61

木器彩繪

雜貨迷超愛的木器彩繪練習本
20位人氣作家×5大季節主題，一本學會就上手
BOUTIQUE-SHA◎授權
定價350元

趣・手藝 62

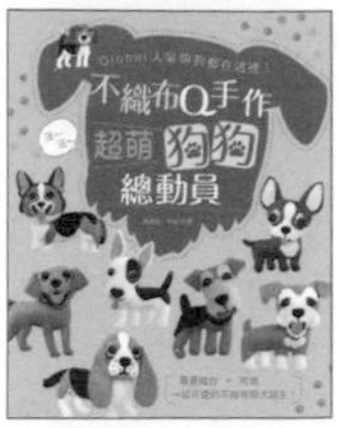
不織布Q手作
超萌狗狗
總動員

不織布Q手作：超萌狗狗總動員！
陳春金・KIM◎著
定價350元

趣・手藝 63

熱縮片飾品創作集

晶瑩剔透超美的！繽紛熱縮片飾品創作集
一本OK！完整學會熱縮片的著色、造型、應用技巧……
NanaAkua◎著
定價350元

趣・手藝 64

開心玩黏土
MARUGO
彩色多肉植物日記2

開心玩黏土！MARUGO彩色多肉植物日記2
懶人派經典多肉植物＆盆組小花園
丸子（MARUGO）◎著
定價350元

趣・手藝 65

一學就會の
立體浮雕刺繡

一學就會の立體浮雕刺繡可愛圖案集
Stumpwork基礎實作：填充物＋懸浮式技巧全圖解公開！
アトリエ Fil◎著
定價320元

趣・手藝 66

陶土胸針
造型小物

家用烤箱OK！一試就會作の陶土胸針＆造型小物
BOUTIQUE-SHA◎授權
定價280元

趣・手藝 67

從可愛小圖
開始學縫十字繡
900+

從可愛小圖開始學縫十字繡數格子×玩填色×特色圖案900+
大圖まこと◎著
定價280元

趣・手藝 68

UV膠飾品Best 37

超質感・繽紛又可愛的UV膠飾品Best37：開心玩×簡單作，手作女孩的加分飾品不NG初挑戰！
張家慧◎著
定價320元

趣・手藝 69

清新・自然～
刺繡人最愛的花草模樣手繡帖

清新・自然～刺繡人最愛的花草模樣手繡帖
點與線模樣製作所 岡理恵子◎著
定價320元

趣・手藝 70

Sweet ♥ Healing ♥ Simple
Kim's Soft Sock Dolls!
軟QQ襪子娃娃

好想抱一下的軟QQ襪子娃娃
陳春金・KIM◎著
定價350元

趣・手藝 71

黏土作の

袖珍屋の料理廚房：黏土作の迷你人氣甜點＆美食best82
ちょび子◎著
定價320元

趣・手藝 72

可愛北歐風の
小巾刺繡

可愛北歐風の小巾刺繡：47個簡單好作的日常小物
BOUTIQUE-SHA◎授權
定價280元

趣・手藝 73

袖珍模型
麵包雜貨

不能吃の～袖珍模型麵包雜貨：聞得到麵包香喔！不玩黏土，揉麵糰！
ぱんころもち・カリーノぱん◎合著
定價280元

趣・手藝 74

小小廚師の
不織布料理教室

小小廚師の不織布料理教室
BOUTIQUE-SHA◎授權
定價300元

趣・手藝 75

親手作寶貝の
好可愛圍兜兜

親手作寶貝の好可愛圍兜兜
基本款・外出款・時尚款　趣味款・功能款，穿搭變化一極棒！
BOUTIQUE-SHA◎授權
定價320元

趣・手藝 76

俏皮の不織布
動物造型小物

手縫俏皮の
不織布動物造型小物
やまもと ゆかり◎著
定價280元

趣・手藝 77

袖珍甜點黏土手作課

超可愛的迷你size！
袖珍甜點黏土手作課
関口真優◎著
定價350元

趣・手藝 78

超大朵紙花
Giant Paper Flower

華麗の盛放！
超大朵紙花設計集
空間＆櫥窗陳列・婚禮＆派對布置・特色攝影必備！
MEGU（PETAL Design）◎著
定價380元

趣・手藝 79

讓人超暖心の
手工立體卡片

收到會微笑！
讓人超暖心の手工立體卡片
鈴木孝美◎著
定價320元

趣・手藝 80

黏土小鳥

手揉胖嘟嘟×圓滾滾の
黏土小鳥
ヨシオミドリ◎著
定價350元

趣・手藝 81

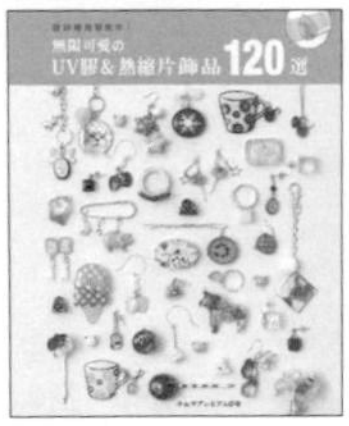
120選

無限可愛の
UV膠＆熱縮片飾品120選
キムラプレミアム◎著
定價320元

趣・手藝 82

100選

絕對簡單の
UV膠飾品100選
キムラプレミアム◎著
定價320元

趣・手藝 83

寶貝最愛的
可愛造型趣味摺紙書

寶貝最愛的
可愛造型趣味摺紙書：
動動手指動動腦×
一邊摺一邊玩
いしばし なおこ◎著
定價280元